普通高等教育**通识类**课程教材

大学计算机

实践教程

主　编　杨海波　李烨平　周丽娟
副主编　俞炫昊　孟庆霞　陈天亨

中国水利水电出版社
www.waterpub.com.cn
·北京·

内 容 提 要

本书通过案例对学生进行计算机基本技能的培养，在学以致用思想的指导下，从实际应用出发，进行计算机基础知识、基本技能的训练。针对大学低年级学生计算机知识水平参差不齐、能力不够强的问题，本书从案例简介、案例制作、案例小结和拓展训练四个部分进行设置，指导学生在计算机上实践。

本书的案例具有很强的实用性和可操作性，包括计算机系统初识、Windows 11 基本操作、计算思维可视化程序设计工具、排序算法、查找算法、贪心算法、使用栈进行进制转换、使用队列进行进制转换、网页设计基础、网络连线实验、人像照片快速处理、使用剪映剪辑视频、硕士论文编辑排版等 MS Office 典型案例，以及 WPS Office 综合案例共 22 个案例。每个案例都由一个实例引入，所有实例均是日常工作或生活中遇到的实际问题，从而可以激发学生的学习热情和学习兴趣。

本书适用于高等院校非计算机专业的低年级学生，可作为大学计算机实践课程的教材，也可作为学习计算机基础知识、提高解决实际问题能力的参考书，还可作为计算机爱好者的自学用书。

图书在版编目（CIP）数据

大学计算机实践教程 / 杨海波，李烨平，周丽娟主编. -- 北京 : 中国水利水电出版社，2023.8
普通高等教育通识类课程教材
ISBN 978-7-5226-1609-4

Ⅰ. ①大… Ⅱ. ①杨… ②李… ③周… Ⅲ. ①电子计算机－高等学校－教材 Ⅳ. ①TP3

中国国家版本馆CIP数据核字(2023)第122413号

策划编辑：崔新勃　责任编辑：张玉玲　加工编辑：曲书瑶　封面设计：梁　燕

书　名	普通高等教育通识类课程教材 **大学计算机实践教程** DAXUE JISUANJI SHIJIAN JIAOCHENG
作　者	主　编　杨海波　李烨平　周丽娟 副主编　俞炫昊　孟庆霞　陈天亨
出版发行	中国水利水电出版社 （北京市海淀区玉渊潭南路 1 号 D 座　100038） 网址：www.waterpub.com.cn E-mail：mchannel@263.net（答疑） sales@mwr.gov.cn 电话：（010）68545888（营销中心）、82562819（组稿）
经　售	北京科水图书销售有限公司 电话：（010）68545874、63202643 全国各地新华书店和相关出版物销售网点
排　版	北京万水电子信息有限公司
印　刷	三河市鑫金马印装有限公司
规　格	184mm×260mm　16 开本　14.75 印张　378 千字
版　次	2023 年 8 月第 1 版　2023 年 8 月第 1 次印刷
印　数	0001—5000 册
定　价	45.00 元

前　言

“大学计算机”课程是各专业大学生必修的计算机基础课程，是学习其他计算机相关课程的基础课。基于多年的教学实践以及与其他高等院校的交流，同时参考教育部高等学校大学计算机课程教学指导委员会提出的《大学计算机基础课程教学基本要求》中有关“大学计算机”课程教学的要求，作者编写了这本《大学计算机实践教程》。

本书的编者均长期从事计算机一线教学工作，有着丰富的教学经验。为了体现现代计算机基础教育的特色，编者对本书的编写方式进行了全新的设计。本书以培养能力为目标，本着实践性与应用性相结合、课内与课外相结合、学生与企业及社会相结合的原则，将实际操作案例引入教学，思路清晰、结构新颖、应用性强。

本书为《大学计算机》（周丽娟、纪淑琴、杨海波主编，中国水利水电出版社出版）一书的配套实践教程，书中针对《大学计算机》中介绍的理论内容进行案例选取，有很强的通用性。书中的案例均选用典型实例，而并非单纯的验证性实验案例。通过本书的学习，可大大提高学生解决实际问题的能力。本书具有实用性且不乏趣味性，使学生在提高学习兴趣的同时还可掌握相关的计算机基础知识和基本技能。

本书遵循由浅入深、循序渐进的原则，适合高等院校非计算机专业作为计算机基础实践教程使用。由于案例实操性强，建议在实验室讲解，方便学生边听、边思考、边练习。

本书在吉林省高教学会计算机共同课专业委员会的指导下，由杨海波、李烨平、周丽娟、俞炫昊、孟庆霞、陈天亨等一线教师共同编写完成，参与本书编写的还有纪澍琴、侯仲尼、毛宇婷等，此外于雪晶等对本书的编写提出了许多宝贵建议，在此一并表示感谢。在本书的编写过程中，参考了相关文献资料，在此向这些文献资料的作者深表感谢。

由于编者水平和经验有限，加之编写时间较仓促，难免有不足和疏漏之处，恳请读者和专家批评指正，以便再版时予以修正。

编　者

2023 年 3 月

目　录

案例 1　计算机系统初识

学习目标：

- 了解计算机硬件系统。
- 了解计算机软件系统。

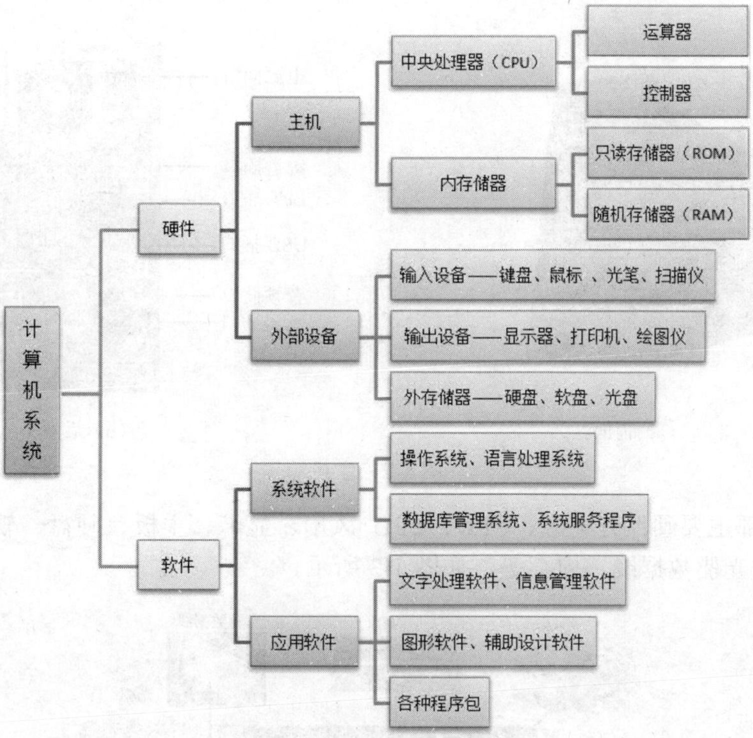

1.1　案例简介

教师利用多媒体给学生演示计算机的基本组成。

1.2　案例制作

1.2.1　认识计算机的硬件

（1）显示器：计算机最主要的输出设备，如图 1-1 所示。

（2）主机箱：放置计算机其他硬件的设备。主机箱后面有许多设备接口，如图 1-2 所示。

图 1-1 显示器

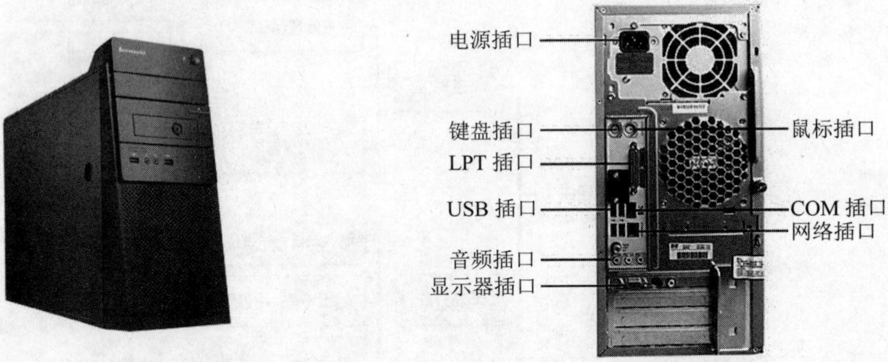

（a）前面　　（b）后面

图 1-2 主机箱

主机箱内部主要硬件有电源、CPU、CPU 风扇、显卡、主板、硬盘、软驱（现在已很少用到）、光驱、光驱数据线、内存等，如图 1-3 所示。

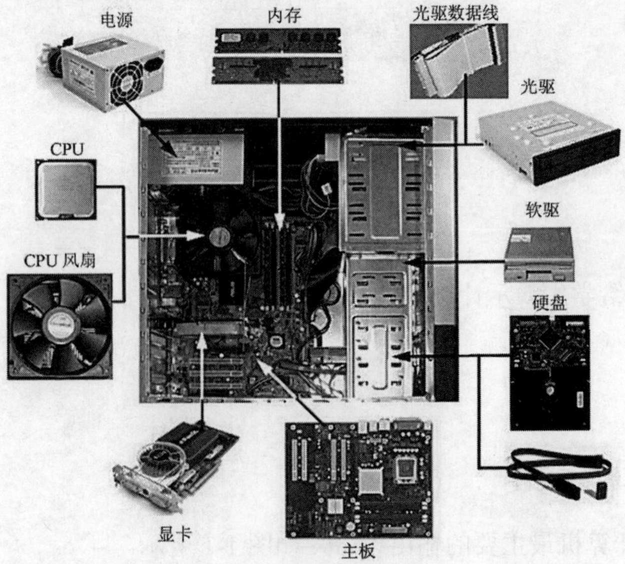

图 1-3 主机箱内部的主要硬件

（3）主板：计算机最重要的部件，上面安装了组成计算机的主要电路系统，拥有各种插槽和各种接口，主板的性能影响计算机的整体性能，如图 1-4 所示。

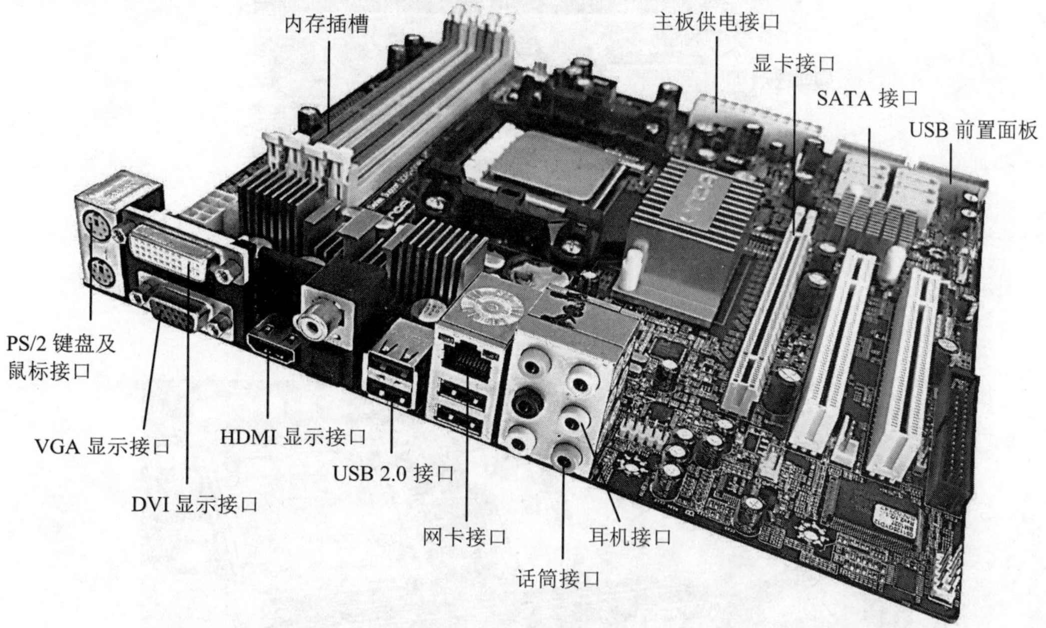

图 1-4　主板

（4）CPU：即中央处理器，是一块超大规模的集成电路，是一台计算机的运算核心和控制核心，如图 1-5 所示。

图 1-5　CPU

（5）内存：位于系统的主板上，可以同 CPU 直接进行信息交换，其主要特点是运行速度快、容量较小，断电后内存中的数据会丢失，如图 1-6 所示。

安装和卸载内存前先关闭计算机，然后断开电源，再按开机键让电流都放干净，切记一定要断开电源，以防止静电损坏内存。

安装内存时要小心，注意内存条要与插槽的插口吻合，双手同时用力，将内存条平衡地插入槽中，听到“咔”的一声轻响就表示安装好了，如图 1-7 所示。

图 1-6 内存

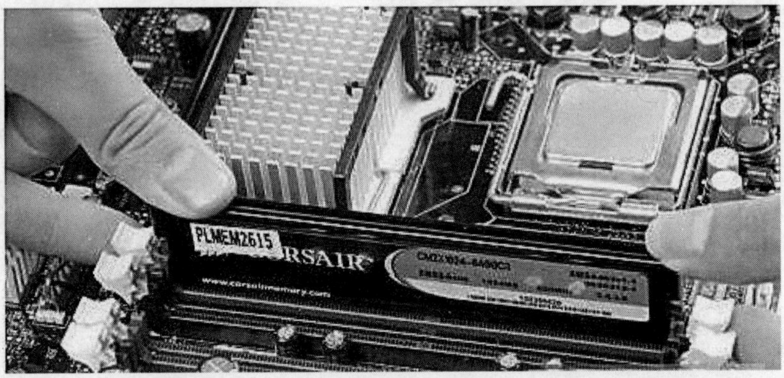

图 1-7 内存的安装

（6）硬盘：存储数据的主要设备，特点是容量大，断电后数据不丢失，便于长久地保存数据。图 1-8 所示为机械硬盘及其内部结构，固态硬盘这里暂不做介绍。

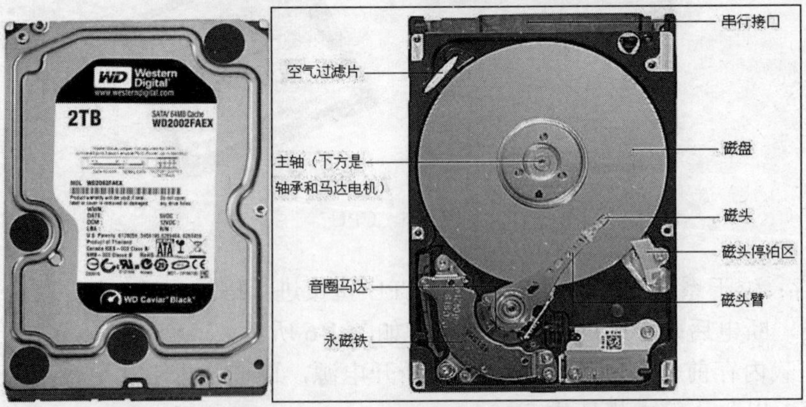

图 1-8 机械硬盘及其内部结构

（7）光驱：光盘是利用激光存储和读取信息，利用光驱可以读取光盘中的信息，有刻录功能的光驱可以把计算机中重要的信息刻录在光盘上，便于保存和携带，如图 1-9 所示。

图 1-9　光驱

1.2.2　组装一台计算机

利用实验室提供的配件组装一台计算机，可以通电并点亮。每 5 人一组，分工协作。要按操作规程和步骤小心组装，不要用力过大，避免损坏硬件。组装完成后，安装操作系统和相关应用软件。实验室提供的硬件有主机箱、电源、主板、CPU、CPU 风扇、内存、显卡、硬盘、数据线、光驱等，如图 1-10 所示。具体组装步骤如下。

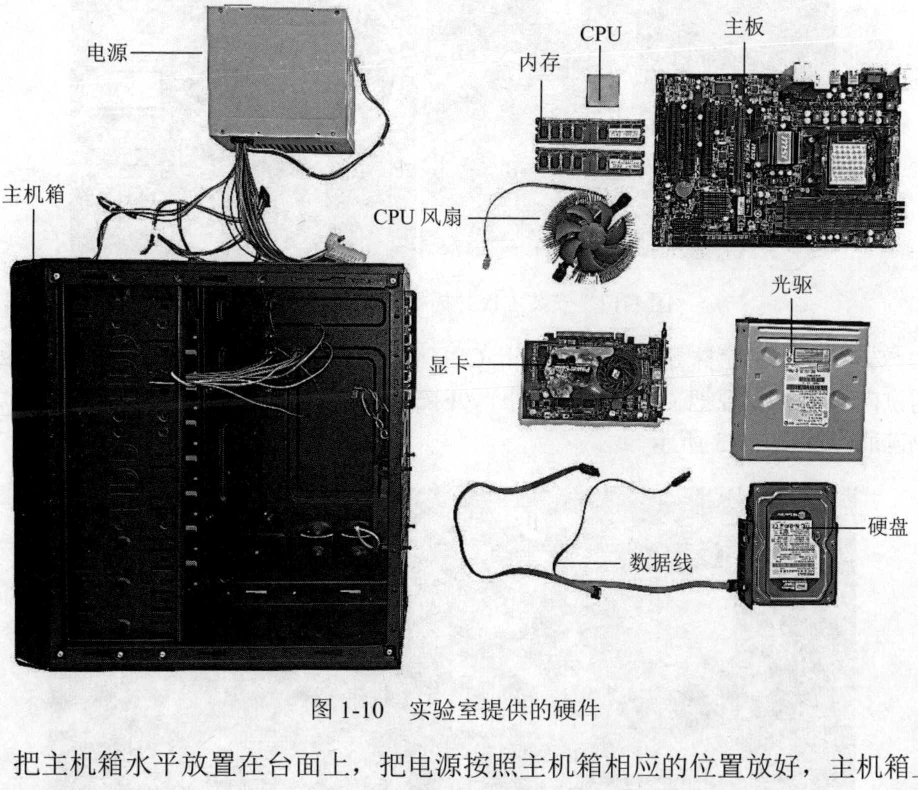

图 1-10　实验室提供的硬件

（1）把主机箱水平放置在台面上，把电源按照主机箱相应的位置放好，主机箱上的螺丝孔与电源上的螺丝孔相对应，然后用 4 枚螺丝拧紧即可，如图 1-11 所示。

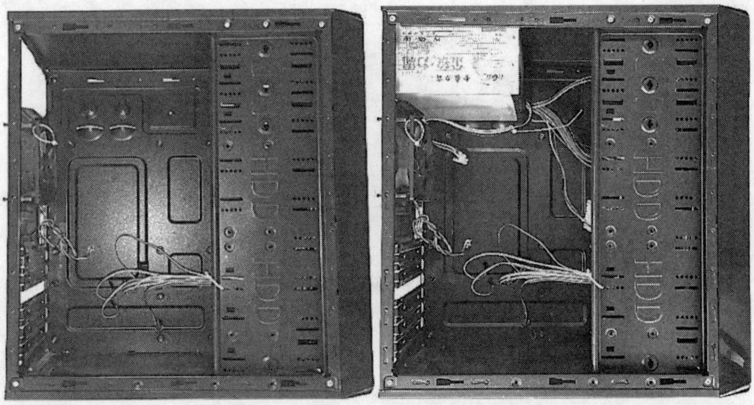

图 1-11　在主机箱中安装电源

（2）安装主板并插好主板供电电源线，如图 1-12 所示。

图 1-12　安装主板并插好主板供电电源线

（3）安装 CPU 并涂抹导热硅脂。打开 CPU 底座上的压杆，CPU 管脚的方向应该和底座上管脚的方向一致，轻轻把 CPU 放入底座，并按下压杆锁定 CPU，然后在 CPU 上涂上薄薄一层导热硅脂，如图 1-13 所示。

图 1-13　安装 CPU 并涂抹导热硅脂

（4）安装 CPU 风扇。先把 CPU 风扇一边的金属扣套在支架的一侧锁扣上，然后把另一边金属扣套在支架的另一侧锁扣上（有的 CPU 风扇是用螺丝锁紧的，安装时注意区别），并插好 CPU 风扇电源线，如图 1-14 所示。

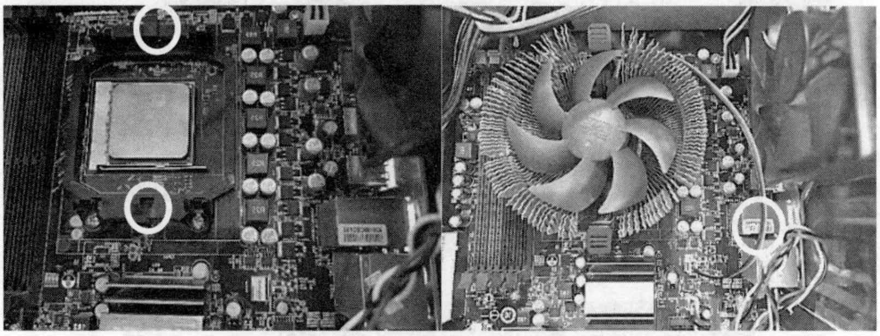

图 1-14　安装 CPU 风扇

（5）安装内存条。把内存条上的金手指缺口和主板上内存插槽凸起部分对应好，同时按下内存条两侧，听到“咔”的一声轻响就表示安装好了（内存条种类不同是不能混用的），如图 1-15 所示。

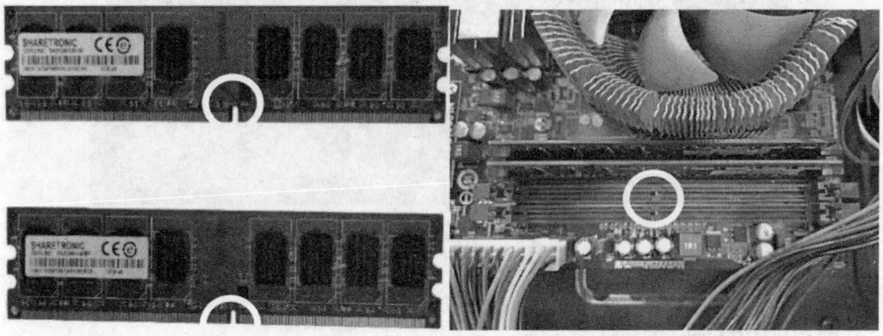

图 1-15　安装内存条

（6）安装显卡。把显卡对准主板上的 PCI-E 16X 插槽（普通主板只有一个 PCI-E 16X 插槽），轻轻按下，并用螺丝把显卡固定在主机箱上，如图 1-16 所示。

图 1-16　安装显卡

（7）安装硬盘。把硬盘放入硬盘托架中并锁紧，把硬盘托架用螺丝固定在主机箱硬盘架上，并插好硬盘的电源线和数据线，如图 1-17 所示。

完成以上步骤后，计算机组装完成，效果如图 1-18 所示。

图 1-17　安装硬盘

图 1-18　组装完成的效果

1.2.3　认识计算机的软件

计算机软件系统包括系统软件和应用软件两类。

系统软件包括操作系统、语言处理系统、数据库管理系统和系统服务程序，标识如图 1-19 所示。

图 1-19　系统软件的标识

应用软件包括文字处理软件、信息管理软件、图形软件、辅助设计软件和各种程序包，标识如图 1-20 所示。

图 1-20　应用软件的标识

在官方网站下载或复制某一系统软件和应用软件安装程序，并在组装好的计算机中安装和调试。下面以安装 MS Office 2016 为例演示一下软件安装过程。

（1）打开已下载或复制的 MS Office 2016 安装程序文件夹，如图 1-21 所示。

图 1-21　MS Office 2016 安装程序文件夹

（2）双击 setup.exe 安装文件，如图 1-22 所示。

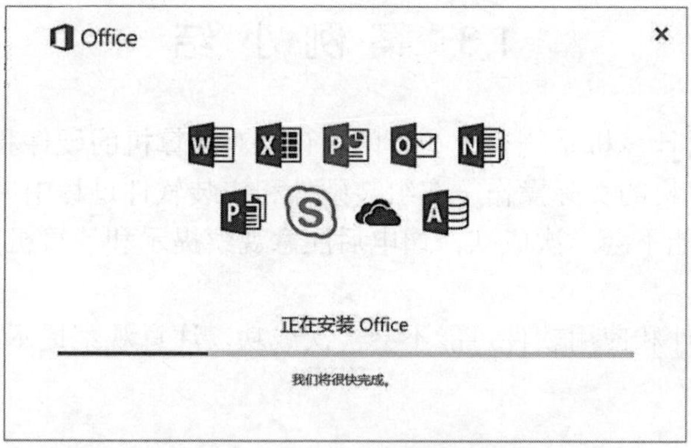

图 1-22　MS Office 2016 安装过程

当进度条到 100%时，会出现安装完成界面，如图 1-23 所示。

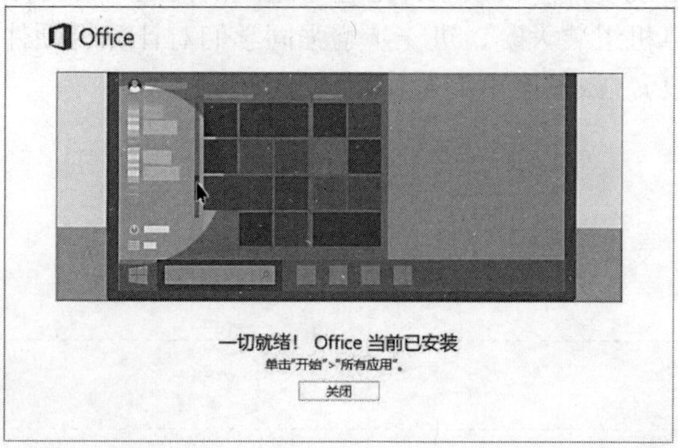

图 1-23　MS Office 2016 安装完成

第一次启动 MS Office 2016 的任一组件会出现输入密钥的对话框，如图 1-24 所示。

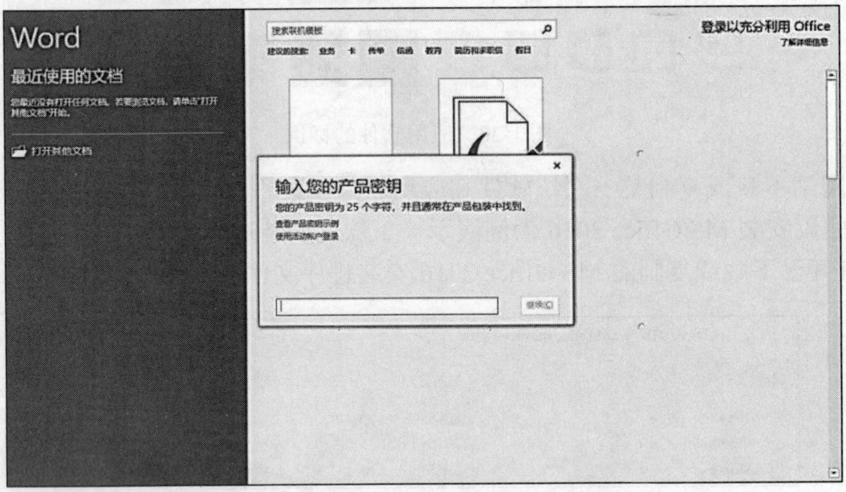

图 1-24　输入 MS Office 2016 产品密钥

按要求输入密钥即可正常使用 MS Office 2016 的所有功能。

1.3 案例小结

本案例让同学们对计算机系统有了初步的认识，对计算机的硬件和软件有了初步的了解，并分组进行了组装计算机的实际操作。在组装硬件和安装软件过程中应注意以下事项：

（1）组装硬件可能不会一次成功，通电后注意观察提示和计算机发出的报警声音，然后分析并处理故障。

（2）安装系统软件和应用软件可能不会一次成功，注意观察提示，更换软件版本或调整安装参数等。

1.4 拓展训练

（1）分组讨论在组装硬件和安装软件过程中遇到的问题，并总结经验和教训。

（2）课后组织计算机组装大赛，进一步增强同学们对计算机硬件和软件的了解，掌握组装硬件和安装软件的技巧，激发同学们对计算机的兴趣。

学习笔记

案例 2　Windows 11 基本操作

学习目标：

- 鼠标的操作及桌面的基本操作。
- 创建文件和文件夹。
- 使用文件资源管理器管理文件。
- 利用控制面板对系统进行配置。
- Windows 11 附件的使用。

2.1 案例简介

Windows 11 是微软公司（Microsoft）开发的操作系统，应用于计算机和平板电脑等设备。Windows 11 在易用性和安全性方面有了极大的提升，除了针对云服务、智能移动设备、自然人机交互等新技术进行融合外，还对固态硬盘、生物识别、高分辨率屏幕等硬件进行了优化完善与支持。本案例主要介绍了 Windows 11 的界面组成和基本操作。

2.2 案例制作

2.2.1 鼠标的操作及桌面的基本操作

步骤 1：鼠标的操作方法。

（1）移动：用右手握住鼠标，食指和中指分别轻放在鼠标的左键和右键上，不按鼠标键，在平面上移动，屏幕上可见一个空心箭头随鼠标的移动而移动。

（2）单击：当空心箭头指向某对象时，用食指按一下鼠标左键。

（3）双击：在某对象处快速连续地按鼠标左键两次。

（4）右击：在某对象处按一下鼠标右键。

（5）拖拽：当空心箭头指向一图标时，按住鼠标左键不放，移动鼠标，可见图标被拖拽移动。

步骤 2：桌面的组成及桌面操作对象。

进入 Windows 11 操作系统后，用户首先看到的是桌面，桌面主要包括桌面背景、桌面图标和任务栏等，如图 2-1 所示。

桌面背景可以是个人收集的数字图片、Windows 11 提供的图片、纯色或带有颜色框架的图片，也可以显示幻灯片图片。Windows 11 操作系统自带了很多漂亮的背景图片，用户可以从中选择自己喜欢的图片作为桌面背景。

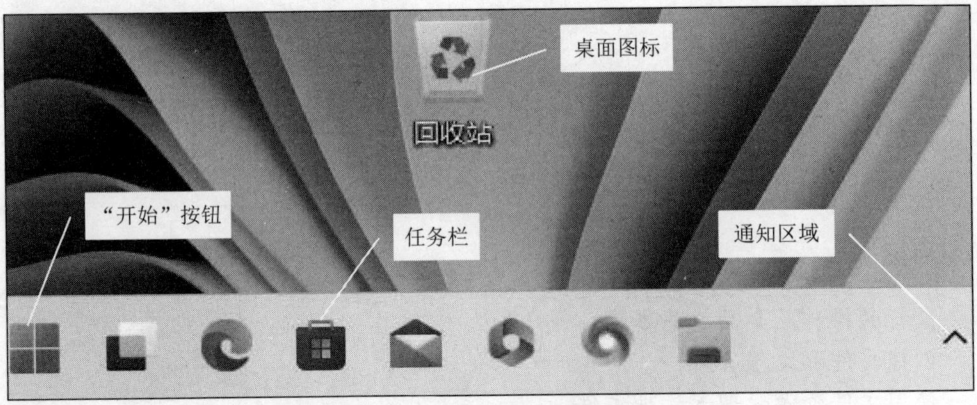

图 2-1 Windows 11 桌面的组成

步骤 3：打开桌面图标操作。

Windows 11 操作系统中，所有的文件、文件夹和应用程序等都由相应的图标表示。桌面图标由文字和图片组成，文字说明图标的名称或功能，图片是它的标识符。新安装的系统桌面中一般只有一个“回收站”图标。用户双击桌面上的图标，可以快速地打开相应的文件、文件夹或者应用程序，如双击桌面上的“回收站”图标，即可打开“回收站”窗口，如图 2-2 所示。

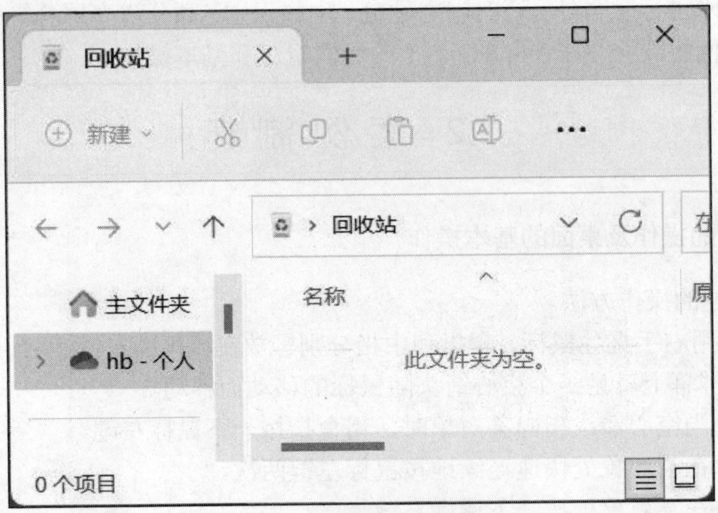

图 2-2 “回收站”窗口

步骤 4：“任务栏”的操作。

“任务栏”位于桌面最底部的长条，显示系统正在运行的程序、当前时间等，主要由“开始”按钮、搜索框、任务视图、快速启动区、系统图标显示区和“显示桌面”按钮组成，如图 2-3 所示。和以前的操作系统相比，Windows 11 中的任务栏设计得更加人性化、使用更加方便、功能和灵活性更强大。按 Alt+Tab 组合键可以在不同的窗口之间进行切换操作。

默认情况下，通知区域位于任务栏的右侧，包含一些程序图标，这些程序图标提供有关传入的电子邮件、更新、网络连接等事项的状态和通知，如图 2-4 所示。安装新程序时，可以将此程序的图标添加到通知区域。

图 2-3　Windows 11 的任务栏

图 2-4　Windows 11 的隐藏图标

新的电脑在通知区域已有一些图标，而且某些程序在安装过程中会自动将图标添加到通知区域。用户可以更改出现在通知区域中的图标和通知，对于某些特殊图标（称为“系统图标”）还可以选择是否显示它们。用户可以通过将图标拖拽到所需的位置来更改图标在通知区域中的顺序以及隐藏图标的顺序。

步骤 5：“开始”菜单的操作。

单击桌面左下角的“开始”按钮或按 Windows 徽标键，即可打开“开始”菜单，左侧依次为用户账户头像、常用的应用程序列表及快捷选项，右侧为“开始”屏幕。

Windows 11 中，搜索框和 Cortana 高度集成，在搜索框中直接输入关键词或打开“开始”菜单输入关键词，即可搜索相关的桌面程序、网页、资料等，如图 2-5 所示。

图 2-5　Windows 11 的“搜索”图标

2.2.2　创建文件和文件夹

1. 文件

文件是指存储在外部介质上的数据的集合。为了区别不同的文件，也为了方便文件的检索与执行，每个文件都有唯一的标识，称为文件全名。文件全名一般由文件名和扩展名组成，中间以“.”作为间隔，即“文件名.扩展名”。

Windows 11 支持长文件名，文件全名最长可达 256 个有效字符。文件名中可以有多个分隔符，扩展名通常由 1~4 个有效字符组成，不区分大小写。

2. 通配符

在 Windows 11 系统下的文件名中，可以使用“*”和“?”表示具有某些共性的一批文件，称为通配符，其中“?”代表任意位置的任意一个字符，“*”代表任意位置的任意多个字符。

例如：*.*表示所有文件，*.exe 代表所有扩展名为 exe 的文件，AB?.txt 代表所有以 AB 开头的、文件名为三个字母的扩展名为 txt 的文件。

3. 文件夹

文件夹是用来组织和管理磁盘文件的一种数据结构，Windows 11 中采用多级树形结构来管理磁盘文件。一个文件夹中可以包含若干个子文件夹和文件。

（1）根文件夹。根文件夹隐含在一个磁盘分区中，一个磁盘分区中只能有一个根文件夹，根文件夹是最高一级的文件夹，也是 Windows 11 中唯一不能删除的文件夹，通常以“\”表示。

（2）子文件夹。文件夹下的文件夹称为子文件夹，子文件夹下还可以建立子文件夹。这种文件夹结构像一棵倒置的树，所以称为树形文件夹结构。

（3）当前文件夹。当前文件夹是系统默认的操作对象。如果不指明文件夹，操作时仍在某个文件夹下寻找或建立文件，则这个文件夹就称为当前文件夹。

（4）路径。用户在磁盘上寻找文件时，所历经的文件夹线路称为路径。路径又分为绝对路径和相对路径。

绝对路径：从根文件夹开始的路径，以“\”为开始。

相对路径：从当前文件夹开始的路径。

（5）文件标识。完整的文件标识由三部分组成：盘符、路径和文件名。当文件所在的盘和路径恰好是当前盘和当前路径时，文件标识中的盘符和路径可以省略。

在桌面的空白处右击，在弹出的菜单中选择“新建”→“文件夹”可以在桌面创建一个文件夹，选择其他的选项可以创建一个相对应的文件，如图 2-6 所示。

图 2-6　创建文件和文件夹

2.2.3　使用文件资源管理器管理文件

步骤 1：执行“开始”→“Windows 系统”→“文件资源管理器”命令将打开“文件资源管理器”窗口。Windows 11 的文件资源管理器采用双窗格显示结构，如图 2-7 所示。

左侧窗格的内容一般“快速访问”“此电脑”和“网络”等组成，右侧窗格的内容由左侧窗格决定，也可以由“文件”“主页”“共享”和“查看”四个选项卡决定。当鼠标指向左、右窗格之间的分隔条时，鼠标指针变成双向箭头，拖拽鼠标可以改变左、右窗格的大小。

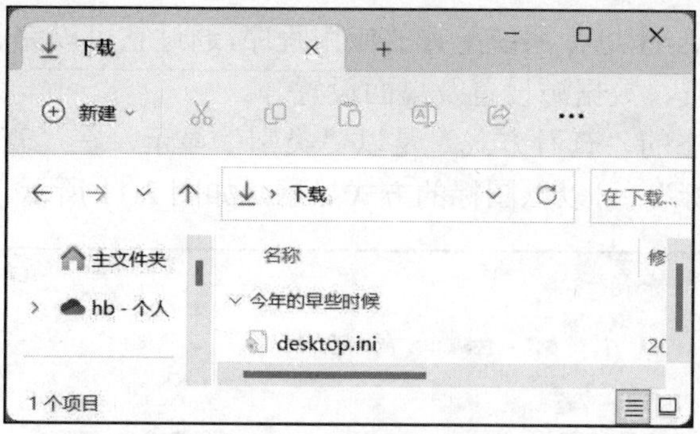

图 2-7 “文件资源管理器”窗口

步骤 2：利用文件资源管理器，通过在文件上右击，可以对文件进行打开、编辑、新建、打印、剪切、复制、创建快捷方式、删除、重命名、设置属性等操作，如图 2-8 所示。请逐一单击进行测试。

步骤 3：在文件资源管理器右侧窗格空白处右击，会出现图 2-9 所示的文件操作菜单。

图 2-8 利用文件资源管理器管理文件

图 2-9 文件操作菜单

2.2.4 利用控制面板对系统进行配置

步骤 1：执行“开始”→“搜索”→“控制面板”命令，打开“控制面板”窗口，如图 2-10 所示。

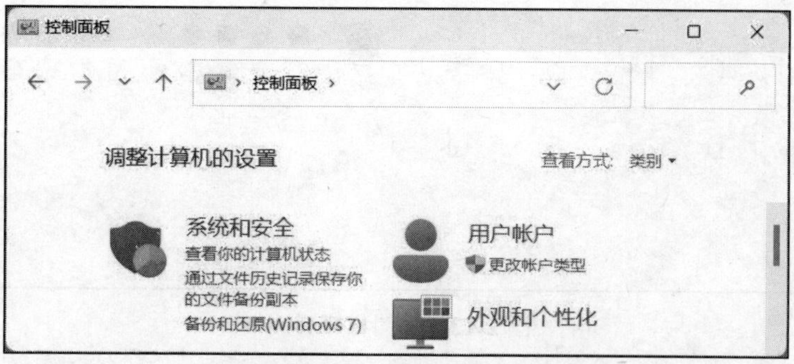

图 2-10 “控制面板”窗口

控制面板是 Windows 11 进行系统配置的应用程序，通过它可以完成系统的各项参数设置、完成硬件设置、服务设置、数据源设置及桌面设置等。

控制面板在默认状态的“查看方式”是以“类别”显示，在“查看方式”下拉列表中选择“大图标”或“小图标”，可以以图标的方式显示，如图 2-11 所示。

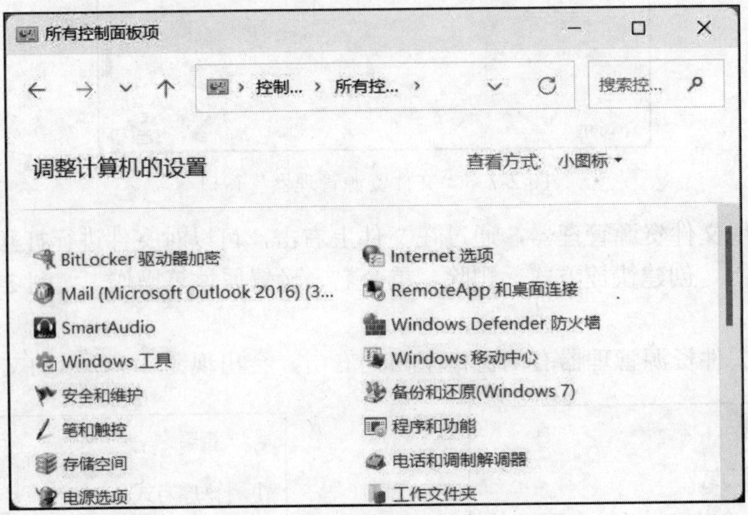

图 2-11　控制面板以图标方式显示

步骤 2：双击任意一个图标就会进入相应的系统设置程序，进入设置程序后就可以对系统的相应功能进行设置了。

2.2.5　Windows 11 附件的使用

Windows 11 附件中，画图程序是一个简单的位图编辑软件，它可以完成简单的图形文件的创建、编辑等操作。写字板是一种比较专业的文本编辑软件。在写字板应用程序中可以进行的操作包括文件创建、文本编辑、打印、保存等。

步骤 1：执行“开始”→“搜索”→“画图”命令，运行画图程序。画图程序界面如图 2-12 所示。

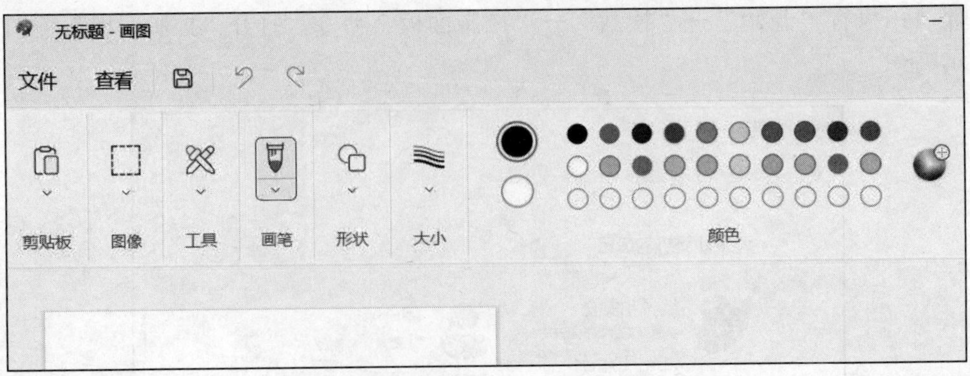

图 2-12　画图程序界面

步骤 2：画图软件中有裁剪、选择、旋转、铅笔、用颜色填充、文本、橡皮擦、颜色选取器、放大镜、刷子等工具，如图 2-13 所示。请逐一单击进行测试。

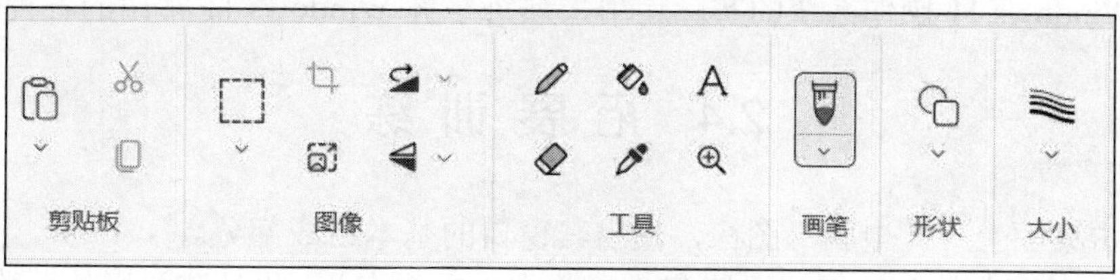

图 2-13　画图程序中的工具

步骤 3：执行“开始”→“搜索”→“写字板”命令，运行写字板程序。写字板程序界面如图 2-14 所示。

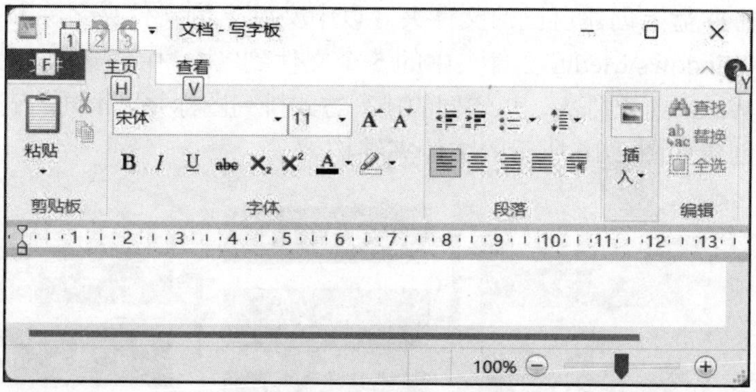

图 2-14　写字板程序界面

利用写字板可以对文字进行字体格式设置、段落设置等，并且可以对文档进行打印预览，若预览没有问题，可以通过打印机等输出设备进行打印输出，如图 2-15 所示。

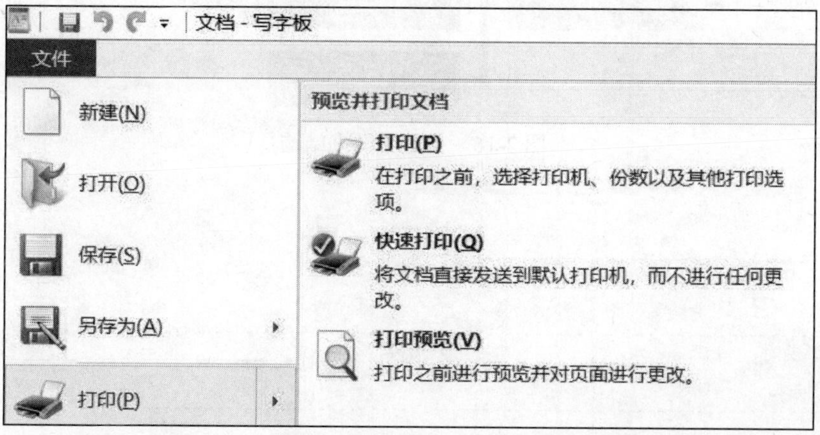

图 2-15　利用写字板程序对文档进行打印输出

2.3　案例小结

本案例学习了 Windows 11 基本操作，包括鼠标的操作和桌面的基本操作、创建文件和文件夹、使用文件资源管理器管理文件、利用控制面板对系统进行配置、Windows 11 附件的使用。结合对 Windows 11 操作系统的实际运用，熟练掌握 Windows 11 常用的各种操作。

2.4 拓展训练

（1）双击桌面上“此电脑”图标，找出其窗口的基本组成部分。

（2）右击桌面上某图标打开快捷菜单，单击“重命名”，此时该图标的名称反白显示，键入新名字后单击桌面空白处，完成对桌面图标的重命名。

（3）右击桌面上某图标打开快捷菜单，单击“创建快捷方式”，则在原图标附近立即出现一个新图标，名称为在原名称后加上“快捷方式”四个字。

（4）在计算机 D 盘上创建自己的文件夹（以中文姓名为文件夹名称）。

（5）复制 C:\Windows\Media 文件夹中的 5 个文件到（4）中创建的文件夹中。

（6）打开 C:\Windows 文件夹，以不同的排列方式排列图标并以不同的查看方式查看内容。

（7）在 D 盘创建如图 2-16 所示的文件夹结构。

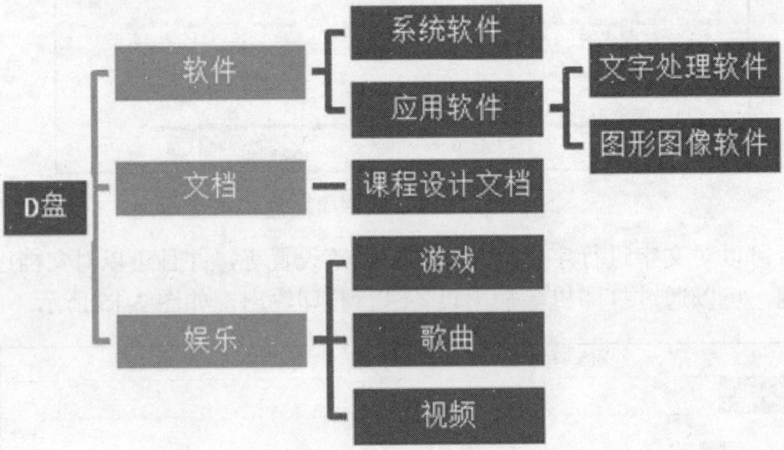

图 2-16　树形文件夹结构

学习笔记

案例3　计算思维可视化程序设计工具

学习目标：

- 了解可视化程序设计工具（RAPTOR）的功能和使用环境。
- 掌握RAPTOR符号的基本用法。
- 掌握RAPTOR的基本概念。
- 掌握RAPTOR运算符、表达式的基本用法。
- 掌握RAPTOR函数的基本用法。

3.1 案例简介

RAPTOR（the Rapid Algorithmic Prototyping Tool for Ordered Reasoning，用于有序推理的快速算法原型工具）是一种基于流程图仿真的可视化的程序设计环境，为程序和算法设计的基础课程的教学提供实验环境。

RAPTOR的优点：

（1）可以在最大限度地减少语法要求的情形下，帮助用户编写正确的程序指令。

（2）程序就是流程图，可以逐个执行图形符号，以便帮助用户跟踪指令流执行过程。

（3）容易掌握，RAPTOR是为易用性而设计的。

（4）使用RAPTOR可以进行算法设计和验证，从而使初学者有可能理解和真正掌握“计算思维”。

（5）使用RAPTOR设计的程序和算法可以直接转换成为C++、C#、Java等高级程序语言，这就为程序和算法的初学者铺就了一条平缓、自然的学习阶梯。

RAPTOR有很多适合初学者学习的特点：

（1）语言简单，结构紧凑（只有6个基本语句/符号）。使用流程图形式实现程序设计。使初学者不用花太多的时间就可以进入问题求解的实质性算法的学习。

（2）具有基本运算功能。有18种运算符，可以实现大部分基本运算。

（3）具有基本的数据类型与结构。提供了数值、字符串、字符三种数据类型，一维数组及二维数组，组合后可以实现大部分算法所需要的数据结构，包括堆栈、队列、树和图。

（4）支持图形库应用，可以实现计算问题的图形表达和图形结果输出（可视化计算）。

（5）程序的设计结果可以编译成为可执行文件，直接运行。

（6）支持面向过程和面向对象的程序和算法设计。

（7）具备单步执行、断点设置等重要的调试手段，便于快速发现问题和解决问题。

3.2 案例制作

3.2.1 RAPTOR 基本程序环境

RAPTOR 程序是一组连接的符号，表示要执行的一系列动作。符号间的连接箭头确定所有操作的执行顺序。RAPTOR 程序执行时，从开始（Start）符号起步，并按照箭头所指方向执行程序。RAPTOR 程序执行到结束（End）符号时停止。最小的 RAPTOR 程序（不做具体操作）如图 3-1 所示。在开始和结束的符号之间插入一系列 RAPTOR 语句/符号，就可以创建有意义的 RAPTOR 程序。

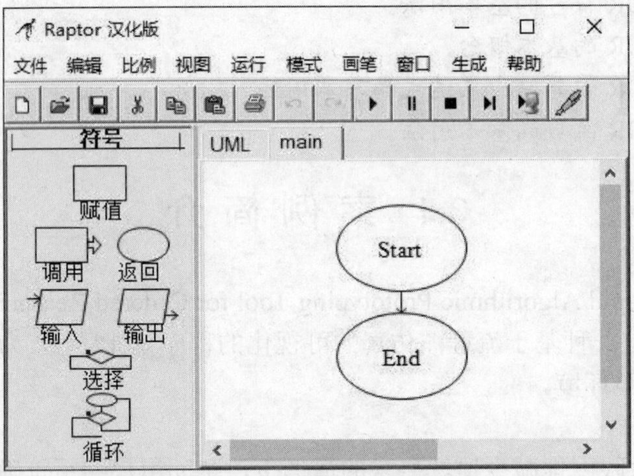

图 3-1 最小的 RAPTOR 程序

1. RAPTOR 主窗口

RAPTOR 的主窗口含有 4 个主要区域，如图 3-2 所示。

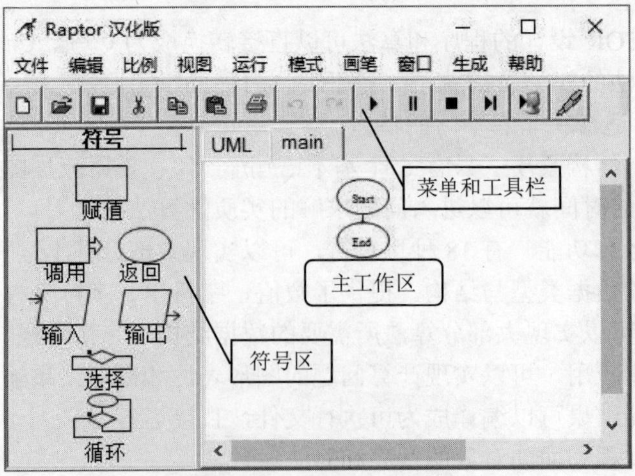

图 3-2 RAPTOR 主要区域

（1）符号区。

1）输入：用来获得用户的输入。

2）处理：包括赋值和调用。

- 赋值：用来给变量赋值。
- 调用：用来进行子图或过程调用。

3）输出：用来显示文本到主控制台窗口。

4）控制结构：包括选择结构和循环结构。

- 选择结构：用来进行选择判断处理。
- 循环结构：用来进行重复事件的处理。

（2）观察窗口。当流程图运行时，这个区域可以让用户浏览到所有变量和数组实时内容。

（3）主工作区。在这个区域中，用户可以创建流程图以及观察流程图执行时的变化情况。工作区是一组标签。大部分流程图只有一个被称为 main 的主图标签，当编程者创建子图或过程，则会增加相应的标签。

（4）菜单和工具栏。这个区域允许用户改变设置和控制视图，并且执行流程图。

2. RAPTOR 主控台

主控台窗口显示用户所有的输入和输出，输入和输出是通过输入或输出图形符号取得的。RAPTOR 主控台窗口如图 3-3 所示。

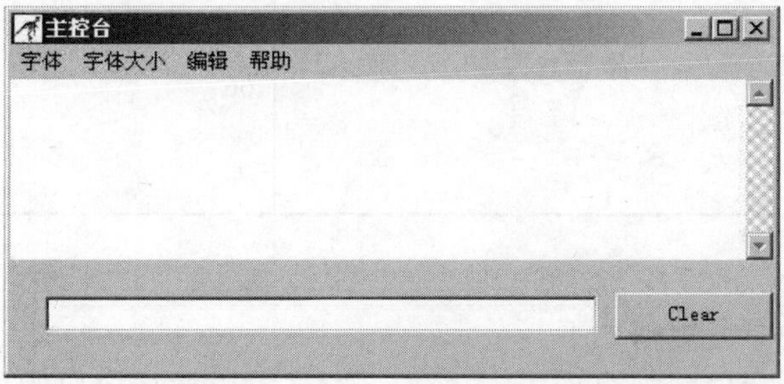

图 3-3　主控台窗口

主控台窗口文本框允许用户直接输入命令。例如，用户想打开 RAPTOR 图形窗口，可以在文本框中直接输入 RAPTOR 过程调用命令：Open_Graph_Window（640,480）。

主控台的下拉菜单可以用来设置窗口的属性。清除按钮“Clear”用来清除主控台窗口内容。

3.2.2　RAPTOR 程序设计基本概念

1. 常量

常量是固定不变的量。

pi（圆周率）：3.1416（默认精度 4 位小数）。

e（自然对数的底数）：2.7183（默认精度 4 位小数）。

true/yes（布尔值真）：定义为 1。

false/no（布尔值假）：定义为 0。

注：以上列举的 6 个均为保留字。

一般有以下三种类型的常量：

（1）数值型常量，例如：12，3.1415，0.000371。

数值的整数部分有效位数为 15 位；小数部分默认为 4 位，需提高小数精度时，可使用 set_precision()函数进行设置。

（2）字符型常量，例如：‘A’，‘8’，‘！’。

（3）字符串型常量，例如：“How are you?”。

2. 变量

可以变化的量就是变量，变量表示内存中的位置，用于保存数据。变量在任一时刻只能有一个值；变量的值可以改变。研究名为 X 的变量值的变化过程，见表 3-1。

表 3-1 流程图分析

说明	X 的值	程序
当程序开始时，没有任何变量存在。RAPTOR 变量是在某个语句中首次使用时被自动创建	未定义	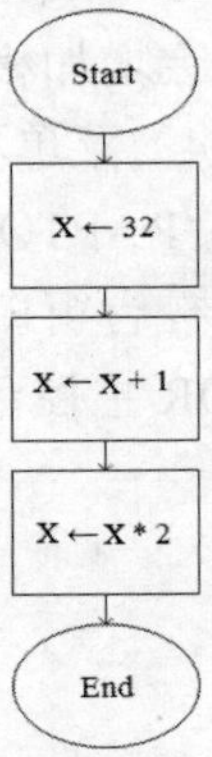
第一个赋值语句，X←32，分配数据值 32 给变量 X	32	
下一个赋值语句，X←X+1，检索到当前 X 的值为 32，给它加 1，并把结果 33 给变量 X	33	
下一个赋值语句，X←X*2，检索到 X 当前值为 33，乘以 2，并把结果 66 给变量 X	66	

3. 标识符的命名规则

标识符必须遵循的命名规则如下：

（1）变量名首字符必须是字母（a～z、A～Z），首字符后可以跟任意的字母、数字或下划线。

（2）变量名只能是字母（a～z、A～Z）、数字（0～9）和下划线（_）的组合，并且之间不能包含空格，空格只能作为结束符。不区分大小写，如 Count 和 count 等价。

（3）变量名不能使用保留字。比如在 RAPTOR 中不能使用 true、false、pi、e、red、Get_Key 等。

标识符命名时需注意：

（1）在每个代码范围内使用足够短和足够长的名称。例如，循环计数器用一个字符就可以了，如 i；条件和循环变量用一个单词。

（2）为变量指定一些专门名称，不要使用像 value、equals、data 这样的变量名。

（3）在 RAPTOR 使用中，建议初学者尽可能采用小写字母来命名所有变量，以减少输入出错的机会，也为将来的算法向其他语言的转换提供便利。

（4）不要使用非 ASCII 字符的变量名，如中文变量名。

（5）变量名要使用有意义的名称，通过变量名能大概反映出其具体的用途。

（6）不要使用太长的变量名，很难阅读，而且可能超出一些编译器的限制。

（7）确定并坚持使用固定的一种自然语言的命名方式。例如，不要使用拼音和英文混合的命名方式。

特别提醒：字符串和字符是两种不同类型的变量，所以，不可以放在一起做比较；但可以放在“+”运算符的两侧，把字符串与字符变量连接成新的字符串。

3.2.3 RAPTOR 运算符和表达式

1. 算术运算符和算术表达式

算术运算符见表 3-2。

表 3-2 算术运算符

运算符号	含义	运算符号	含义
-	负号、减法运算	/	除法运算
^,**	指数运算	Rem,mod	取余运算
*	乘法运算	+	加法运算

算术表达式是由算术运算符将运算对象（常量、变量、函数和括号）连接起来的式子。算术表达式的运算结果为一个数值。

算术表达式计算时是按照优先顺序进行的，优先顺序从高到低如下：

（1）计算所有函数。

（2）计算括号中的表达式。

（3）计算乘幂（^或**）。

（4）从左到右，计算乘法和除法。

（5）从左到右，计算加法和减法。

2. 关系运算符和关系表达式

关系运算符见表 3-3。

表 3-3 关系运算符

运算符号	含义	运算符号	含义
>	大于	<=	小于等于
>=	大于等于	=或==	等于
<	小于	!=或/=	不等于

关系表达式是由关系运算符运算对象（常量、变量、函数和括号）连接起来的式子。关系表达式的运算结果是一个布尔值（true/false），关系运算必须是两个相同数据类型之间的比较。

3. 布尔运算符和布尔表达式

布尔运算符见表 3-4。

布尔表达式是由关系运算符或逻辑运算符将运算对象（常量、变量、算术表达式、函数和括号）连接起来的式子。布尔表达式的运算结果是一个布尔值（true/false）。

表 3-4 布尔运算符

运算符号	含义	运算功能
not	非	x 为 true 时，not x 为 false
and	与	x 和 y 同时为 true 时，x and y 为 true，否则为 false
xor	异或	x 和 y 取不同值时，x xor y 为 true，否则为 false
or	或	x 和 y 同时为 false 时，x or y 为 false，否则为 true

布尔运算符 and、xor 和 or 是双目运算符，运算对象应是两个布尔值，并得到布尔值的结果。布尔运算符 not 是单目运算符，必须与单个布尔值结合，并形成与原值相反的布尔值。

4. RAPTOR 运算符优先顺序

RAPTOR 运算符出现在表达式中时，计算时的优先顺序如下：

（1）函数。

（2）括号中的所有表达式。

（3）乘幂（^或**）。

（4）乘法和除法。

（5）加法和减法。

（6）关系运算（<、<=、>、>=、=、!=）。

（7）not、and、xor、or 逻辑运算从高到低的顺序。

3.2.4 RAPTOR 函数

RAPTOR 中的函数一般指系统标准函数，用户不能自定义函数，用户只能定义子图和过程。RAPTOR 的函数分为基本数学函数、三角函数和布尔函数。

1. 基本数学函数

基本数学函数见表 3-5。

表 3-5 基本数学函数

函数	说明	范例
abs	绝对值	abs(-9)=9，abs(9)=9
ceiling	向上取整	ceiling(3.1)=4，ceiling(-3.1)=-3
floor	向下取整	floor(3.9)=3，floor(-3.9)=-4
ln	自然对数（以 e 为底）	ln(e)=1
max	两个数的最大值	max(5,7)=7
min	两个数的最小值	min(5,7)=5
powermod	乘方取余	powermod(a,b,c)=(a^b)mod c
random	生成一个[0.0,1.0）之间的随机小数	random*100 为 0~99.9999 的随机数
length_of	对于数组变量，返回数组元素的个数；对于字符串变量，则返回字符个数	str← “Sell now” length_of(str)=8
sqrt	平方根	sqrt(4)=2

2. 三角函数

三角函数见表 3-6。

表 3-6　三角函数

函数	说明	范例
sin	正弦（以弧度表示）	sin(pi/6)=0.5
cos	余弦（以弧度表示）	cos(pi/3)=0.5
tan	正切（以弧度表示）	tan(pi/4)=1.0
cot	余切（以弧度表示）	cot(pi/4)=1.0
arcsin	反正弦，返回弧度	arcsin(0.5)=pi/6
arccos	反余弦，返回弧度	arccos(0.5)=pi/3
arctan	反正切，返回弧度	arctan(10.3)=1.2793
arccot	反余切，返回弧度	arccot(10.3)=0.2915

3. 布尔函数

如果函数的返回值是 true / false，这样的函数称为布尔函数，布尔函数常用在选择和循环条件判断的位置。RAPTOR 的布尔函数较多，例如：

（1）Key_Hit：键盘是否有键按下，有则返回 true，否则返回 false。

（2）Is_Open：窗口是否处于打开状态，打开则返回 true，否则返回 false。

（3）Mouse_Button_Pressed（Left_Button）：鼠标左键是否处于按下状态，是则返回 true，否则返回 false。

4. 随机函数

（1）随机函数的主要用途。在算法设计中，随机数的主要用途如下：

1）产生算法所需要的原始数据。例如，排序和查找算法需要大量的基础数据进行算法验证，而随机数符合算法应用的大部分场合。

2）产生一些随机模拟算法的动态数据。

3）减少不必要的人机交互。例如，要求输入 10 个数据进行最大值和最小值的查找等。

（2）随机函数 random 的使用。随机函数的使用应注意以下事项：

1）随机函数 random 只产生[0.0，1.0）之间的小数，所以需要加工以后才能获得常用算法所需要的随机整数。在 RAPTOR 中，可以用 random 乘以一个正整数 N，并使用向下取整函数 floor()和向上取整函数 ceiling()来获取相应范围内的随机整数。

2）需要获取 ASCII 码表中的数值，可以使用模运算，如 floor(random * 1000 mod 128)可随机得到标准 ASCII 码值（0～127）。

3）由于 RAPTOR 的数值默认精度有 4 位小数，因此部分随机数结果可能为 0.0000，经过处理得到的结果就是 0。所以，在不希望出现 0 的场合，必须对随机数得出的结果进行检验，去除不希望得到的值。

3.3 案例小结

1. RAPTOR 图形符号

RAPTOR 有 6 种基本图形符号，每个图形符号代表一个特定的语句类型。基本图形符号如表 3-7 所示，分别为赋值、调用、输入、输出、选择和循环。

表 3-7 图形符号

符号	名称	说明
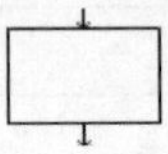	赋值语句	用表达式的计算结果改变变量的值
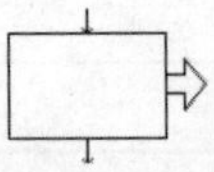	子图或过程调用语句	流程转向子图或过程执行，当子图或过程中的语句执行完成后返回
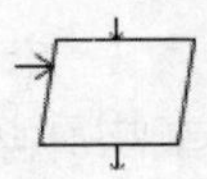	输入语句	用户输入数据保存到变量中
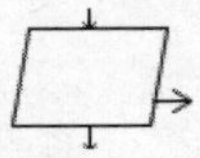	输出语句	显示/保存变量的值
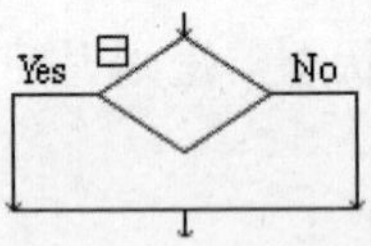	选择语句	菱形框中布尔表达式的值为 true 则执行左边流程；为 false 则执行右边流程
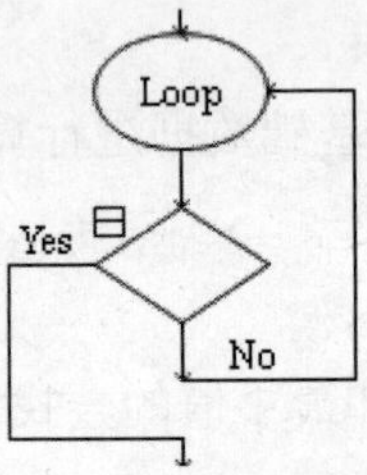	循环语句	菱形框中布尔表达式的值为false 则重复执行一组语句

2. RAPTOR 工作区

工作区是流程图创建和执行的区域。初始时，主图 main 中的流程图仅含有开始（Start）和结束（End）两个图形符号。程序可能会增加子图或过程，它们初始也只含有开始和结束两个图形符号。子图或过程中的这两个符号都不可删除。初始流程图如图 3-4 所示。

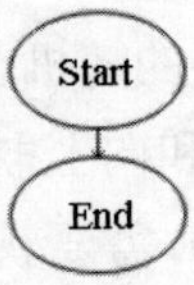

图 3-4 初始流程图

向流程图中增加图形符号的基本方法如下：

（1）“选择图形符号”插入方法。首先单击选择符号区域中的 6 个图形符号之一，然后单击（不要拖拽）流程图的某个插入位置（带向下箭头的流程线，鼠标呈手形图标时），就可以将相应图形符号插入到当前流程图中。

（2）“快捷菜单”插入方法。在插入位置（带向下箭头的流程线，鼠标呈手形图标时）右击，在快捷菜单中选择相应的图形符号，如图 3-5 所示。

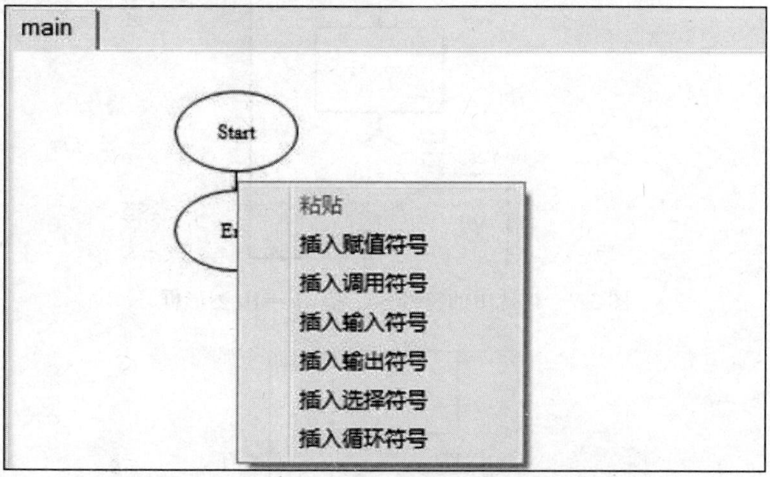

图 3-5　“快捷菜单”插入方法

当流程图规模较大时，可以通过操作滚动条观察屏幕外的流程图，也可以通过改变显示比例缩放流程图。

编辑流程图中图形符号的方法如下：

（1）右击流程符号，通过快捷菜单中的选项进行编辑，如图 3-6 所示。

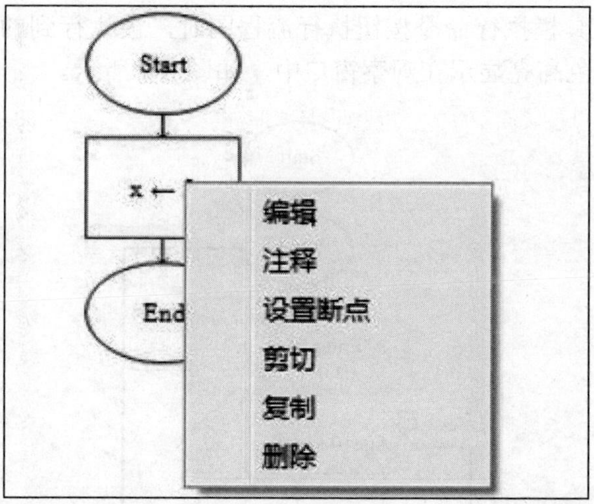

图 3-6　编辑流程图中的图形符号

（2）双击流程图中的图形符号，可以按要求对图形符号进行编辑。如变量重新赋值、输入或输出、过程调用、输入布尔表达式等。

（3）选中流程图中的某个图形符号，按 Enter 键可对选中的图形符号进行编辑。

（4）用鼠标左键拖拽产生的虚线矩形框可以选中多个图形符号，被选中的图形符号呈红色，此时可以用菜单、工具栏或快捷菜单对这多个图形符号进行编辑，如图 3-7 所示。

在程序执行的过程中，工作区窗口用绿色标记正在执行的指令，如图 3-8 所示。

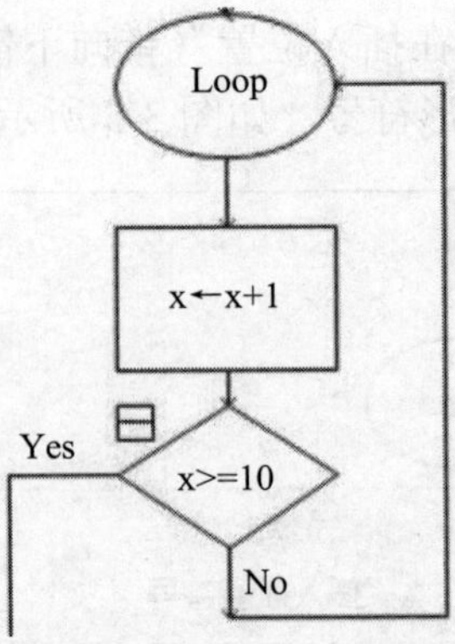

图 3-7 被选中的符号呈红色（x>=10 菱形框）

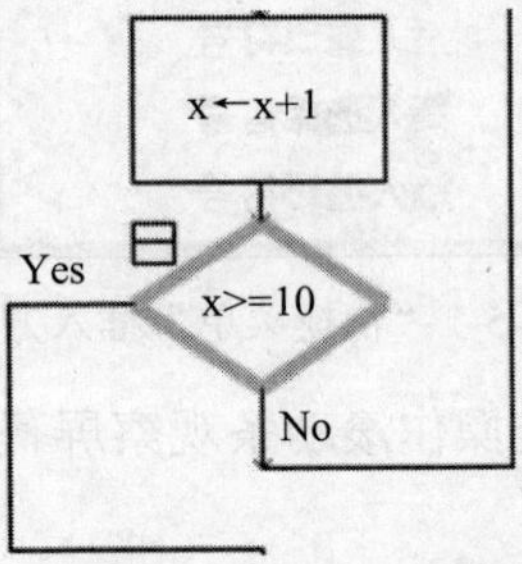

图 3-8 正在执行的指令用绿色标注

3. 执行流程图

使用运行菜单或工具栏执行命令按钮执行流程图时，被执行到的图形符号呈绿色高亮显示，变量值的变化呈红色高亮显示在观察窗口中，如图 3-9 所示。

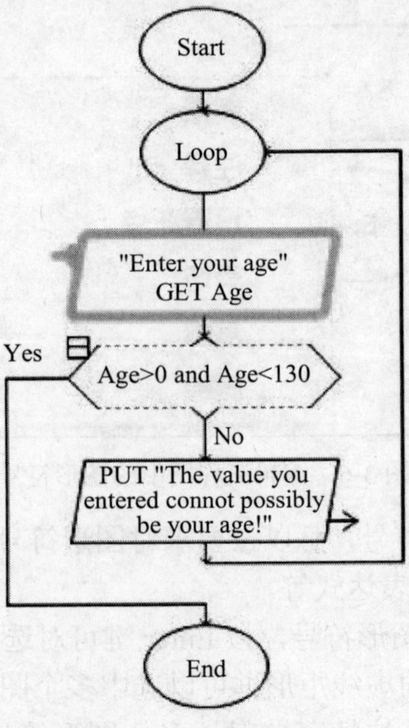

图 3-9 执行流程图

4. 设置图形符号属性

（1）赋值图形符号。赋值图形符号是用于执行计算，并将其结果存储在变量中。双击赋值图形符号产生的编辑窗口如图 3-10 所示。

在图 3-10 所示的编辑框中，将需要赋值的变量名输入到 Set 文本框，将需要执行计算的表达式输入到 to 文本框，创建的赋值图形符号如图 3-11 所示。

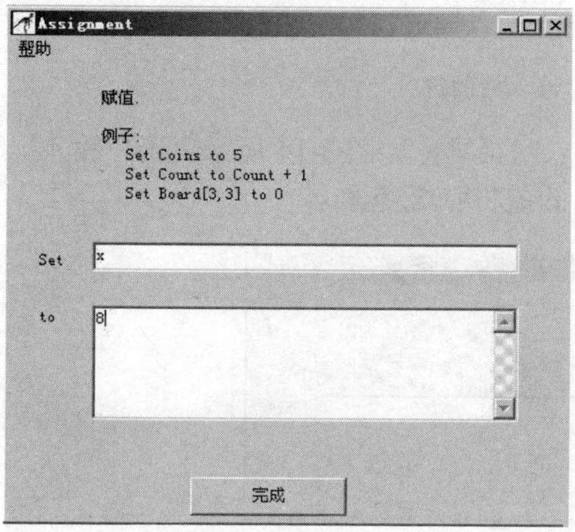

图 3-10 赋值窗口

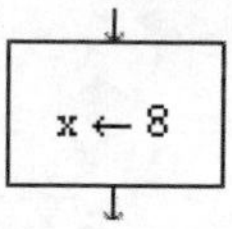

图 3-11 赋值后的符号

一个赋值图形符号只能改变一个变量的值，即箭头所指向的变量。如果这个变量在先前的语句中未曾出现过，则 RAPTOR 会自动创建一个新的变量；如果这个变量在先前的语句已经出现，那么先前的值就将被当前所执行的计算结果所取代。位于箭头右侧表达式中的变量值则不会被赋值图形符号改变。

（2）输入图形符号。输入图形符号允许用户在程序执行过程中输入变量的数据值。最重要的是，必须让用户明白程序需要什么类型的数据。因此，当定义一个输入图形符号时，一定要在提示文本中说明所需要输入的提示信息，提示信息应尽可能明确，如果预期值需要解释，则应该在提示文本中说明，双击输入图形符号产生的编辑窗口，如图 3-12 所示。

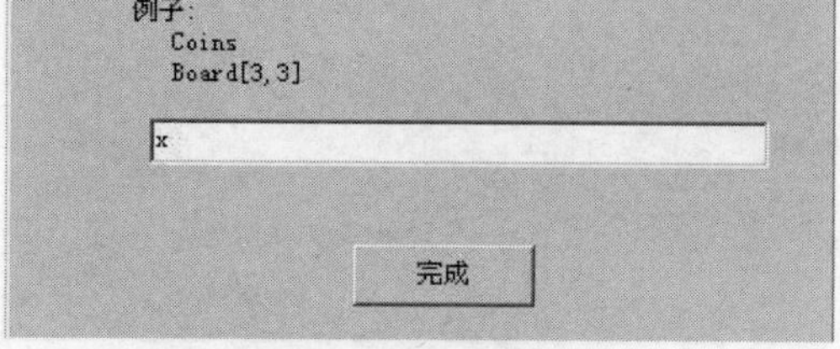

图 3-12 输入窗口

设置一个输入图形符号属性时，用户必须指定两方面信息：①提示文本；②变量名称，该变量的值将在程序运行时由用户输入。

输入图形符号编辑完成后在流程图中显示如图 3-13 所示。

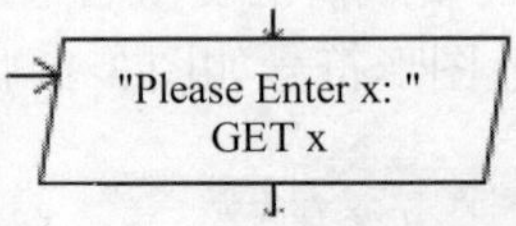

图 3-13　输入后的符号

输入图形符号在运行时，将显示一个输入对话框，如图 3-14 所示。用户输入一个值，并按下 Enter 键（或单击“确定”按钮），输入的值将赋给变量 x。

图 3-14　运行输入符号出现的对话框

（3）输出图形符号。输出图形符号执行时，将在主控台窗口显示输出结果。双击输出图形符号产生的编辑框如图 3-15 所示。要求用户指定两方面的信息：①输出怎样的文字或表达式结果；②是否需要在输出结束时输出一个换行符。

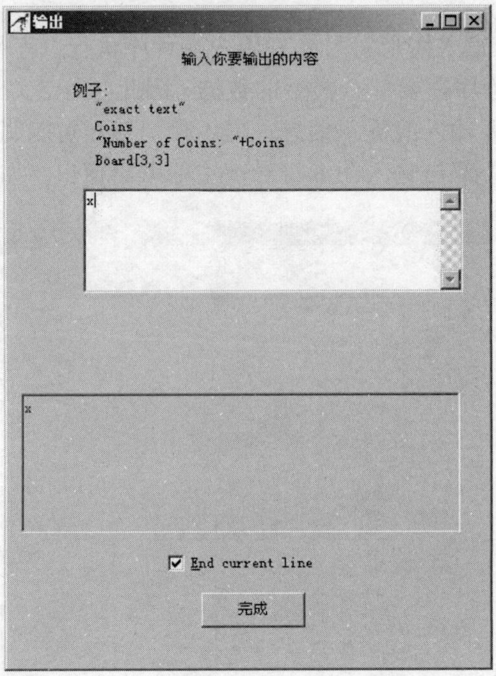

图 3-15　输出窗口

输出图形符号编辑窗口编辑的信息将输出到主控台或文件中，如果底部的 End current line 复选框被选中，则本行信息输出后将换行。输出图形符号编辑完成后在流程图中显示如图 3-16 所示。

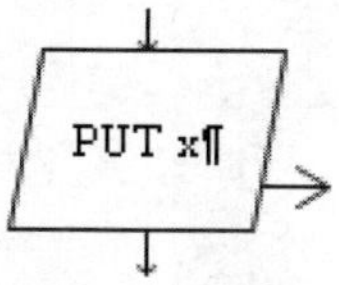

图 3-16　输出变量效果，并出现换行符

（4）选择图形符号。用 RAPTOR 流程图求解问题时，经常遇到选择判断，此时就要用到选择图形符号。双击选择图形符号产生的编辑窗口如图 3-17 所示。

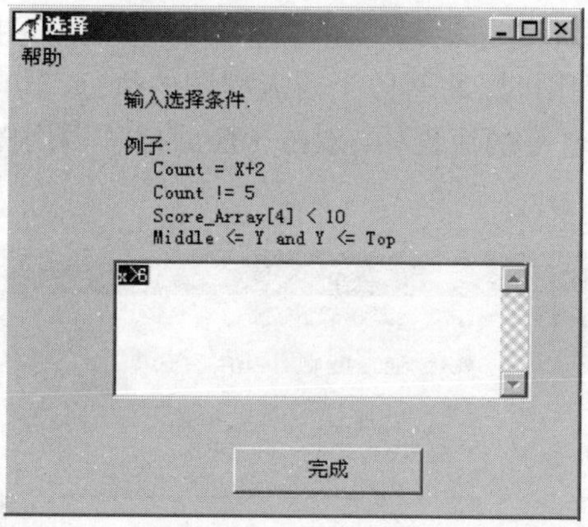

图 3-17　选择窗口

在选择图形符号编辑框中，输入一个布尔表达式，如果布尔表达式为 true，则流程进入到左边分支；否则，流程进入到右边的分支。选择图形符号编辑完成后在流程图中显示如图 3-18 所示。

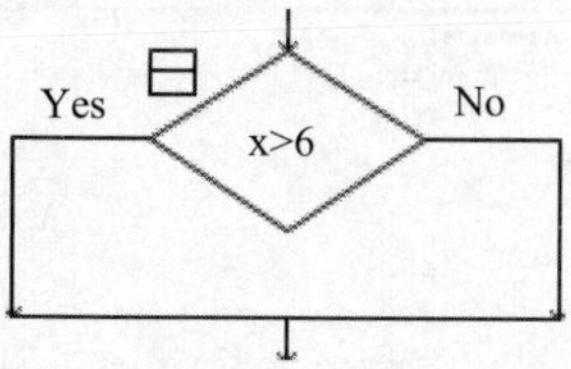

图 3-18　输入条件后的符号

（5）循环图形符号。用 RAPTOR 流程图求解问题时，经常遇到需要重复执行的程序段，此时就要用到循环图形符号。双击循环图形符号产生的编辑窗口如图 3-19 所示。

在循环图形符号编辑窗口中，输入一个布尔表达式，如果布尔表达式的值为 true，则本图形符号循环执行结束；否则，流程进入菱形框下面的循环体执行，当循环体内的图形符号执行一遍后，再转去判断菱形框中的布尔表达式。这个过程不断重复下去，直到布尔表达式为 true 为止。循环图形符号编辑完成后在流程图中显示如图 3-20 所示。

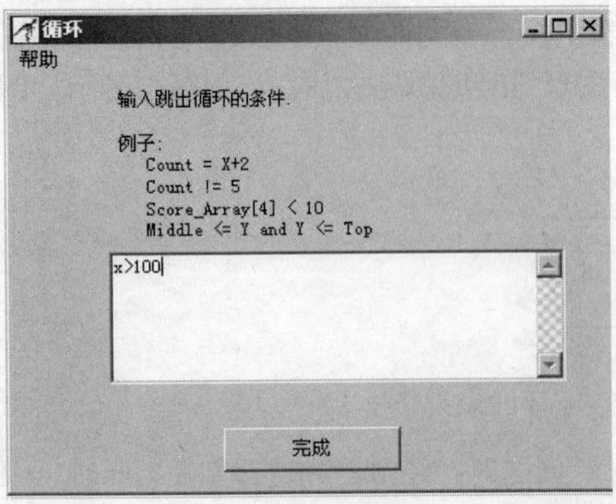

图 3-19 循环窗口

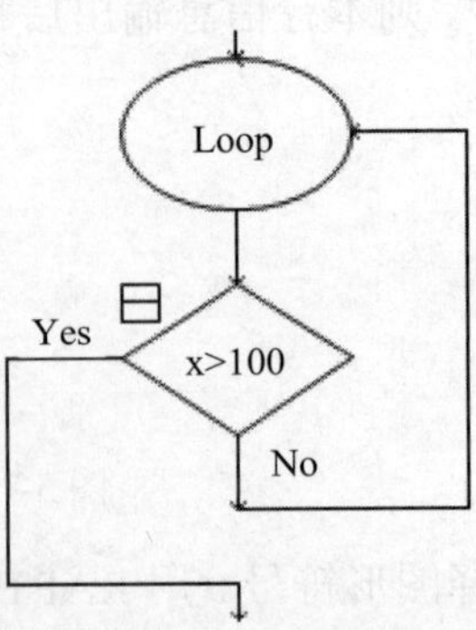

图 3-20 输入条件后的循环符号

（6）调用子图或过程图形符号。调用图形符号可以调用子图或过程，子图或过程是一个完成特定功能的程序模块。调用时，将暂停当前流程图的执行，转向被调用的子图或过程执行，调用完成后会继续执行先前暂停的流程图。双击子图或过程调用图形符号，产生的编辑窗口如图 3-21 所示。

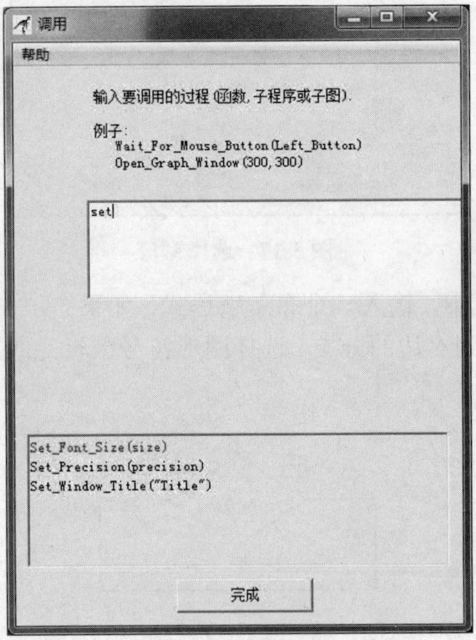

图 3-21 调用窗口

要正确使用子图或过程，用户需要指定两方面的信息：①子图或过程的名称；②如果是过程调用，必须提供必要的参数。

RAPTOR 流程图设计中，为尽量减少用户的记忆负担，在过程调用的编辑窗口中会随着用户的输入按首部匹配的原则，在对话框中进行提示，选中后按 Enter 键或双击即可，这对减少输入错误有很大的好处。例如，输入字母 set 后，窗口的下部会列出所有以字母 set 开头的过程，而且列表还会提醒每个过程所需要的参数。

5. RAPTOR 中注释的使用

RAPTOR 开发环境像其他许多编程语言一样，允许对程序进行注释。注释用来帮助他人理解程序，特别是在程序代码比较复杂、很难理解的情况下。注释本身对程序毫无影响，并不会被执行。然而，注释得当可以使程序更容易被他人理解。

要在某个图形符号中添加注释，可以右击相关的图形符号，在出现的快捷菜单中选择“注释”命令。进入注释窗口，如图 3-22 所示。

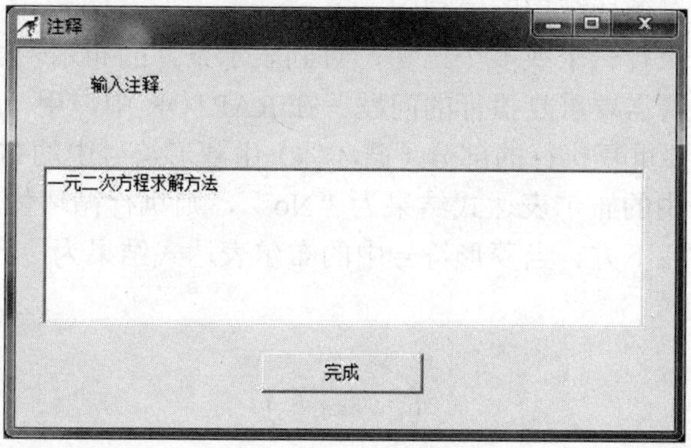

图 3-22　注释窗口

注释以绿色字符显示，可以用汉字（仅注释），如图 3-23 所示。注释可以在 RAPTOR 工作窗口中通过鼠标左键拖拽来移动，但建议不要移动注释的默认位置，以防在需要更改时引起错位和带来麻烦。

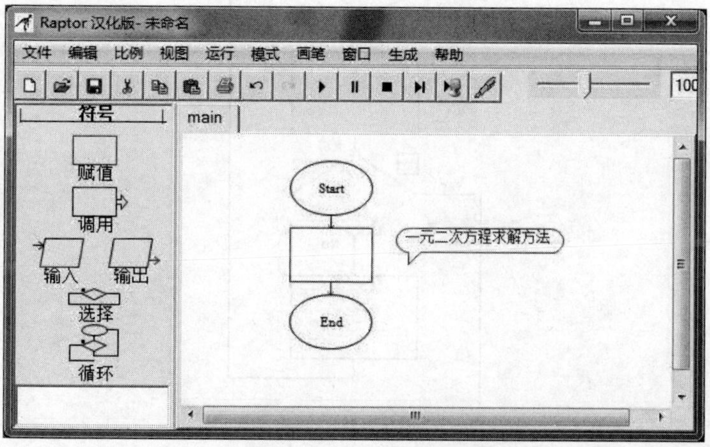

图 3-23　注释后的效果

注释一般有以下四种类型。

（1）程序标题：用于标注程序的作者和编写的时间、程序目的等（添加到 Start 符号中）。

（2）分节描述：用于标记程序，使程序员更容易理解程序整体结构中的主要部分，如算法中主要选择和循环语句的标注。

（3）逻辑描述：解释算法中标准或非标准的逻辑设计，如递归程序中基本条件和正常递归部分的标注。

（4）变量说明：解释算法中使用的主要变量的用途，哪些是用于接收输入变量，哪些是输出变量，哪些是保存中间结果的临时变量等。

在通常情况下，没有必要注释程序流程图中每一个图形符号。

3.4 拓展训练

思考题：画一个带有循环结构的流程图。

循环结构允许重复执行一个或多个语句，直到表示条件的布尔表达式为 True。这种类型的控制结构可以用来解决需要重复执行的问题。在 RAPTOR 中，用一个椭圆和一个菱形符号表示一个循环结构。需要重复执行的部分（循环体）由菱形符号中的布尔表达式控制。在执行过程中，如果菱形符号中的布尔表达式结果为“No”，则执行循环体。要重复执行的语句可以放在菱形符号的上方或下方。当菱形符号中的布尔表达式结果为“Yes”时循环结束。循环结构如图 3-24 所示。

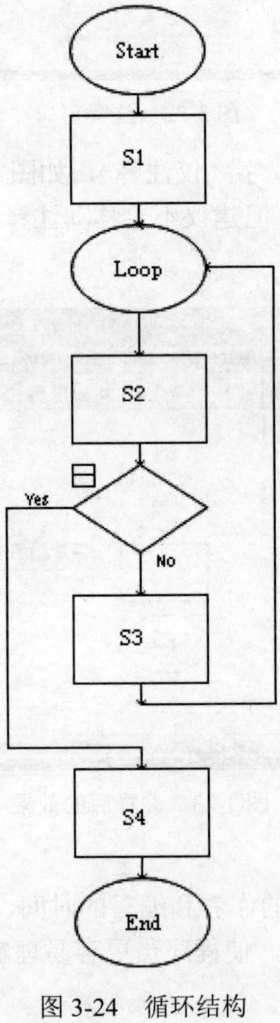

图 3-24 循环结构

注意以下情况：

（1）S1 在循环开始之前执行。

（2）S2 至少执行一次，因为该语句处在条件判断之前。

（3）如果布尔表达式的计算结果为“Yes”，则循环终止，流程控制执行 S4。

（4）如果布尔表达式的计算结果为“No”，则流程控制执行 S3 后回到 Loop 重新开始循环。

（5）S2 至少保证执行一次，而 S3 可能一次都不执行。

学习笔记

案例4　排 序 算 法

学习目标：

- 掌握随机函数的使用。
- 掌握一维数组的使用。
- 掌握冒泡排序法。
- 了解简单选择排序算法以及直接插入排序。

4.1 案 例 简 介

冒泡排序法是基于交换思想的一种简单的排序方法。在排序过程中，每一次都是将待排序的数据元素中的最大者交换到该序列的最后，即大者下沉，小者像气泡一样上浮，因此形象地称为“冒泡法”。

4.2 案 例 制 作

案例：冒泡排序。

sort(r[],n)算法描述如下：

S1：定义整型变量 i,j,t。
S2：i←1。
S3：如果 i≤n-1，则执行 S4，否则执行 S10。
S4：j←1。
S5：如果 j≤n-1-i，则执行 S6，否则执行 S9。
S6：如果 r[j]>r[j+1]则执行 S7，否则执行 S8。
S7：t←r[j],r[j]←r[j+1],r[j+1]←t。
S8：j←j+1，执行 S5。
S9：i←i+1，执行 S3。
S10：结束。

利用随机函数产生一批随机整数（0～99）存放在一维数组中，采用冒泡排序法对数组进行升序排序。

冒泡排序法程序由三个部分组成。

第一部分：产生 N 个 0～99 之间的随机整数，保存到数组 a 并输出。此部分是产生随机数并输出，流程图是主图 main，如图 4-1 所示。

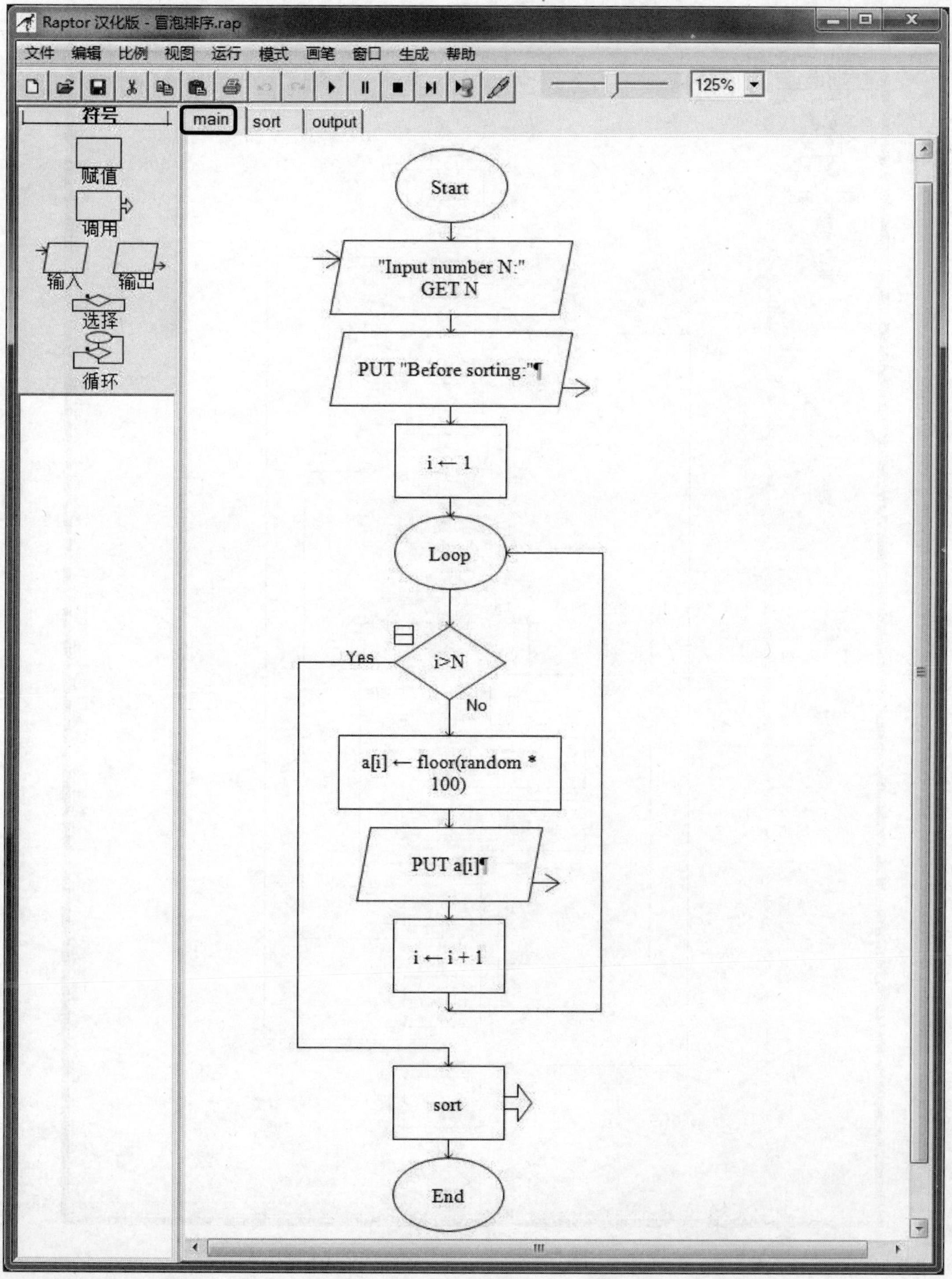

图 4-1　冒泡排序（main）主图

第二部分：利用冒泡法对数组 a 中的 N 个元素进行升序排序。此部分是冒泡排序算法的核心程序，用子图 sort 表示，如图 4-2 所示。

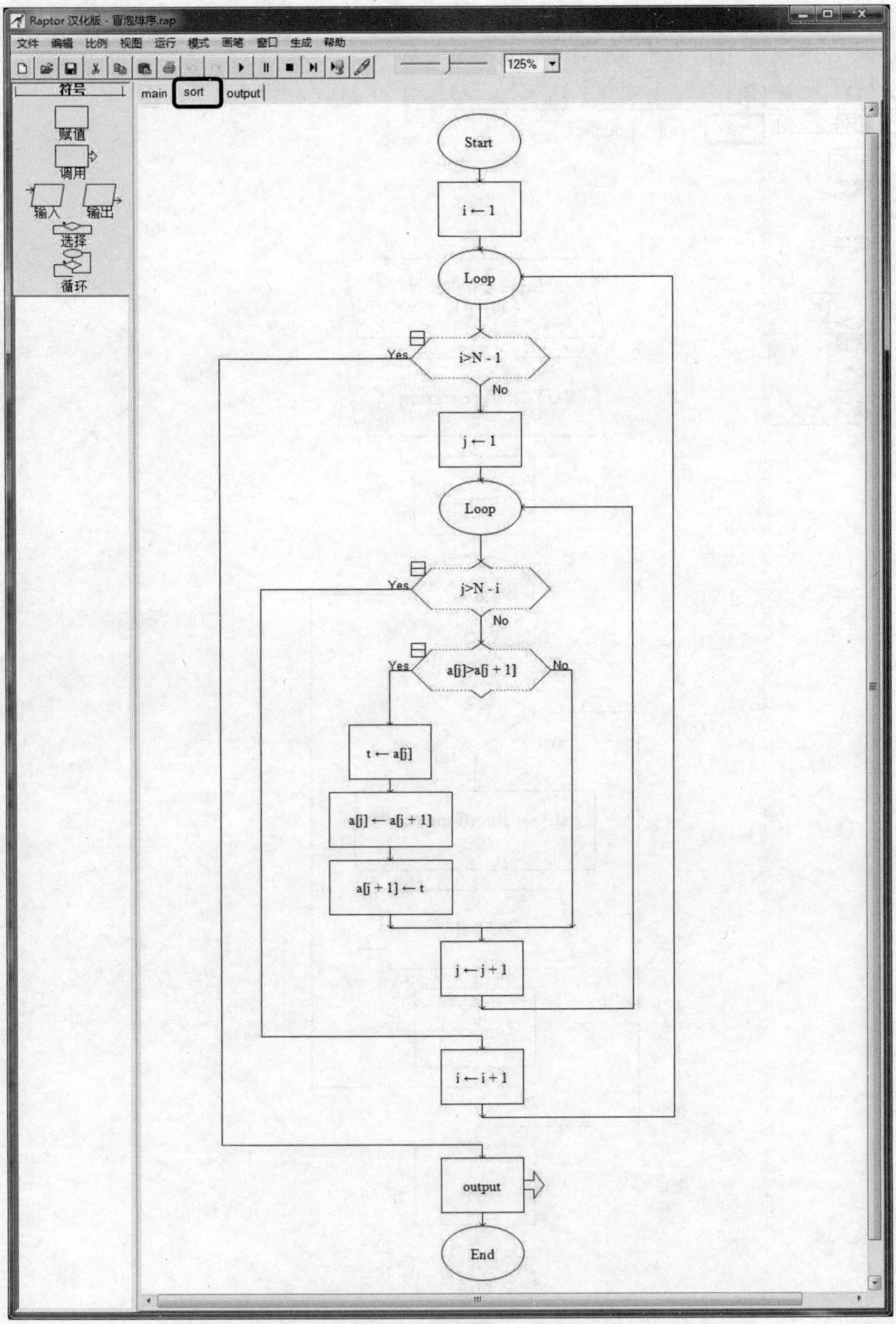

图 4-2　冒泡排序的核心算法（soft）子图

第三部分：输出排序以后的数组 a 中的 N 个元素。此部分是输出显示已经排好顺序的元素，用子图 output 表示，流程图如图 4-3 所示。

输入 5，即产生 5 个随机整数如图 4-4 所示。

随机生成的 5 个随机整数以及已经排序完毕的 5 个整数如图 4-5 所示。

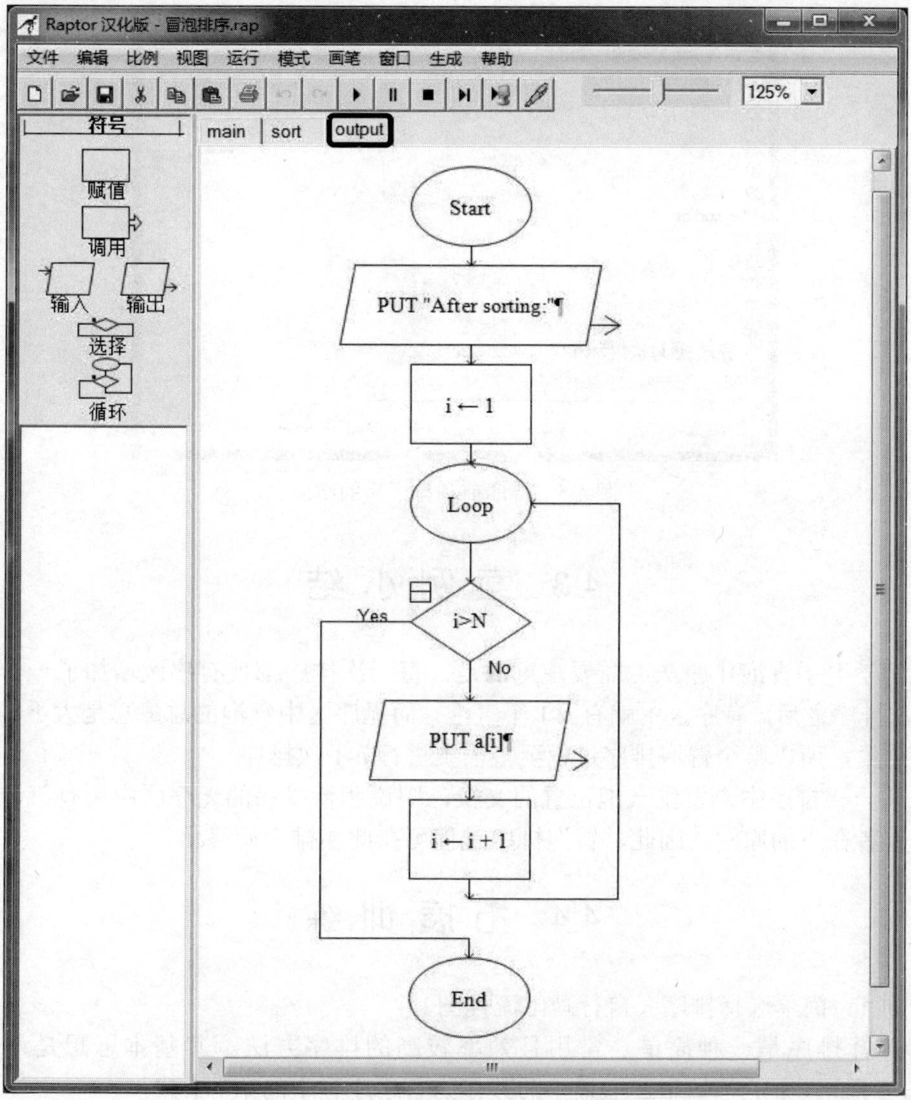

图 4-3　排序后输出的（output）子图

图 4-4　输入要产生的随机数个数

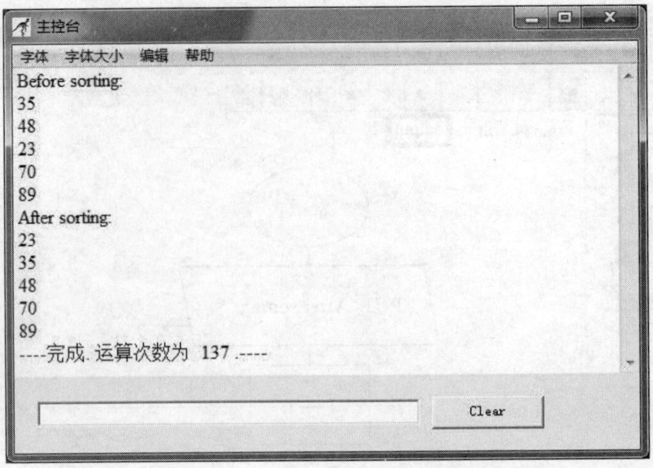

图 4-5 排序前和排序后的结果

4.3 案例小结

本案例学习了冒泡排序法，需要注意的是，每一次排序都使有序区增加了一个气泡，在经过 n-1 次排序之后，有序区中就有 n-1 个气泡，而无序区中气泡的总量总是大于等于有序区中气泡的总量，所以整个冒泡排序过程至多需要进行 n-1 次排序。

若在某一次排序中未发生气泡位置的交换，则说明待排序的无序区中所有气泡均满足轻者在上、重者在下的原则，因此，冒泡排序过程可在此次排序后终止。

4.4 拓展训练

思考题 1：简单选择排序（自行画出流程图）。

简单选择排序是一种简单、常用且效率较高的排序方法。其基本思想是：每一次在 n-i+1(i=1，2，…，n-1)个数中选取最小的数作为有序序列中的第 i 个数。

sort(r[]，n)算法描述如下。

> S1：定义整型变量 i,j,k,t。
> S2：i←1。
> S3：如果 i≤n-1，则执行 S4，否则执行 S11。
> S4：k←i，j←i+1。
> S5：如果 j≤n，则执行 S6，否则执行 S8。
> S6：如果 r[j]<r[k]，则 k←j，执行 S7，否则直接执行 S5。
> S7：j←j+1，执行 S5。
> S8：如果 k≠i，则执行 S9，否则执行 S10。
> S9：t←r[i],r[i]←r[k],r[k]←t。
> S10：i←i+1，执行 S3。
> S11：结束。

思考题 2：直接插入排序（自行画出流程图）。

直接插入排序的思想是：每一次将待排序的数插入到已经有序的线性表中。在线性表中，只包含第 1 个元素的子表是有序表，然后从线性表的第 2 个元素开始直到最后一个元素，逐次将其中的每一个元素插入到前面已经有序的子表中。

sort(r[],n)算法描述如下。

S1：定义整型变量 i,j,t。
S2：i←1。
S3：如果 i≤n-1，则执行 S4，否则执行 S10。
S4：t←r[i]，j←i-1。
S5：如果 j≥0 且 t<r[i]，则执行 S6，否则执行 S8。
S6：r[j+1]←r[j]。
S7：j←j-1，执行 S5。
S8：r[j+1]←t。
S9：i←i+1，执行 S3。
S10：结束。

学习笔记

案例5　查找算法

学习目标：

- 掌握查找算法的解题思想和步骤。
- 掌握顺序查找和二分法查找（折半查找）的算法流程图。

5.1　案例简介

顺序查找是一种最简单的查找方法，适用于线性表。二分法查找也称为折半查找，它只适用于顺序存储的有序表。

5.2　案例制作

案例：二分法查找。

在此所说的有序表是指线性表中的数已按升序或降序排列。注意，当有序线性表为顺序存储时才能采用二分法查找。

设被查元素为x，则二分法查找的方法如下。

（1）将x与线性表的中间项进行比较。

（2）若中间项的值等于x，则说明查到，查找结束。

（3）若x小于中间项的值，则在线性表的前半部分（即中间项以前的部分）以相同的方法进行查找。

（4）若x大于中间项的值，则在线性表的后半部分（即中间项以后的部分）以相同的方法进行查找。

find(r[ ],x,n)的算法描述如下。

> S1：定义i, m, r三个整型变量。
> S2：确定查找范围i=1，r=n。
> S3：如果i≤r，则执行S4，否则执行S8。
> S4：计算中项m=(i+r)/2。
> S5：如果x>r[m]，则把m+1的值赋给i，转去执行S3，否则执行S6。
> S6：如果x<r[m]，则把m-1的值赋给r，转去执行S3，否则执行S7。
> S7：返回m值。
> S8：返回-1，表示未找到。
> S9：结束。

二分法查找的主图如图5-1所示。

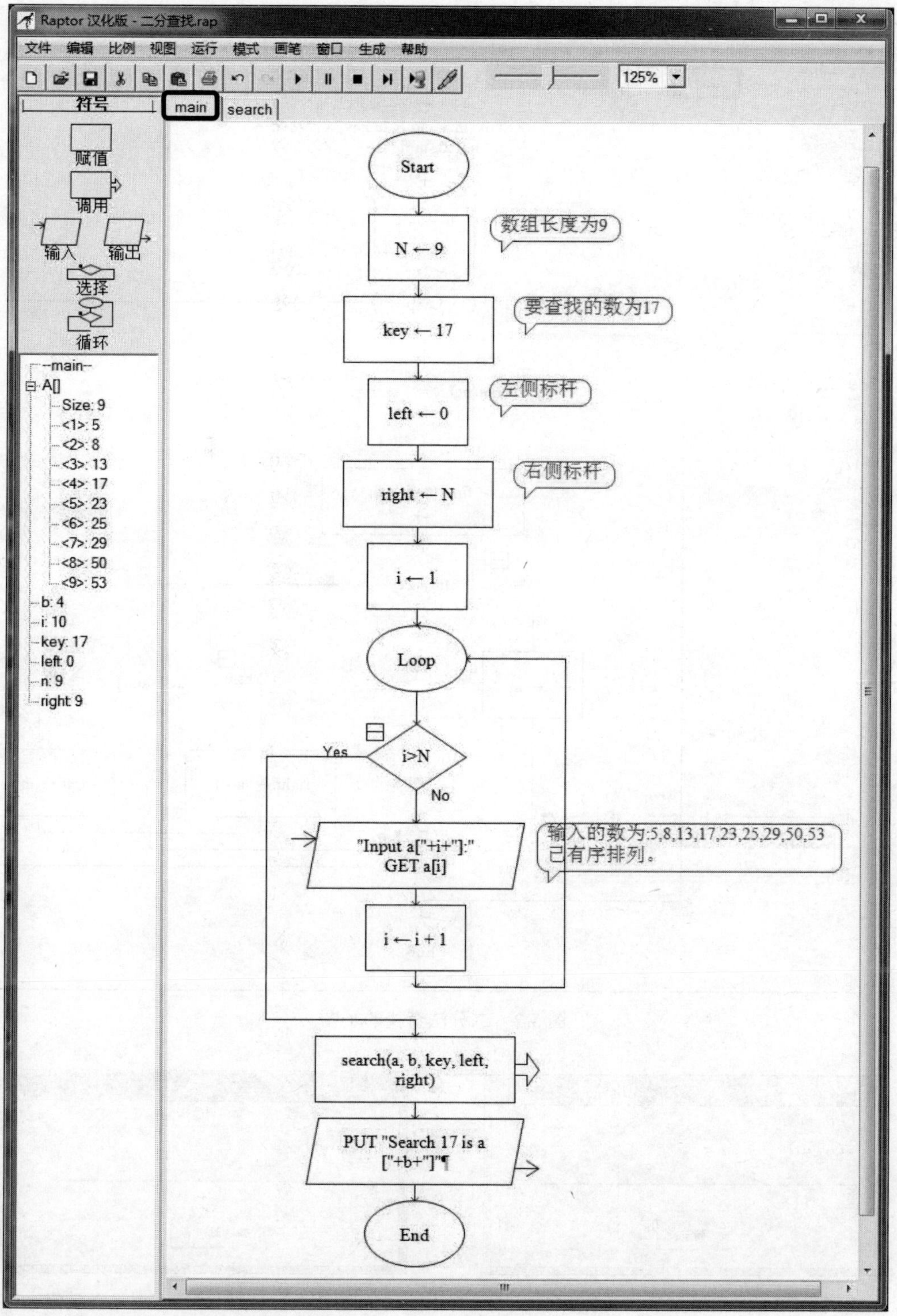

图 5-1　二分法查找的主图

二分法查找的子图，如图 5-2 所示。

运行时会要求用户为数组中的每个元素赋值，如图 5-3 和图 5-4 所示。

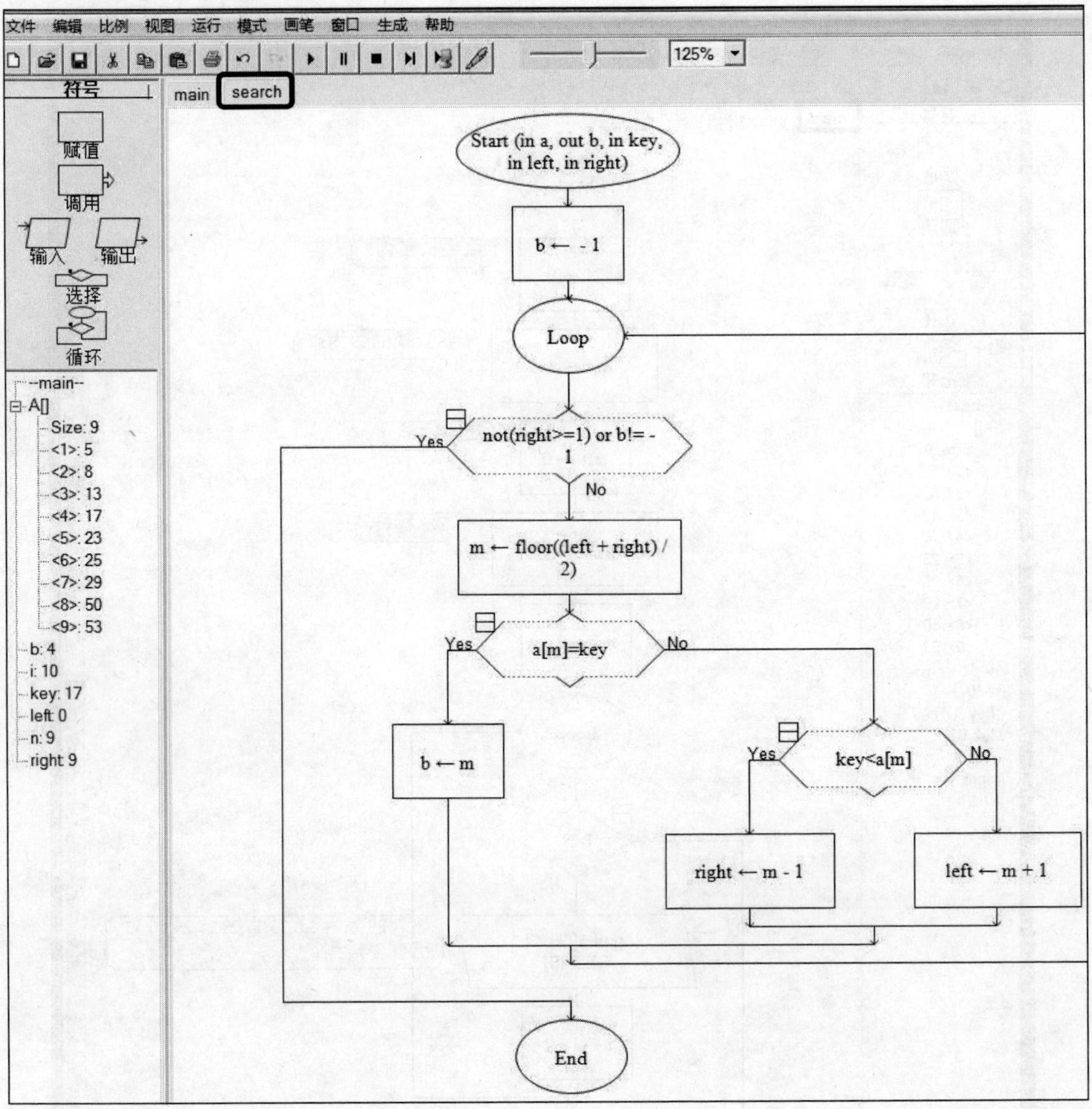

图 5-2　二分法查找的子图

图 5-3　给数组第一个元素赋值

图 5-4　给数组最后一个元素赋值

运行结果如图 5-5 所示。

图 5-5　查找到的数的位置

5.3 案例小结

本案例学习了二分法查找，它充分利用了元素间的次序关系，采用分治策略，它的基本思想是将 n 个元素分成个数大致相同的两半，取 a[n/2]与欲查找的 x 做比较，如果 x=a[n/2]则找到 x，算法终止；如果 x>a[n/2]，则需要在数组 a 的右半部分继续搜索，直至找到 x 为止，或得出关键字不存在的结论。所以，二分法查找要求：①必须采用顺序存储结构；②必须按关键字大小有序排列。

5.4 拓展训练

思考题：顺序查找（自行画出流程图）。

顺序查找又称为顺序搜索，就是在线性表中查找指定的数据元素。

查找方法如下：

（1）从第一个数据元素开始，逐个将元素的关键字值和给定值比较。

（2）若某个元素的关键字值与给定值相等，则查找成功，即找到所查元素；反之，若直到第 n 个元素，其关键字值与给定值都不相等，则表明线性表中没有该元素，查找失败。

学习笔记

案例6　贪 心 算 法

学习目标：

- 掌握贪心算法的解题思想和步骤。
- 掌握贪心算法流程图。

6.1 案例简介

贪心算法的基本思想是在对问题求解时，总是作出在当前看来最好的选择，而非从整体最优上加以考虑，因此它仅仅是某种意义上的局部最优解。贪心算法并非对所有问题都能得到整体最优解，但在相当广泛的范围内，对许多问题它能产生整体最优解或者是整体最优解的近似解。“鼠目寸光”也许是对贪心算法最好的描述。

6.2 案例制作

用贪心法设计算法的特点是一步一步地进行，以当前情况为基础，根据某个偏好原则做最优选择，而不考虑各种可能的整体情况，它省去了为寻找最优解要穷尽所有可能而必须耗费的大量时间，自顶向下，以迭代的方法做出相关的贪心选择，每做一次贪心选择，就将所求问题简化为一个规模更小的子问题，通过每一步贪心选择，可得到问题的一个最优解。尽管每一步都保证获得了局部最优解，但由此得到的全局解却不一定都是最优的。

案例：数字三角形的求解。有任意一个数字三角形，如图6-1所示。

```
          1
        2   3
      3   4   5
    2   5   8   7
  60  5   9   7   2
```

图6-1　数字三角形

只能自第一层（顶层）向下行走，且只能走下接的相邻两个节点（如第三层的3只能走第四层的2或5），问能否找到一条路径，使得路径上的权值之和最大（最大权值路径应为1→2→3→2→60，权值之和为68）。

使用贪心策略，是预先无法看到题中提到的最大权值路径的，因为每次行走只能看到下层的相邻两个节点，并选中其中的较大值，所以使用贪心策略可以得到的最大权值路径为1→3→5→8→9，权值之和为26。使用RAPTOP实现的贪心算法流程主图如图6-2所示。

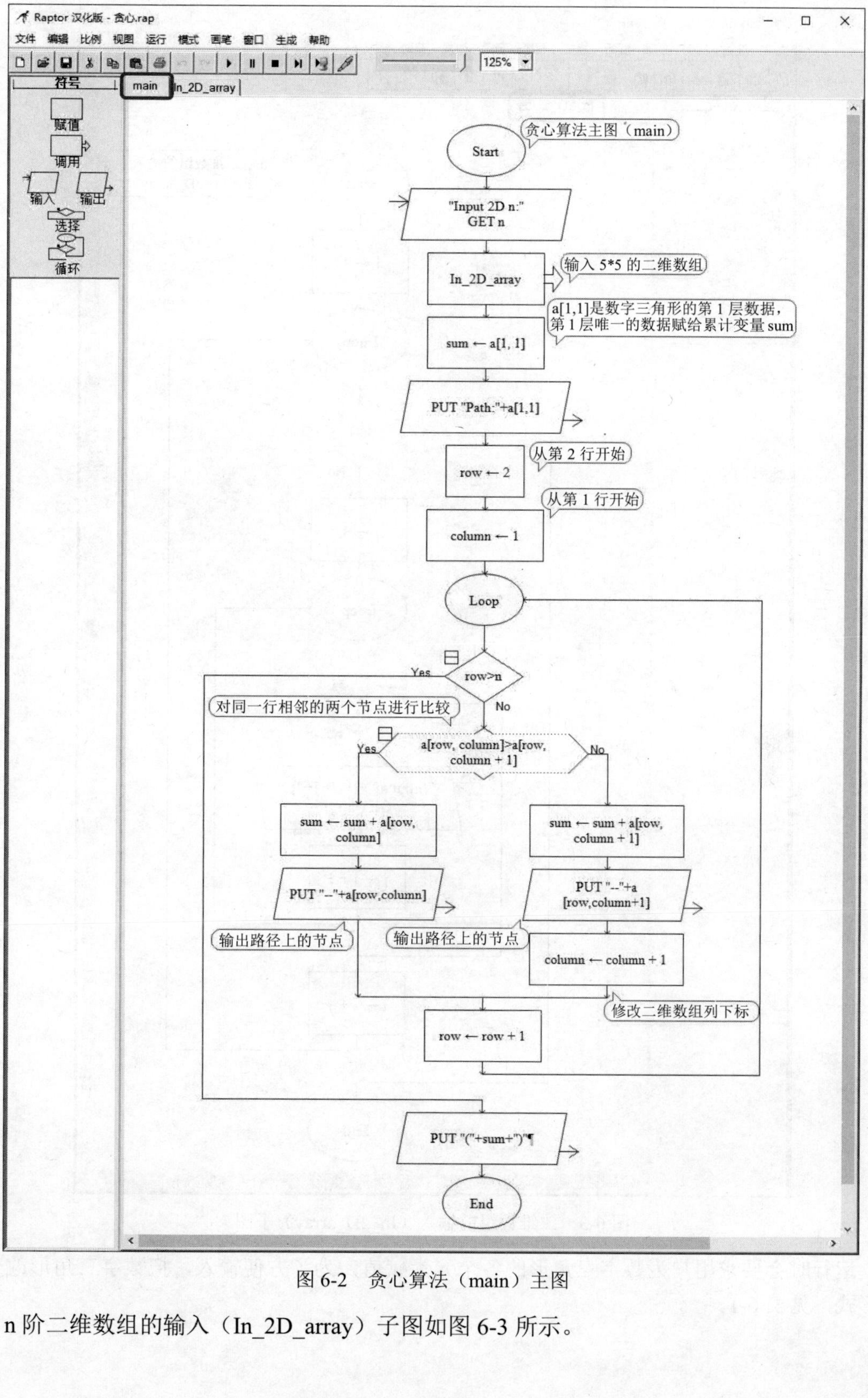

图 6-2　贪心算法（main）主图

n 阶二维数组的输入（In_2D_array）子图如图 6-3 所示。

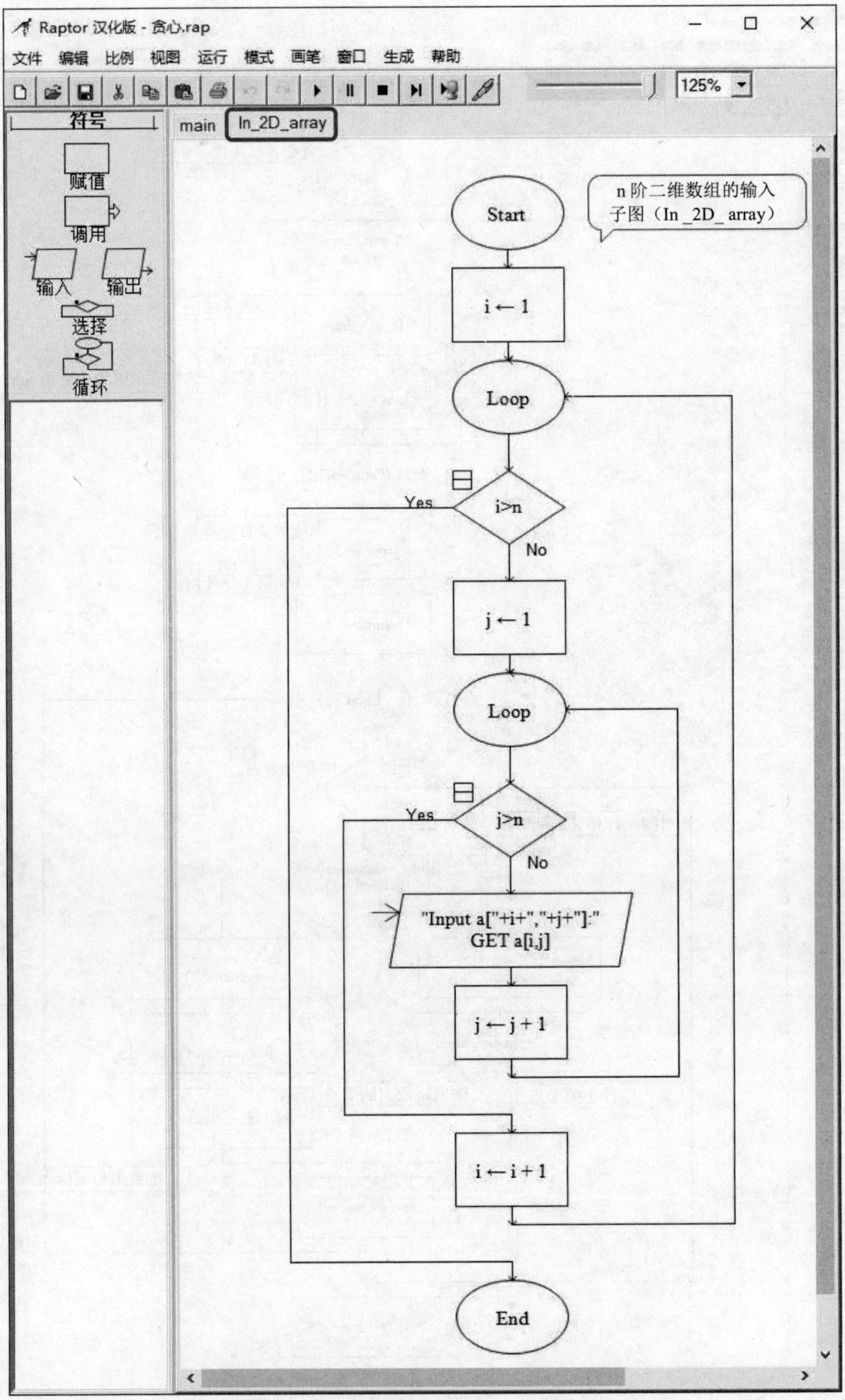

图 6-3　二维数组的输入（In_2D_array）子图

运行时会要求用户为数字三角形的各个元素赋值。为了方便输入，把数字三角形改变一下形式，见表 6-1。

表 6-1　改变形状的数字三角形

列＼行	1	2	3	4	5
1	1				
2	2	3			
3	3	4	5		
4	2	5	8	7	
5	60	5	9	7	2

按照 n*n 二维数组的方式输入其中的三角形数字，其他空白位置可以略过（或者输入数字 0）。

首先，输入二维数组的维数，这里以 5*5 二维数组为例，如图 6-4 所示。

数组第 1 行第 1 列元素 a[1,1]的值为 1，a[1,2]～a[1,5]元素为空，如图 6-5 所示。

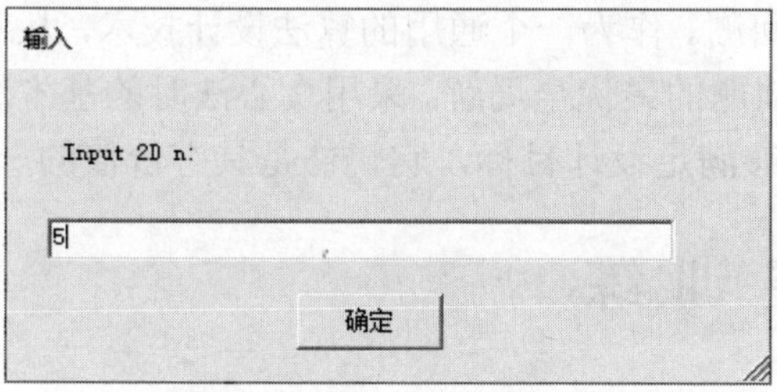

图 6-4　输入二维数组的维数

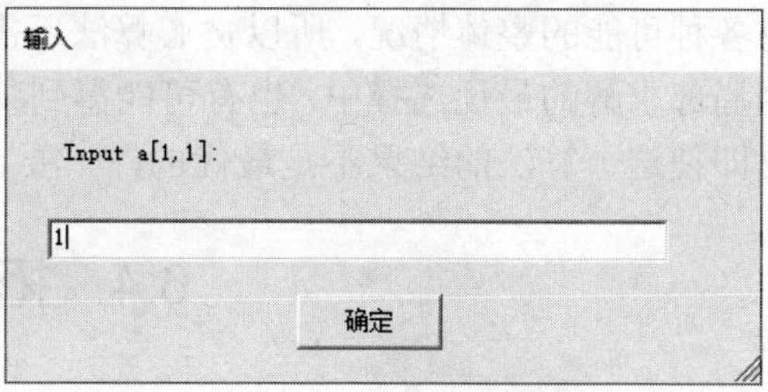

图 6-5　输入二维数组的第 1 行元素

数组第 2 行第 1 列和第 2 列元素分别为 a[2,1]和 a[2,2]元素的值分别为 2 和 3，a[2,3]～a[2,5]元素为空，如图 6-6 所示。以此类推。

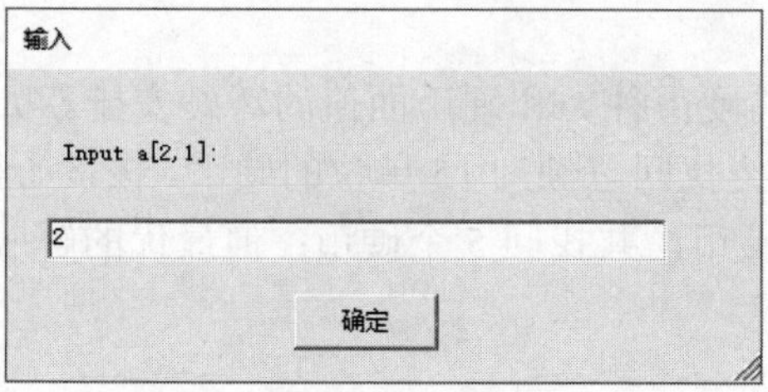

（a）输入二维数组的第 2 行第 1 列元素

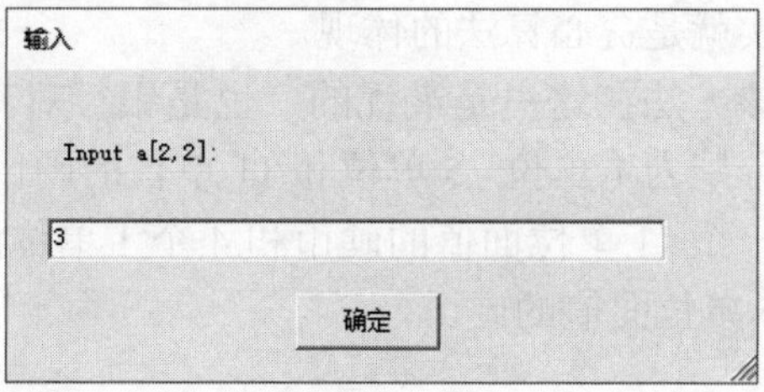

（b）输入二维数组的第 2 行第 2 列元素

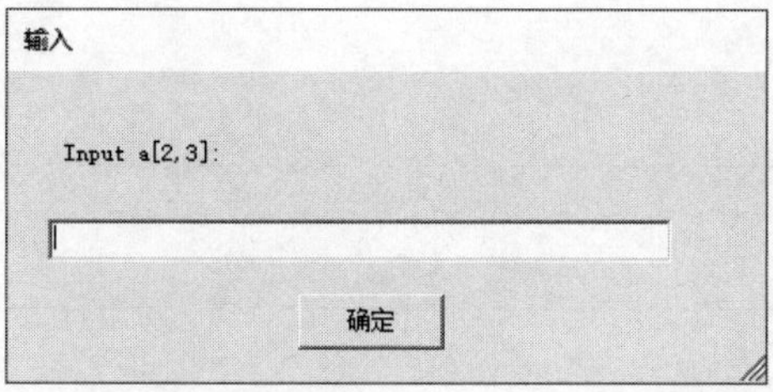

（c）输入二维数组的第 2 行第 3 列元素

图 6-6　输入二维数组的第 2 行元素

贪心算法流程图运行后的输出结果如图 6-7 所示。

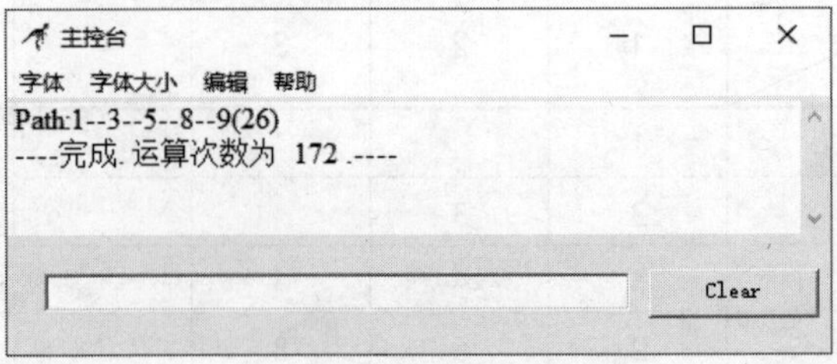

图 6-7 贪心算法输出结果

6.3 案例小结

本案例学习了贪心算法，贪心算法通常可以快速得到满意的解，因为它省去了为找最优解需要穷尽所有可能而必须耗费的大量时间。贪心算法是以当前情况为基础做最优选择，并不考虑各种可能的整体情况，所以贪心算法不需要回溯。作为一个通用的算法设计技术，从对一系列局部求解的最优选择中，也有可能得到某些问题的最优全局解。采用贪心法时的基本思路是：即使这个算法的结果不是最优的，只要它能够满足设计目标，它仍然是具有价值的。

6.4 拓展训练

思考题：购物找零（自行画出流程图）。

每个人都有购物经历，平时购物找钱时，如何使找回的零钱中硬币的数量最少。

不考虑找零钱可能涉及的各种方案，而是从最大面值的币种开始，按递减的顺序考虑各币种，先尽量用大面值的币种，当不足大面值币种的金额时才去考虑下一种较小面值的币种，这其实就是贪心算法的体现。

该方法在这里是最优的，也是银行对其发行的硬币种类和硬币面值的巧妙安排。如只有面值分别为 1 单位、5 单位和 11 单位的硬币，而希望找回总额为 15 单位的硬币。按贪心算法，应找 1 个 11 单位面值的硬币和 4 个 1 单位面值的硬币，共找回 5 个硬币；但最优的解应该是 3 个 5 单位面值的硬币。

学习笔记

案例 7　使用栈进行进制转换

学习目标：

- 掌握栈的存储结构的表示方法和实现的方法。
- 掌握栈的入栈和出栈等基本操作的算法实现。
- 了解栈在解决实际问题中的简单应用。

7.1 案例简介

栈是线性逻辑结构之一。本案例以十进制到二进制转换为例进行说明，转换原理如图 7-1 所示。这里使用的是手算所得的结果，最高有效位是最后获得的，按照栈的操作原理，后进先出（last in first out，LIFO），所以适合使用栈作为逻辑结构实现该算法。

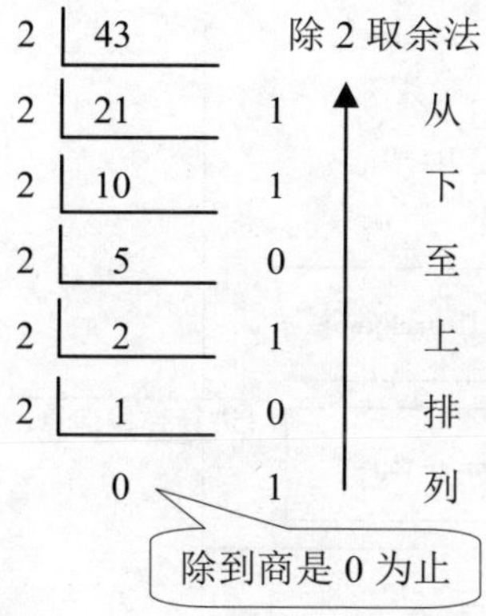

图 7-1　十进制整数转二进制整数的方法

7.2 案例制作

栈是一个特殊的线性表，是限定仅在一端（通常是表尾）进行插入和删除操作的线性表，又称为后进先出的线性表，简称 LIFO 结构。栈的特点是：后进先出，先进者后出，就像用盘子时先用后放的，后用先放的。从栈的操作特性上来看，栈是一种“操作受限”的线性表，只允许在一端插入和删除数据。

使用栈进行十进制整数到二进制整数转换制作的流程图主图和子图，如图 7-2 和图 7-3 所示。

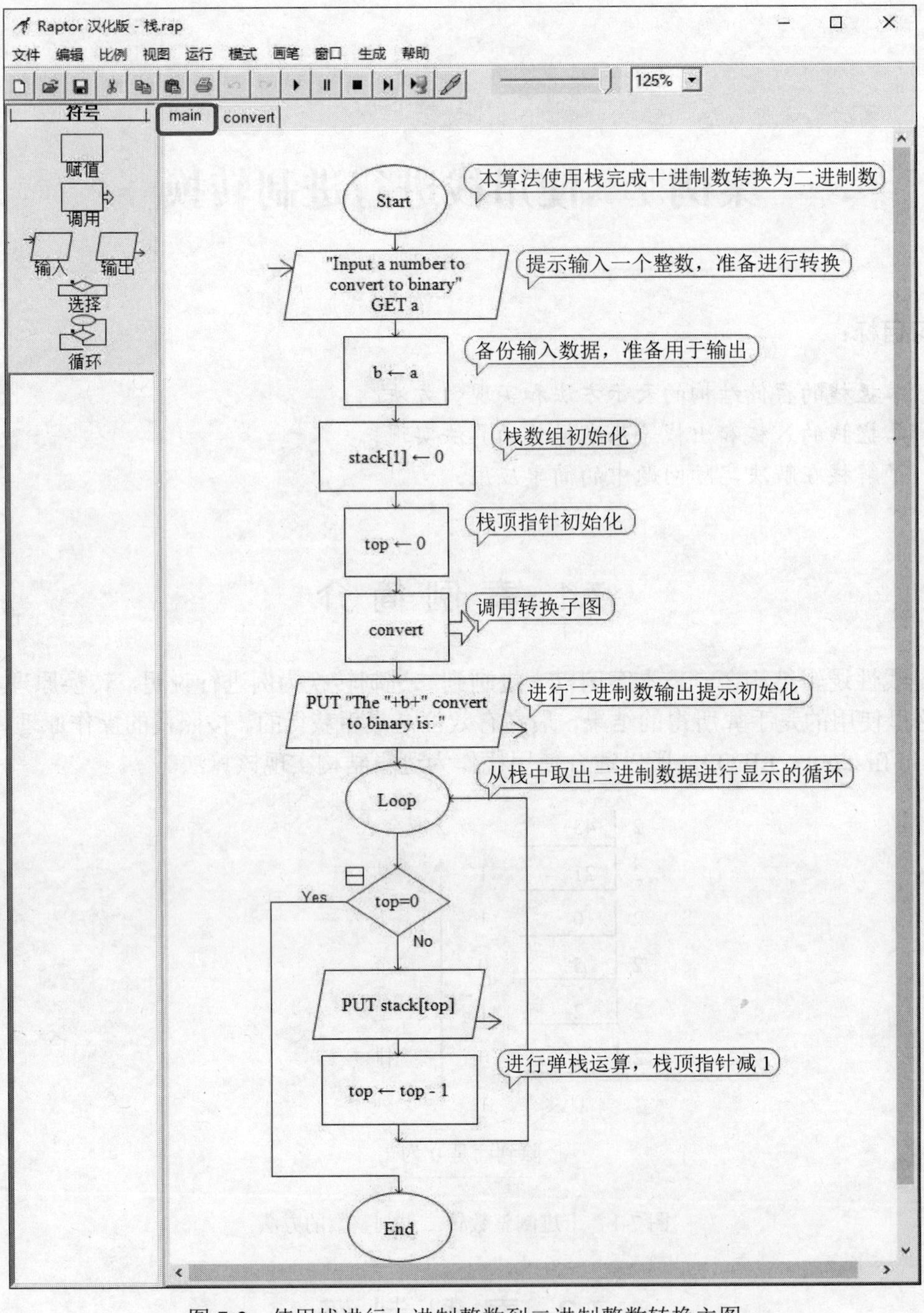

图 7-2　使用栈进行十进制整数到二进制整数转换主图

输入一个需要转换的十进制整数，如图 7-4 所示。

使用栈进行十进制整数到二进制整数转换的输出结果，如图 7-5 所示。

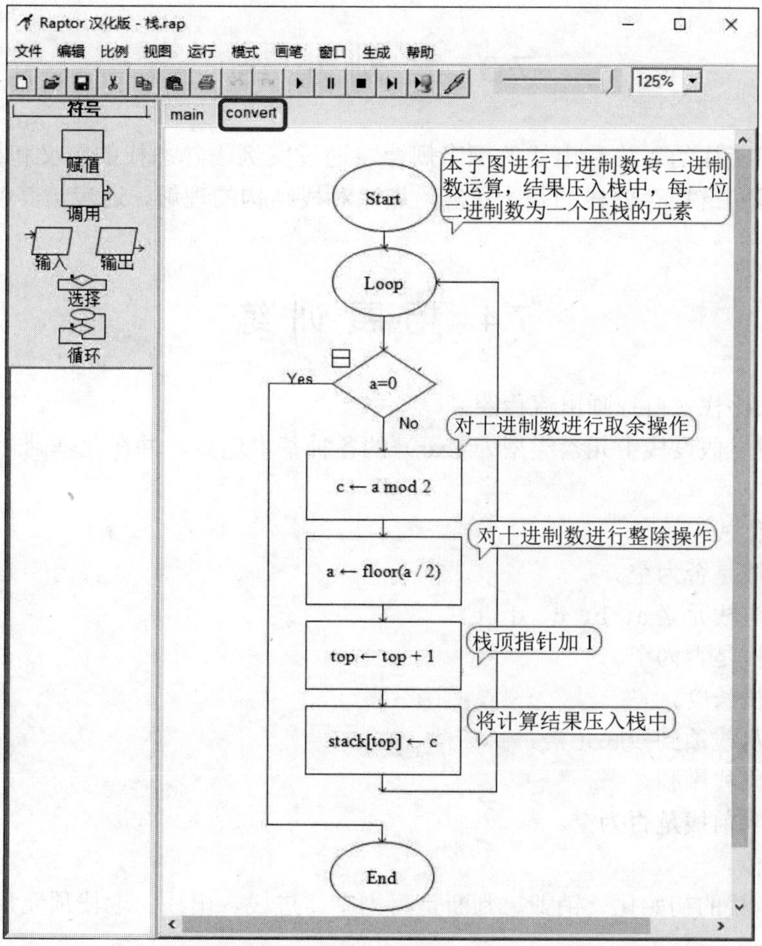

图 7-3　使用栈进行十进制整数到二进制整数转换子图

图 7-4　输入一个需要转换的十进制整数

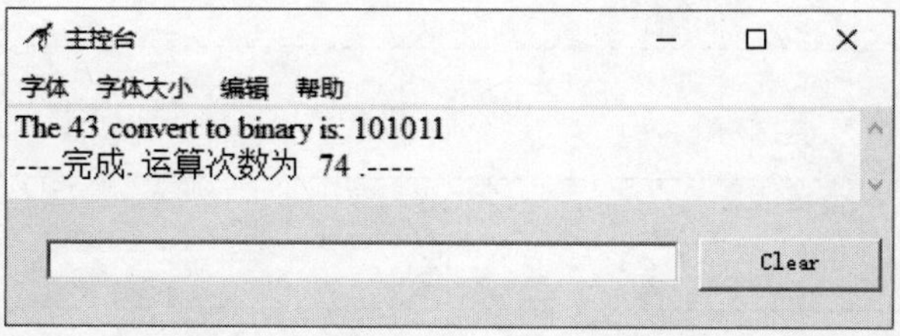

图 7-5　使用栈进行十进制整数到二进制整数转换的输出结果

7.3 案例小结

本案例学习了栈的入栈和出栈的顺序规律，通过案例，熟悉栈的定义和栈的基本操作，掌握顺序存储栈和链接存储栈的基本运算，加深对栈结构的理解，逐步培养解决实际问题的能力。

7.4 拓展训练

思考题：顺序栈（自行画出流程图）。

实现顺序栈（假设栈中元素类型为char）的各种基本运算，并在此基础上绘制出流程图，完成以下功能：

（1）初始化栈。

（2）判断栈是否为空。

（3）依次进栈元素a、b、c、d、e。

（4）判断栈是否为空。

（5）输出栈长度。

（6）输出从栈顶到栈底元素。

（7）输出出栈序列。

（8）判断当前栈是否为空。

（9）释放栈。

项目组成：栈的初始化、销毁、判断是否为空、进栈、出栈、取栈顶元素。

学习笔记

案例 8　使用队列进行进制转换

学习目标：

- 掌握队列存储结构的表示方法和实现方法。
- 掌握队列的入队和出队等基本操作的算法实现。
- 了解队列在解决实际问题中的简单应用。

8.1 案 例 简 介

队列是线形逻辑结构之一。有关队列操作不同于堆栈的地方是先进先出（first in first out，FIFO），这里以十进制到二进制的小数部分转换为例进行说明，转换原理如图 8-1 所示。这是使用手算得到的结果，最低有效位是最后获得的，按照队列的操作原理，使用队列作为逻辑结构实现该算法比较适合。

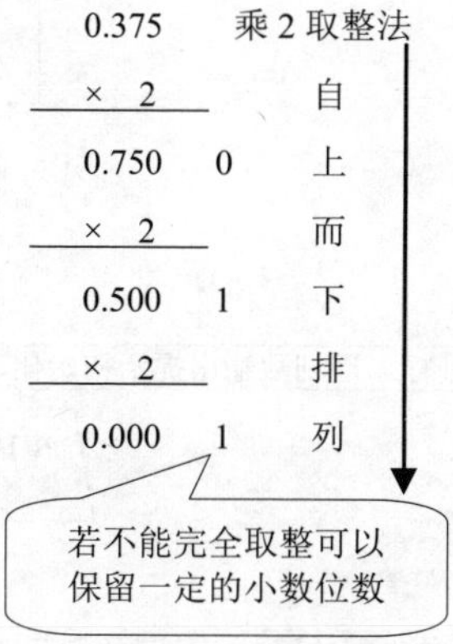

图 8-1　十进制小数转二进制小数的方法

8.2 案 例 制 作

队列是一种特殊的线性表，特殊之处在于它只允许在表的前端（front）进行删除操作，而在表的后端（rear）进行插入操作。和栈一样，队列是一种操作受限制的线性表。进行插入操作的端称为队尾，进行删除操作的端称为队头。队列中没有元素时，称为空队列。

队列的数据元素又称为队列元素。在队列中插入一个队列元素称为入队，从队列中删除一个队列元素称为出队。因为队列只允许在一端插入，在另一端删除，所以只有最早进入队列的元素才能最先从队列中删除，故队列又称为先进先出线性表。

使用队列进行十进制小数到二进制小数转换制作的流程图主图和子图，如图 8-2 和图 8-3 所示。

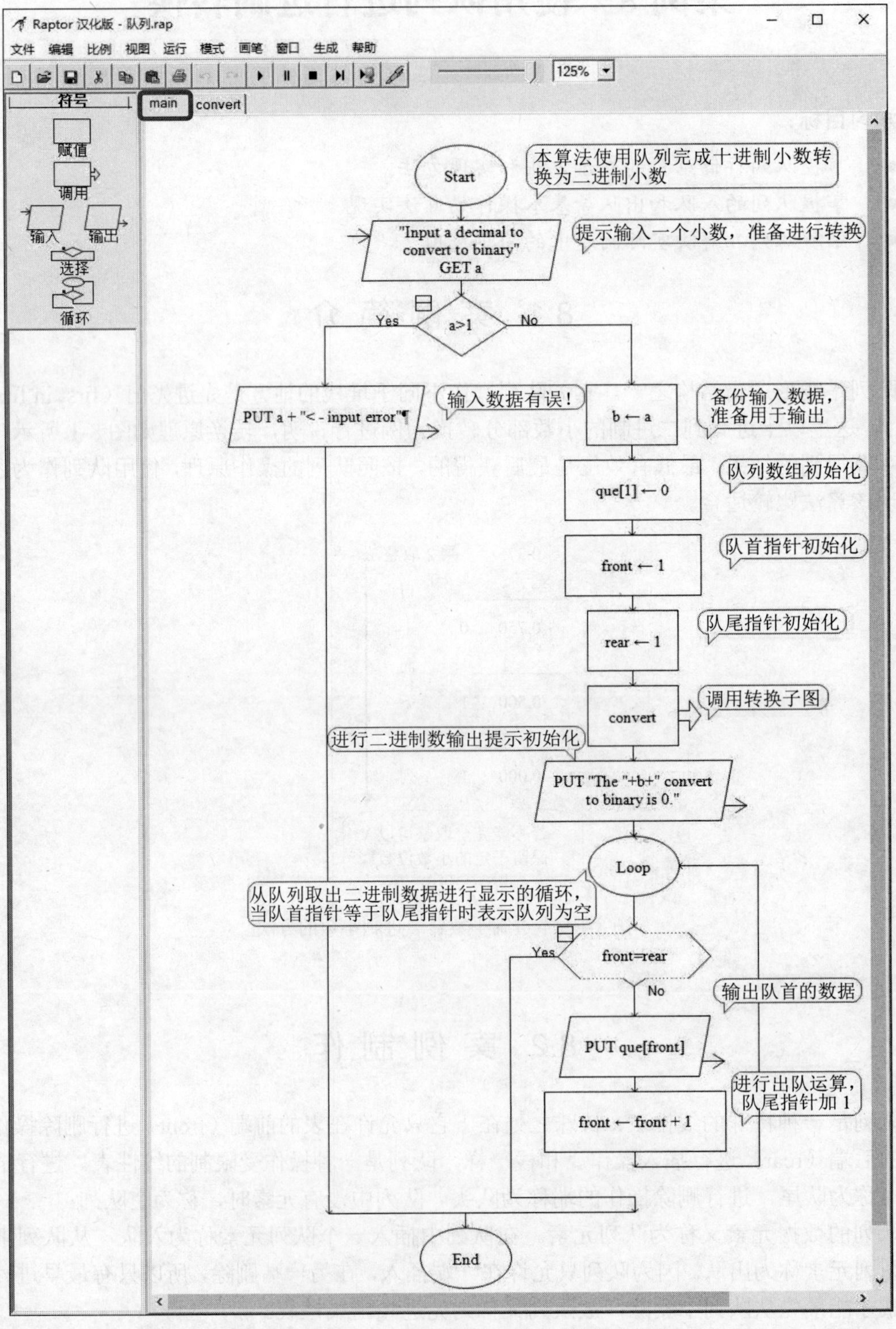

图 8-2 使用队列进行十进制小数到二进制小数转换制作的主图

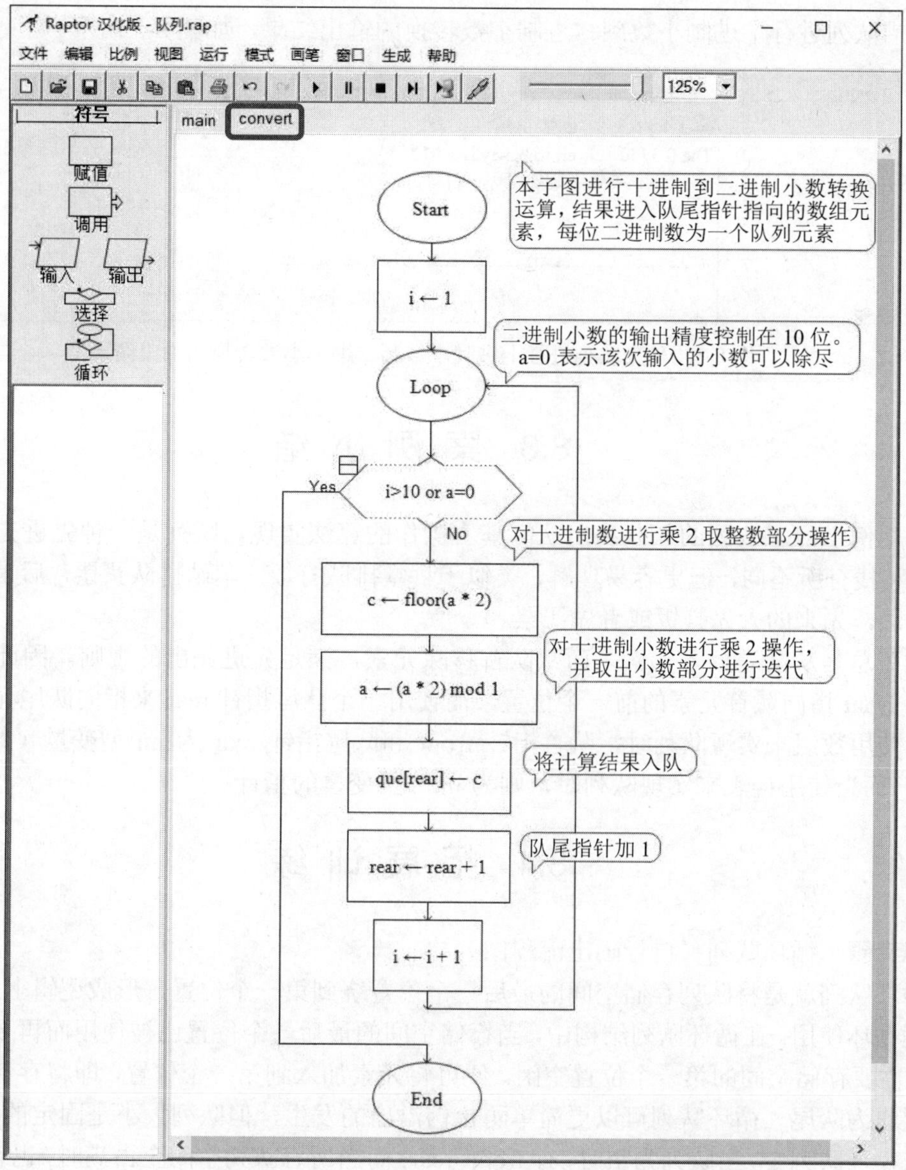

图 8-3　使用队列进行十进制小数到二进制小数转换制作的子图

输入一个需要转换的十进制小数，如图 8-4 所示。

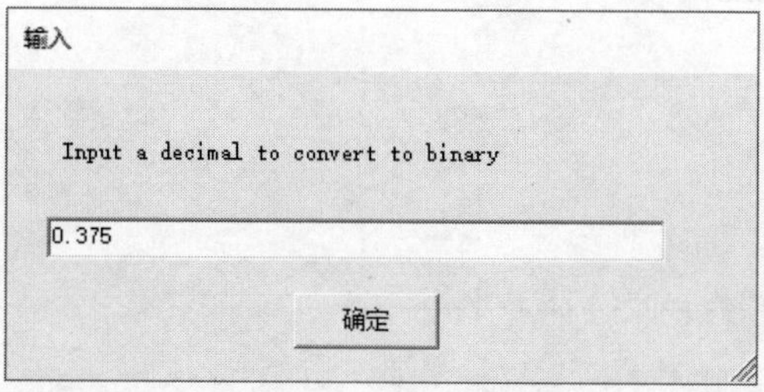

图 8-4　输入一个需要转换的十进制小数

使用队列进行十进制小数到二进制小数转换的输出结果，如图 8-5 所示。

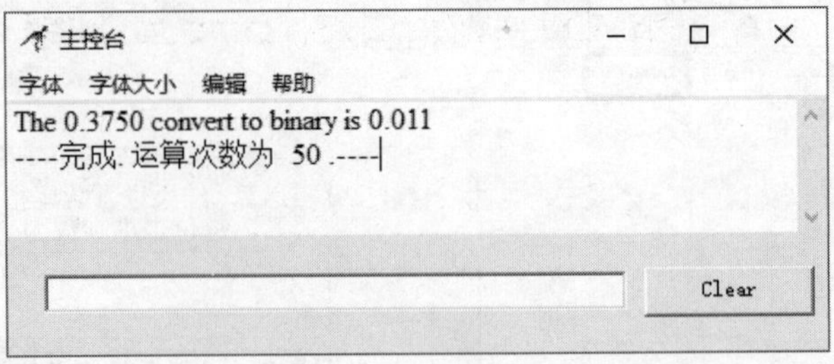

图 8-5 使用队列进行十进制小数到二进制小数转换的输出结果

8.3 案例小结

本案例学习了队列的入队和出队等基本操作的算法实现。队列是一种先进先出的数据结构，这和栈有所不同，但更容易理解，类似于食堂排队打饭、车站排队买票，后来的人排在队伍最后边，先来的人先打饭或者先买票。

队列总是从队尾插入元素，而从队首移除元素，满足先进先出的规则。因此需要一个队首指针 front 指向队首元素的前一个位置，而使用一个队尾指针 rear 来指向队尾元素。和栈类似，当使用数组来实现队列时，队首指针 front 和队尾指针 rear 为 int 型变量（数组下标从 0 开始）；而当使用链表来实现队列时，则为 int* 型变量的指针。

8.4 拓展训练

思考题：循环队列（自行画出流程图）。

循环队列就是将队列存储空间的最后一个位置绕到第一个位置，形成逻辑上的环状空间，供队列循环使用。在循环队列结构中，当存储空间的最后一个位置已被使用而再要进入队运算时，只需要存储空间的第一个位置空闲，便可将元素加入到第一个位置，即将存储空间的第一个位置作为队尾。循环队列可以更简单防止伪溢出的发生，但队列大小是固定的。

在循环队列中，当队列为空时，有 front=rear；而当所有队列空间全占满时，也有 front=rear。为了区别这两种情况，规定循环队列最多只能有 MaxSize-1 个队列元素，当循环队列中只剩下一个空存储单元时，队列就已经满了。因此，队列判空的条件是 front=rear，而队列判满的条件是 front=(rear+1)%MaxSize。

学习笔记

案例 9　网页设计基础

学习目标：

- 了解常用的 HTML 语言标记的使用方法。
- 掌握 HTML 的基本语法和文档结构。
- 掌握 HTML 基本标志及其用途。
- 学会使用 VSCode 制作简单的网页。

9.1 案 例 简 介

HTML 是用来描述网页的一种语言，是在 Web 上使用的通用标记语言。HTML 允许格式化文本，添加图片，创建链接、输入表单、框架和表格等操作，并可将之存为文本文件，浏览器即可读取和显示。

（1）HTML（Hyper Text Markup Language）即超文本标记语言。

（2）HTML 不是一种编程语言，而是标记语言。

（3）标记语言是一套标记标签（markup tag）。

（4）HTML 使用标记标签来描述网页。

（5）HTML 文档包含了 HTML 标签及文本内容。

（6）HTML 文档也叫作 Web 页面。

9.2 案 例 制 作

9.2.1 使用 VSCode 制作简单的网页

首先，打开 VSCode 软件，单击启动界面的“新建文件”，如图 9-1 所示。

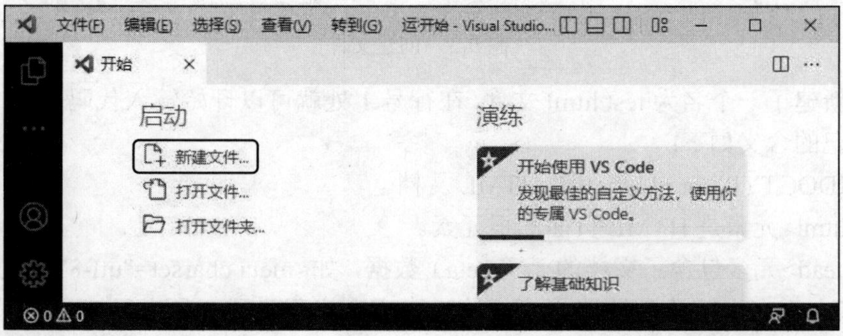

图 9-1　启动界面

在弹出的“选择文件类型”中输入要建立的网页名称，如 test.html，如图 9-2 所示。

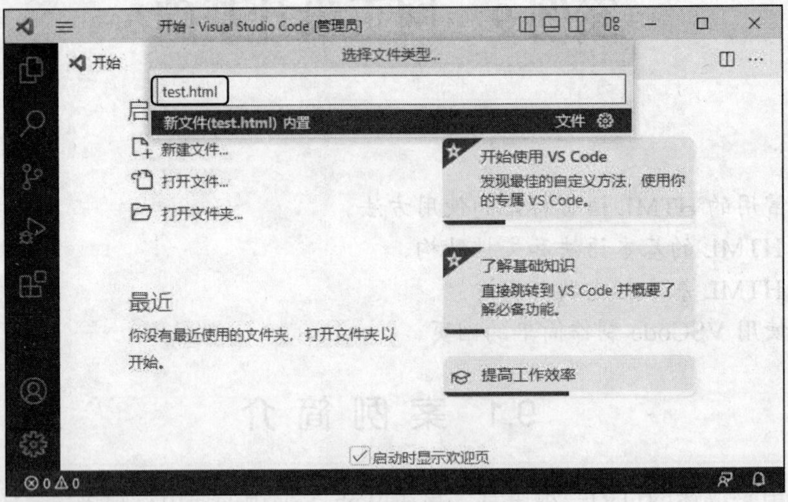

图 9-2　输入要建立的网页名称

确定后弹出“创建文件”对话框，单击“创建文件”按钮，如图 9-3 所示。

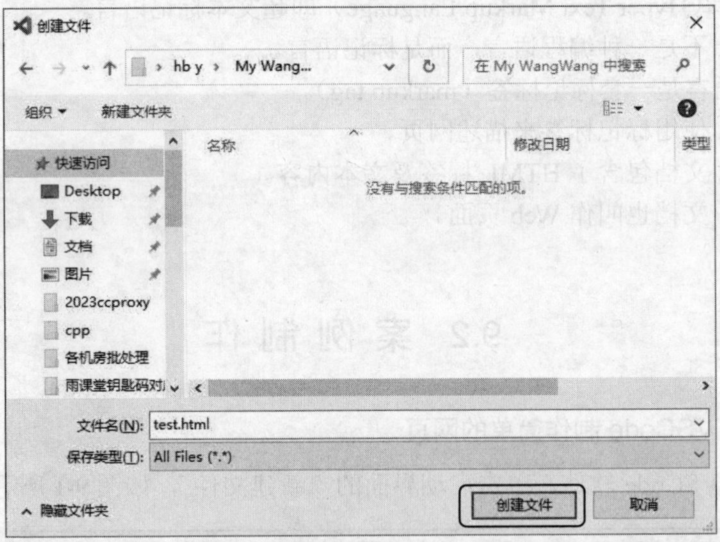

图 9-3　创建文件

这样就新建了一个名为 test.html 文件，在行号 1 处就可以开始输入代码了，如图 9-4 所示。其中标记的含义如下：

（1）<!DOCTYPE html>声明为 HTML 文档。

（2）<html>元素是 HTML 页面的根元素。

（3）<head>元素包含了文档的元（meta）数据，如<meta charset="utf-8">定义网页编码格式为 utf-8（由于在大部分浏览器中直接输出中文会出现乱码，因此要在头部将字符声明为 utf-8）。

（4）<title>元素描述了文档的标题。

（5）<body>元素包含了可见的页面内容。
（6）<h1>元素定义一个大标题。
（7）<p>元素定义一个段落。
（8）保存后运行，即可在浏览器中打开，如图 9-5 所示。

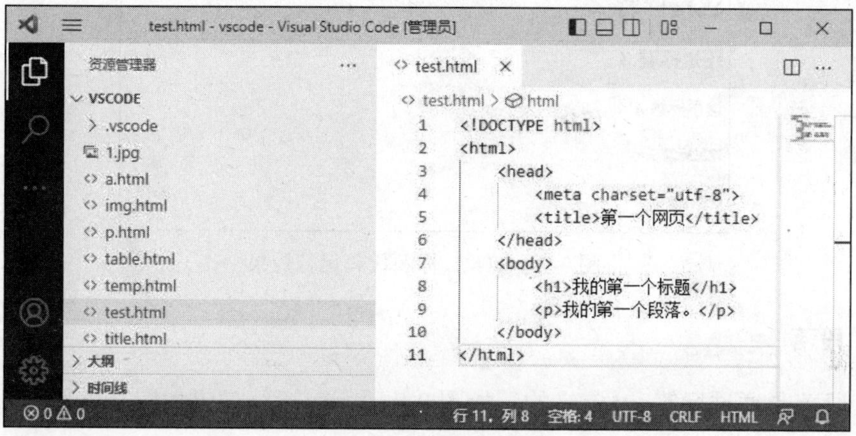

图 9-4　test.html 代码

图 9-5　test.html 代码运行效果

9.2.2　标题

HTML 标题是通过<h1>～<h6>标签定义的，如图 9-6 所示。运行效果如图 9-7 所示。

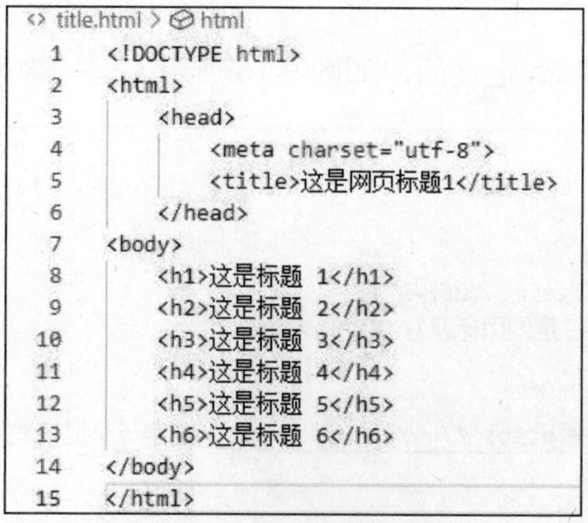

图 9-6　HTML 标题代码

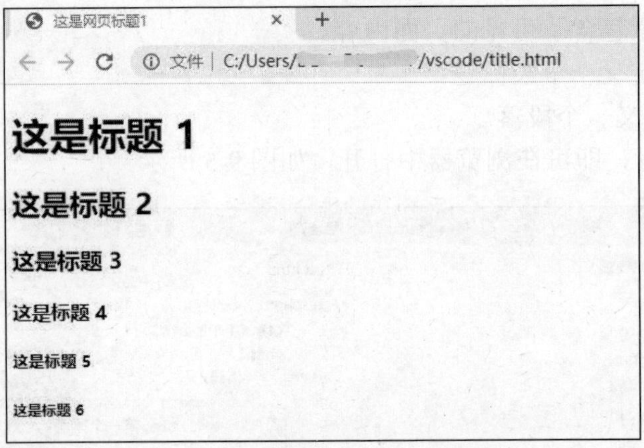

图 9-7 HTML 标题代码运行效果

9.2.3 段落

HTML 段落是通过标签<p>定义的，如图 9-8 所示。运行效果如图 9-9 所示。

```
<> p.html > html
<!DOCTYPE html>
<html>
    <head>
    <meta charset="utf-8">
    <title>这是网页标题2</title>
    </head>
<body>
<p>这是一个段落。</p>
<p>这是一个段落。</p>
<p>这是一个段落。</p>
</body>
</html>
```

图 9-8 HTML 段落代码

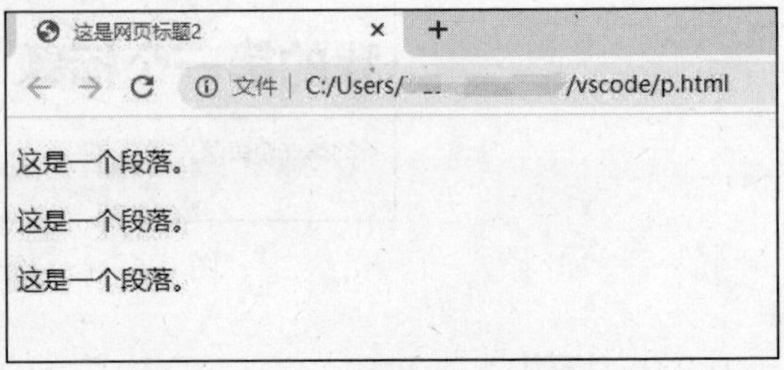

图 9-9 HTML 段落代码运行效果

9.2.4 链接

HTML 链接是通过标签<a>定义的，如图 9-10 所示。运行效果如图 9-11 所示。

```
<> a.html > html
<!DOCTYPE html>
<html>
<head>
<meta charset="utf-8">
<title>这是网页标题3</title>
</head>
<body>
<a href="https://www.ccut.edu.cn">这是一个链接使用了href属性</a>
</body>
</html>
```

图 9-10 HTML 链接代码

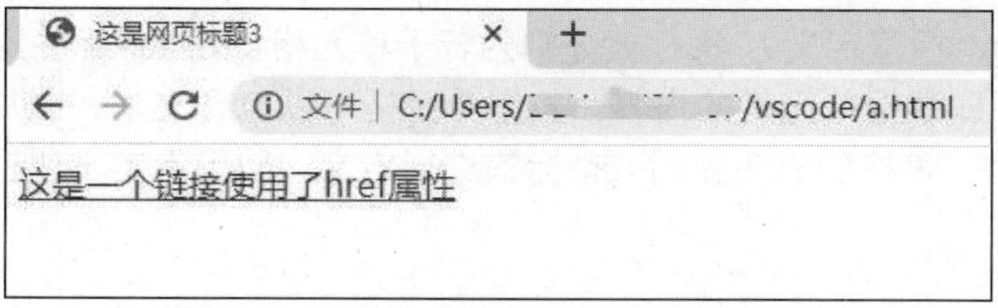

图 9-11　HTML 链接代码运行效果

9.2.5　图像

HTML 图像是通过标签<img>定义的，如图 9-12 所示。运行效果如图 9-13 所示。
注意：图像的名称和尺寸是以属性的形式提供的。

```
<!DOCTYPE html>
<html>
<head>
<meta charset="utf-8">
<title>这是网页标题4</title>
</head>
<body>
 <img src="4.jpg" width="640" height="640" />
 </body>
</html>
```

图 9-12　HTML 图像代码

图 9-13　HTML 图像代码运行效果

9.2.6　表格

HTML 表格是通过标签<table>定义的，如图 9-14 所示。运行效果如图 9-15 所示。每个表格均有若干行（由<tr>标签定义），每行被分割为若干单元格（由<td>标签定义），字母 td（table data）指表格数据，即数据单元格的内容。数据单元格可以包含文本、图片、列表、段落、表单、水平线、表格等。表格的表头使用<th>标签进行定义。如果不定义边框属性，表格将不显示边框。

```
<> table.html > table
<table border="1">
    <tr>
        <th>Header 1</th>
        <th>Header 2</th>
    </tr>
    <tr>
        <td>row 1, cell 1</td>
        <td>row 1, cell 2</td>
    </tr>
    <tr>
        <td>row 2, cell 1</td>
        <td>row 2, cell 2</td>
    </tr>
</table>
```

图 9-14　HTML 表格代码

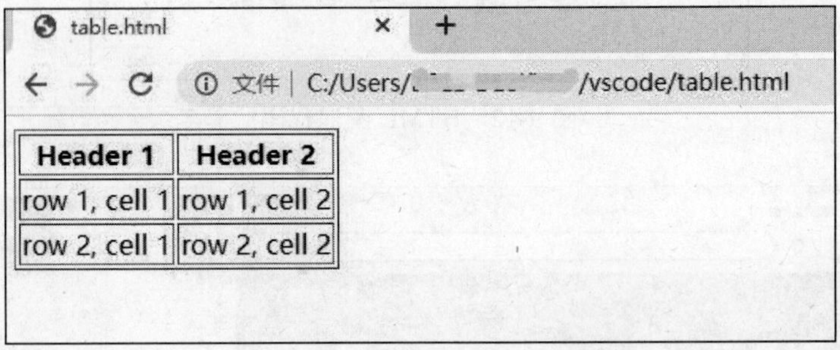

图 9-15　HTML 表格代码运行效果

9.2.7　综合案例

1. 个人主页

代码如下：

```
<!DOCTYPE html>
<html lang="zh">
    <head>
        <meta charset="UTF-8">
        <meta name="viewport" content="width=device-width, initial-scale=1.0">
        <meta http-equiv="X-UA-Compatible" content="ie=edge">
        <title>网页设计基础实验 - 个人主页</title>
        <link rel="stylesheet" type="text/css" href="css/style.css" />
    </head>
    <body>
        <h1>网页设计基础</h1>
        <div class="body">
```

```
        <!--nav-->
        <div class="nav">
            <div class="main">
                <ul>
                    <li>
                        <a href="#"><img src="1.jpg" height="100%"></a>
                    </li>
                    <li>
                        <a href="test.html">博客首页</a>
                    </li>
                    <li>
                        <a href="test.html" class="active">个人简介</a>
                    </li>
                    <li>
                        <a href="test.html">个人作品</a>
                    </li>
                    <li>
                        <a href="test.html">联系本人</a>
                    </li>
                    <li>
                        <a href="test.html">会员登录</a>
                    </li>
                    <li>
                        <a>
                            <p class="search">
                                <input type="text" name="" id="" value=""
                                placeholder="搜索" />
                            </p>
                        </a>
                    </li>
                </ul>
            </div>
        </div>
        <!--nav-->
        <!-- banner -->
        <div class="main">
            <div class="banner">
            <img src="2.jpg">
            </div>
            <table  width="100%"  border="1"  align="center"  cellpadding="0"  cellspacing="0" id="tab">
                <tr>
                    <td width="10%">个人头像</td>
                    <td style="text-align: center;" width="10%">
                        <img src="3.jpg" width="300">
```

```
                                </td>
                                <td colspan="2">
                                    <p style="line-height: 40px;padding: 10px 20px;">姓名：小明  </p>
                                    <p style="line-height: 40px;padding: 10px 20px;">专业：生物医学</p>
                                    <p style="line-height: 40px;padding: 10px 20px;">学号：20222202</p>
                                </td>
                            </tr>
                            <tr>
                                <td>自我评价</td>
                                <td colspan="3">
                                    本人小明，是来自长春 xxx 学校的大一学生，专业是
                                    生物医学，我是一个性格开朗，乐于助人的阳光少年。
                                    <br>平时喜欢摄影、打羽毛球、听音乐。喜欢猫咪，
                                    养了一只中华田园猫，在家时经常逗猫。
                                    <object classid=" " codebase="http://www.ccut.edu.cn" width="606"
                                    height="214">
<param name="movie" value="1.jpg" wmode="transparent" />
<param name="quality" value="high" />
<param   name="wmode" value="transparent" />
<!--<embed src="1.jpg" quality="high" wmode="transparent"   pluginspage="http://www.ccut.edu.cn"
type=" " width="606" height="214"></embed>-->
</object>
                                </td>
                            </tr>
                        </table>
                    </div>
                    <div class="box"></div>
                    <div class="foot">
                        &copy; Copyright  版权所有
                    </div>
                </div>
</body>
</html>
```

2. 跑马灯

代码如下：

```
<!DOCTYPE html>
<html>
    <head>
        <meta charset="utf-8">
        <title>网页设计基础实验 - 跑马灯</title>
        <style type="text/css">
            .box{
                width: 100px;        /*宽*/
                height: 100px;       /*高*/
```

```
                background-color: rgb(0, 255, 149);        /*背景颜色*/
                position: absolute;                /*绝对定位*/
                left: 0;
                top: 0;
                animation: long 6s linear infinite;        /*动画属性：动画名 动画时间 运行速率
            （匀速）无线执行*/
            }
            @keyframes long{
                /*动画执行开始的样式*/
                from{}
                25%{
                    left: calc(100% - 100px);
                    /*calc()函数用于动态计算长度值*/
                    top:0
                }
                50%{
                    left: calc(100% - 100px);
                    top: calc(100% - 100px);
                }
                75%{
                    left: 0;
                    top: calc(100% - 100px);
                }
                /*动画执行完毕的样式，回到开始的地方*/
                to{
                    left: 0;
                    top: 0;
                }
            }
        </style>
    </head>
    <body>
        <div class="box"></div>
    </body>
</html>
```

自行练习，把“个人主页”和“跑马灯”进行合并，制作一个“在个人主页中的跑马灯”。

9.3 案例小结

HTML 能独立于各种操作系统平台（如 UNIX、Windows 等）。使用 HTML 时，将需要表达的信息按某种规则写成 HTML 文件，通过专用的浏览器来识别，并将这些 HTML 文件“翻译”成可以识别的信息，即我们所见到的网页。

基本文档和基本标签如图 9-16 所示。

```
<> doc.html > html
<!DOCTYPE html>
<html>
<head>
<title>文档标题</title>
</head>
<body>
可见文本...
</body>
</html>
```

（a）基本文档

```
<> label.html > ...
<h1>最大的标题</h1>
<h2> . . . </h2>
<h3> . . . </h3>
<h4> . . . </h4>
<h5> . . . </h5>
<h6>最小的标题</h6>

<p>这是一个段落。</p>
<br> （换行）
<hr> （水平线）
<!-- 这是注释 -->
```

（b）基本标签

图 9-16 基本文档和基本标签

文本格式设置如图 9-17 所示。

```
<> txt.html > abbr > address > bdo > blo
<b>粗体文本</b>
<code>计算机代码</code>
<em>强调文本</em>
<i>斜体文本</i>
<kbd>键盘输入</kbd>
<pre>预格式化文本</pre>
<small>更小的文本</small>
<strong>重要的文本</strong>
<abbr> （缩写）
<address> （联系信息）
<bdo> （文字方向）
<blockquote> （从另一个源引用的部分）
<cite> （工作的名称）
<del> （删除的文本）
<ins> （插入的文本）
<sub> （下标文本）
<sup> （上标文本）
```

图 9-17 文本格式设置

链接设置如图 9-18 所示。

```
<> link.html > a
普通的链接：<a href="http://www.example.com/">链接文本</a>
图像链接： <a href="http://www.example.com/"><img src="URL" alt="替换文本"></a>
邮件链接： <a href="mailto:webmaster@example.com">发送e-mail</a>
书签：
<a id="tips">提示部分</a>
<a href="#tips">跳到提示部分</a>
```

图 9-18 链接设置

图片设置如图 9-19 所示。

```
<> image.html > img
<img src="URL" alt="替换文本" height="42" width="42">
```

图 9-19 图片

样式/区块设置如图 9-20 所示。

css.html > span

```
<style type="text/css">
    h1 {color: red;}
    p {color: blue;}
    </style>
    <div>文档中的块级元素</div>
    <span>文档中的内联元素</span>
```

图 9-20　样式/区块

无序列表和有序列表设置如图 9-21 所示。

ul.html > ul

```
<ul>
    <li>项目</li>
    <li>项目</li>
</ul>
```

（a）无序列表

ol.html > ol

```
<ol>
    <li>第一项</li>
    <li>第二项</li>
</ol>
```

（b）有序列表

图 9-21　无序列表和有序列表

定义列表和表格设置如图 9-22 所示。

dl.html > dl

```
<dl>
    <dt>项目 1</dt>
      <dd>描述项目 1</dd>
    <dt>项目 2</dt>
      <dd>描述项目 2</dd>
  </dl>
```

（a）定义列表

table1.html > table

```
<table border="1">
    <tr>
      <th>表格标题</th>
      <th>表格标题</th>
    </tr>
    <tr>
      <td>表格数据</td>
      <td>表格数据</td>
    </tr>
  </table>
```

（b）定义表格

图 9-22　定义列表和表格

框架设置如图 9-23 所示。

frame.html > iframe

```
<iframe src="demo_iframe.htm"></iframe>
```

图 9-23　框架

表单设置如图 9-24 所示。

实体设置如图 9-25 所示。

```
<> form.html > ⊘ form
<form action="demo_form.php" method="post/get">
    <input type="text" name="email" size="40" maxlength="50">
    <input type="password">
    <input type="checkbox" checked="checked">
    <input type="radio" checked="checked">
    <input type="submit" value="Send">
    <input type="reset">
    <input type="hidden">
    <select>
    <option>苹果</option>
    <option selected="selected">香蕉</option>
    <option>樱桃</option>
    </select>
    <textarea name="comment" rows="60" cols="20"></textarea>
    </form>
```

图 9-24　表单

```
<> entity.html > ⊘ ?
&lt; 等同于 <
&gt; 等同于 >
&#169; 等同于 ©
```

图 9-25　实体

9.4 拓 展 训 练

思考题 1：在网页中显示时间。参考代码如下：

```
<!DOCTYPE html>
<html>
    <head>
        <meta charset="utf-8" />
        <title>网页设计基础实验 - 显示时间</title>
        <!-- index.Css Start -->
<style>
* { margin: 0px;
    padding: 0px;}
h2 {margin: 20px;
    margin-left: 10px;}
#box {  height: 40px;
    line-height: 40px;
    margin-left: 10px;
    font-size: 16px;
    font-weight: 600;}
#box span { margin-right: 4px;
    width: 100px;
    height: 40px;
    display: inline-block;
```

```
            line-height: 40px;
            border: 1px solid #666;
            text-align: center;
            font-size: 18px;
            color: firebrick;
            font-weight: 700;}
    </style>
            <!-- index.Css End -->
        </head>
        <body>
            <h2>现在是北京时间：</h2>
            <div id="box">
                <span>0</span>年
                <span>0</span>月
                <span>0</span>日
                <span>0</span>时
                <span>0</span>分
                <span>0</span>秒
            </div>
        </body>
        <!-- JavaScript Start -->
        <script>
            // 获取对象数组
var spans = document.getElementById("box").getElementsByTagName("span");
// 设置时间函数
function setDate() {
    var nowDate = new Date();
    var year = nowDate.getFullYear();
    var month = nowDate.getMonth() + 1;
    var day = nowDate.getDate();
    var hour = nowDate.getHours();
    var minute = nowDate.getMinutes();
    var second = nowDate.getSeconds();
    spans[0].innerHTML = year;
    spans[1].innerHTML = month;
    spans[2].innerHTML = day;
    spans[3].innerHTML = hour;
    spans[4].innerHTML = minute;
    spans[5].innerHTML = second;
}
// 调用设置时间
setDate();
// 加载自动刷新
```

```
window.onload = function() {
      setInterval(setDate, 1000);
};
      </script>
      <!-- JavaScript End -->
</html>
```

思考题 2：在网页中显示带表盘的时钟。参考代码如下：

```
<!DOCTYPE html>
<html>
<head>
<meta charset="UTF-8">
<title>网页设计基础实验 - 带表盘的时钟</title>
<style>
h1 { text-align: center; }
div {width: 400px;
height: 400px;
margin: 10px auto;
padding: 0; }
</style>
</head>
<body>
<div>
<canvas id="c1" width="400px" height="400px">
</canvas>
</div>
<script type="text/javascript">
var clock = document.getElementById("c1").getContext("2d");
// var clock = $("#huabu").get(0).getContext("2d"); //$中使用画布
function play() {
clock.clearRect(0, 0, 400, 400);
clock.save();
clock.translate(200, 200); //把画布中心转移到 canvas 中间
biaopan();
run();
clock.restore(); }
setInterval(function() {
play();
}, 1000);
function biaopan() {
//绘制表盘
clock.strokeStyle = " #9932CC";
clock.lineWidth = 5;
clock.beginPath();
```

```
clock.arc(0, 0, 195, 0, 2 * Math.PI);
clock.stroke();
//刻度(小时)
clock.strokeStyle = "#9932CC";
clock.lineWidth = 5;
for(var i = 0; i < 12; i++) {
clock.beginPath();
clock.moveTo(0, -190);
clock.lineTo(0, -170);
clock.stroke();
clock.rotate(2 * Math.PI / 12); }
//刻度(分钟)
clock.strokeStyle = "#9932CC";
clock.lineWidth = 3;
for(var i = 0; i < 60; i++) {
clock.beginPath();
clock.moveTo(0, -190);
clock.lineTo(0, -180);
clock.stroke();
clock.rotate(2 * Math.PI / 60); }
//绘制文字
clock.textAlign = "center";
clock.textBaseline = "middle";
clock.fillStyle = "#6495ED";
clock.font = "20px 微软雅黑"
for(var i = 1; i < 13; i++) {
clock.fillText(i,Math.sin(2*Math.PI /12*i)*150,Math.cos(2*Math.PI/12*i)*-150); } }
function run() {
var date = new Date();
var h = date.getHours();
var m = date.getMinutes();
var s = date.getSeconds();
// if(h > 12) { h = h - 12; }
//日期
var week = date.getDay();
var month = date.getMonth() + 1;
var day = date.getDate();
switch (week){
case 1: week = "星期一";  break;
case 2: week = "星期二";  break;
case 3: week = "星期三";  break;
case 4: week = "星期四";  break;
case 5: week = "星期五";  break;
```

```
case 6: week = "星期六";   break;
default: week = "星期日";   break; }
clock.save();
clock.textAlign = "center";
clock.textBaseline = "middle";
clock.fillStyle = "black";
clock.font = "16px"
clock.fillText("网页设计实验",2,118);
clock.fillText(week,-2,-118);
clock.fillText(month+"  月",-90,2);
clock.fillText(day+"  号",90,0);
clock.stroke();
clock.restore();
//时针
//分针 60 格 分针 5 格
clock.save();
clock.rotate(2*Math.PI / 12 * h + (2 * Math.PI / 60 * m + 2 * Math.PI / 60 * s / 60) / 12);
clock.strokeStyle = "black";
clock.lineWidth = 7;
clock.beginPath();
clock.moveTo(0, 0);
clock.lineTo(0, -80);
clock.lineCap = "round";
clock.stroke();
clock.restore();
//分针
//秒针 60 格 分针 1 格
clock.save();
clock.beginPath();
clock.strokeStyle = "#D2691E";
clock.lineWidth = 5;
clock.rotate(2 * Math.PI / 60 * m + 2 * Math.PI / 60 * s / 60);
clock.moveTo(0, 0);
clock.lineTo(0, -110);
clock.lineCap = "round";
clock.stroke();
clock.restore();
//秒针
clock.strokeStyle = "red";
clock.rotate(2 * Math.PI / 60 * s);
clock.lineWidth = 4;
clock.beginPath();
clock.moveTo(0, 0);
```

```
clock.lineTo(0, -120);
clock.lineCap = "round";
clock.stroke();
//中心
clock.fillStyle = " #CCFFFF";
clock.lineWidth = 5;
clock.beginPath();
clock.arc(0, 0, 10, 0, 2 * Math.PI);
clock.fill();
clock.strokeStyle = "cadetblue";
clock.stroke();}
</script>
</body>
</html>
```

学习笔记

案例 10　网络连线实验

学习目标：

- 掌握网线制作的方法并独立完成网线的制作。
- 掌握网线的色彩标记方法和连接方法。
- 掌握 RJ-45 插头的使用技巧和网线制作有关工具的使用。

10.1　案 例 简 介

掌握使用双绞线作为传输介质的网络连接方法，学会制作两种类型的水晶头，掌握测线仪的使用方法。

10.2　案 例 制 作

图 10-1 所示为实验工具和材料，包括测试仪（或万用表）网线、网线（5 类双绞线）、RJ-45 水晶头和网线钳。

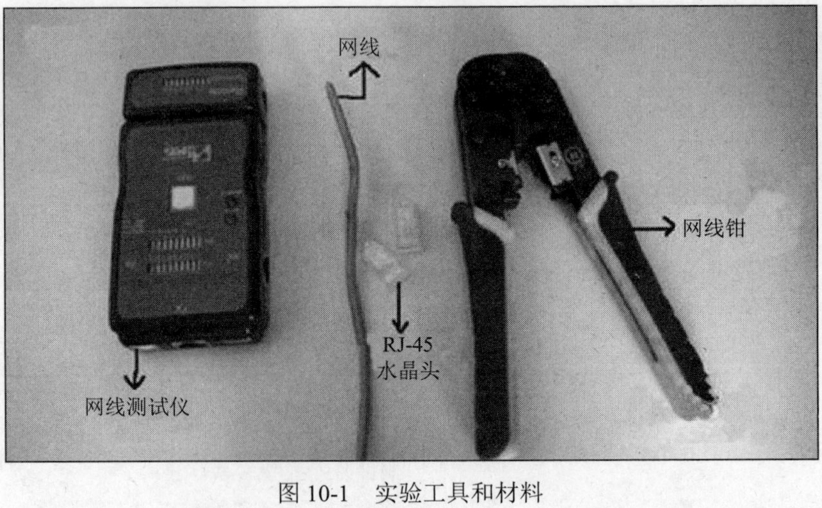

图 10-1　实验工具和材料

10.2.1　操作要求

（1）仔细阅读实验文档，确定实验环境中需要制作的网线类型和线序。

（2）非屏蔽双绞线的六种类型见表 10-1。

实验使用双绞线是 5 类双绞线。5 类双绞线由 8 根线组成，颜色分别为橙白、橙、绿白、绿、蓝白、蓝、棕白、棕。

表 10-1　非屏蔽双绞线的六种类型

类别	用途	应用场景
Cat 1	可传送语音，不用于传输数据，常见于早期电话线路	电信系统
Cat 2	可传输语音和数据，常见于 ISDN 和 T1 线路	
Cat 3	带宽 16MHz，用于 10Base T，制作质量严格的 3 类线也可用于 100Base T	计算机网络
Cat 4	带宽 20MHz，用于 10Base T 或 100Base T	
Cat 5	带宽 100MHz，用于 10Base T 或 100Base T，制作质量严格的 5 类线也可用于 1000Base T	
Cat 6	带宽高达 200MHz，可稳定运行于 1000Base T	

（3）RJ-45 连接器和双绞线线序。RJ-45 水晶头由金属片和塑料构成，特别需要注意的是引脚序号，当金属片面对我们的时候从左至右引脚序号是 1～8，做网络接线时序号非常重要，不能搞错。RJ-45 水晶头如图 10-2 所示。

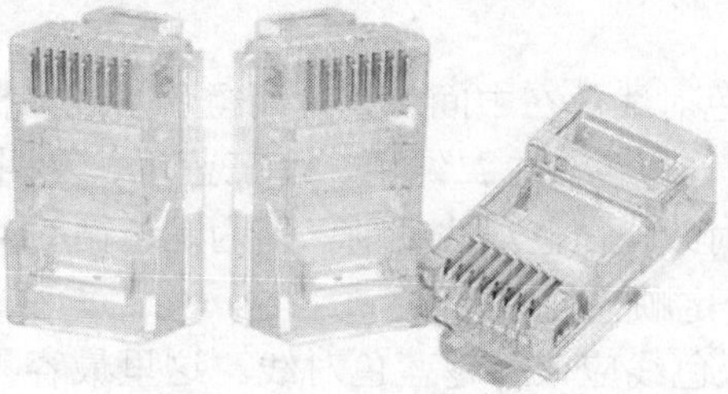

图 10-2　RJ-45 水晶头

工程中使用比较多的是 T568B 连接方法，线序如下：

直通线（机器与交换机连）的连接方法见表 10-2。

表 10-2　直通线的连接方法

引脚序号	1	2	3	4	5	6	7	8
A 端	橙白	橙	绿白	蓝	蓝白	绿	棕白	棕
B 端	橙白	橙	绿白	蓝	蓝白	绿	棕	白棕

交叉线（机器直连）的连接方法见表 10-3。

表 10-3　双叉线的连接方法

引脚序号	1	2	3	4	5	6	7	8
A 端	橙白	橙	绿白	蓝	蓝白	绿	棕白	棕
B 端	绿白	绿	橙白	蓝	蓝白	橙	棕白	棕

10.2.2　操作步骤

（1）利用斜口钳剪下所需要的双绞线长度，至少 0.6m，最多不超过 100m。然后再利用双绞线剥线器（实际用什么剪都可以）将双绞线的外皮除去 2～3cm。有一些双绞线电缆上含有一条柔软的尼龙绳，如果剥除双绞线的外皮时，觉得裸露出的部分太短，而不利于制作 RJ-45 水晶头时，可以紧握双绞线外皮，再捏住尼龙线往外皮的下方剥开，就可以得到较长的裸露线，如图 10-3 所示。

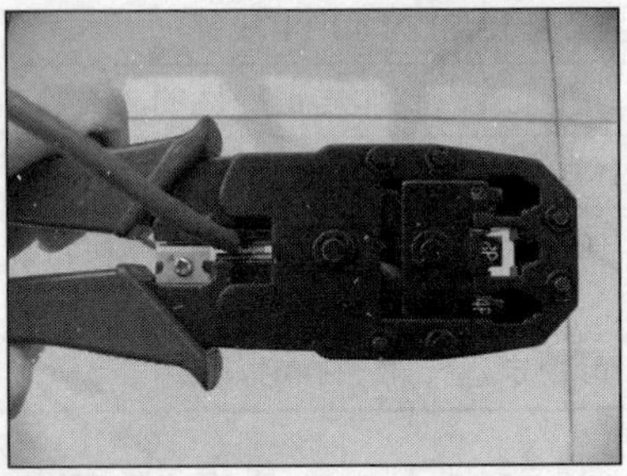

图 10-3　剥除双绞线外皮

（2）剥线完成后的双绞线电缆，如图 10-4 所示。

（3）接下来进行拨线的操作。将裸露的双绞线中的橙色对线、绿色对线、蓝色对线、棕色对线分别剥开。

（4）将绿色对线与蓝色对线放在中间位置，而橙色对线与棕色对线保持不动，即放在靠外的位置。调整线序为：左一橙色、左二绿色、左三蓝色、左四棕色。

（5）小心地剥开每一对线，白色混线朝前。因为是遵循 EIA / TIA 568B 的标准来制作接头的，所以线对颜色是有一定顺序的。

需要特别注意的是，绿色线应该跨越蓝色对线。这里最容易犯错的地方就是将绿白线与绿线相邻放在一起，这样会造成串扰，使传输效率降低。左起：橙白 / 橙 / 绿白 / 蓝 / 蓝白 / 绿 / 棕白 / 棕，如图 10-5 所示。常见的错误接法是将绿色线放到第 4 只脚的位置。

将绿色线放在第 6 只脚的位置才是正确的，因为在 100Base T 网络中，第 3 只脚与第 6 只脚是同一对的，所以需要使用同一对线。

图 10-4　八芯非屏蔽双绞线

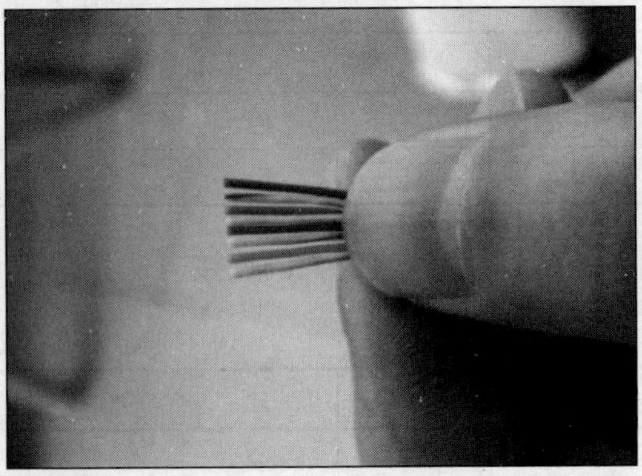

图 10-5　按标准线序排列

（6）为了符合 EIA / TIA 的标准，将裸露出的双绞线用剪刀或斜口钳剪下只剩约 14mm 的长度。可以参考有关 RJ-45 水晶头和双绞线制作的标准，如图 10-6 和图 10-7 所示。最后将双绞线的每一根线依序放入 RJ-45 水晶头的引脚内，第一只引脚内放橙白色的线，其余类推，如图 10-8 所示。

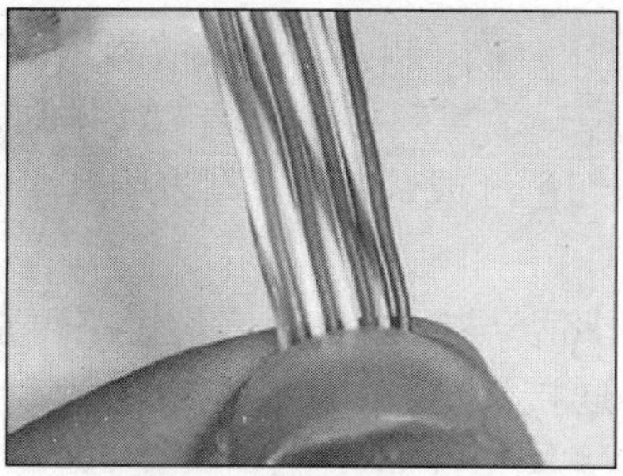

图 10-6　使每根线尽量笔直

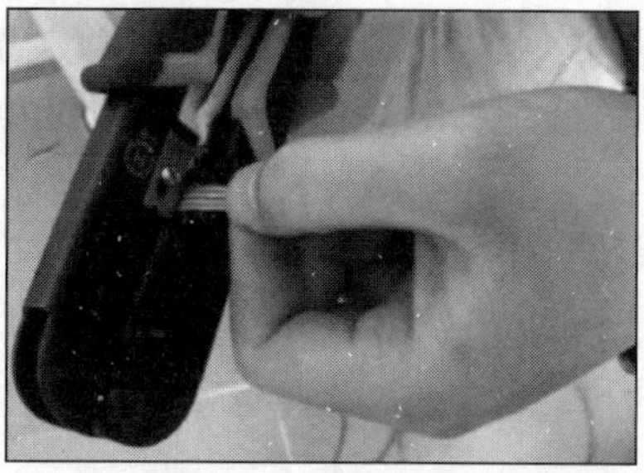

图 10-7　把线剪齐

（7）确定双绞线的每根线已经正确放置之后，就可以用 RJ-45 压线钳压接 RJ-45 水晶头，如图 10-9 所示。市面上还有一种 RJ-45 水晶头的保护套，可以防止水晶头在拉扯时造成接触不良。使用这种保护套时，需要在压接 RJ-45 水晶头之前就将这种胶套插在双绞线电缆上。

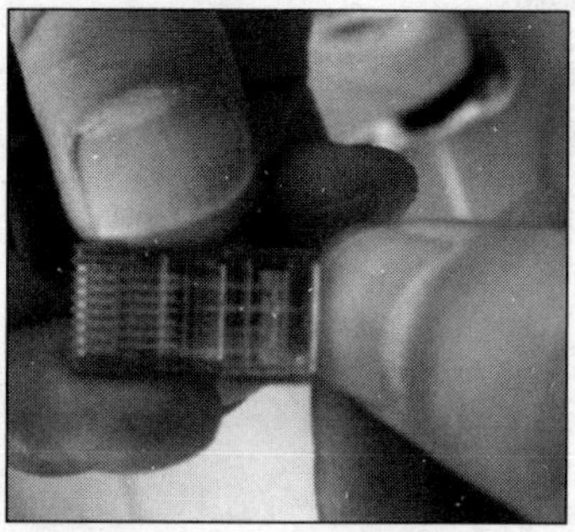

图 10-8　把线小心放入水晶头中

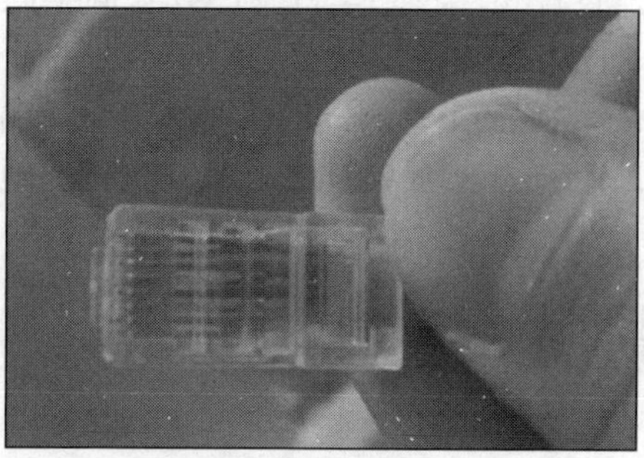

图 10-9　用压线钳用力压制水晶头

（8）重复步骤（2）～步骤（7），再制作另一端的 RJ-45 水晶头。因为工作站与交换机之间是直接对接的，所以另一端 RJ-45 水晶头的引脚接法完全一样。完成后的连接线两端的 RJ-45 水晶头无论引脚和颜色都完全一样，这种连接方法适用于 ADSL Modem 和计算机网卡之间的连接、计算机与交换机之间的连接。

10.3　案例小结

本案例在制作过程中应注意：网线剥得与大拇指一样长就行了，一般 2～3cm，有一些双绞线电缆上含有一条柔软的尼龙绳，如果用户在剥除双绞线的外皮时，觉得裸露的部分太短，而不利于制作 RJ-45 水晶头时，可以紧握双绞线外皮，再捏住尼龙绳往外皮的下方剥开，就可以得到较长的裸露线。注意把线尽量抻直（不要缠绕）、压平（不要重叠）、挤紧理顺（朝一个方向紧靠），然后用压线钳把线头剪平齐。这样，在双绞线插入水晶头后，每条线都能良好地接触水晶头中的插针，避免接触不良。如果以前剥的皮过长，可以将过长的细线剪短，保留去掉外层绝缘皮的部分约为 14mm，这个长度正好能将各细导线插入到各自的线槽。如果该段留得过长，一来会由于线对不再互绞而增加串扰，二来会由于水晶头不能压住护套而可能导致电缆从水晶头中脱出，造成线路的接触不良甚至中断。

把水晶头的两端都做好后即可用网线测试仪进行测试，如果测试仪上的 8 个指示灯都依次为绿色闪过，证明网线制作成功。如果出现任何一个灯为红灯或黄灯，都证明存在断路或者接触不良的现象，此时最好先对两端水晶头再用网线钳压一次，再测，如果故障依旧，再检查一下两端芯线的排列顺序是否一样，如果不一样，则剪掉一端重新按另一端芯线排列顺序制作水晶头。如果芯线顺序一样；但测试仪在重测后仍显示红色灯或黄色灯，则表明其中肯定存在对应芯线接触不良。

使用测试仪或万用表测试连接逻辑正确与否，断路会导致无法通信，短路可能损坏网卡或交换机。使用制作的网线连接两台计算机（直接连接），测试网络是否连通（使用 ping 命令）。

10.4 拓展训练

1. 用 ipconfig/all 查看主机和网络参数并记下本机 IP 地址。
2. 设置和停止共享目录，并让同桌同学进行访问测试。
3. 映射网络驱动器及删除映射，并让同桌同学进行访问测试。
4. 用 ping 命令测试网络是否连通，并让同桌同学进行访问测试。
5. 用 tracert 命令跟踪从本机到目的地址所经过的路由。

学习笔记

案例 11　人像照片快速处理

学习目标：

- 掌握 PS 快速选择工具绘制人物选区的方法。
- 掌握 PS 添加图层蒙版的方法并填充背景颜色。
- 掌握 PS“曲线”命令。
- 掌握 PS 创建剪贴蒙版的方法。

11.1　案 例 简 介

案例 1 主要使用快速选择工具绘制人物选区，然后基于选区添加图层蒙版，并在画面中分别填充红色和蓝色背景。案例 2 将置入抠取的动物图像，与正常人物的肖像照片相融合，再使用调色命令将其色调与背景相融合，达到换脸的目的。

11.2　案 例 制 作

案例 1：制作红蓝底证件照。

执行菜单“文件”→“新建”命令，在弹出的“新建文档”对话框中设置“宽度”为 2.5 厘米、“高度”为 3.5 厘米、“分辨率”为 300 像素/英寸，“颜色模式”为“RGB 颜色”。设置完成后，单击“创建”按钮，如图 11-1 所示。

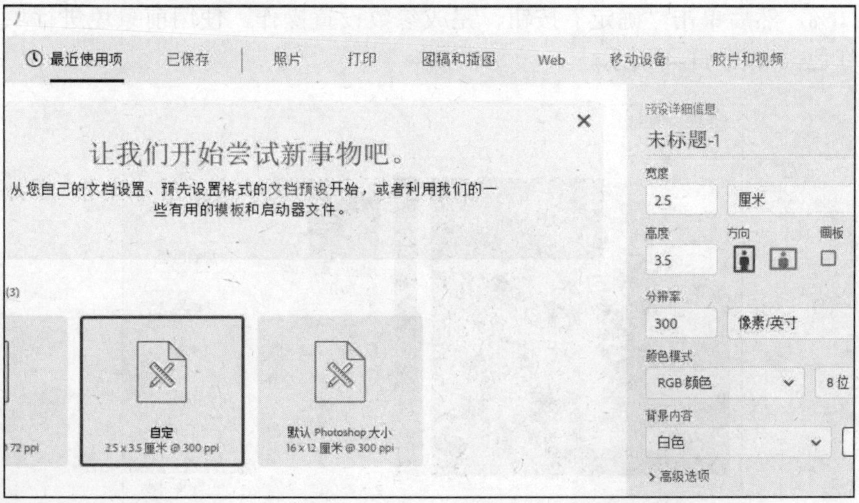

图 11-1　新建空白图像

首先制作蓝色背景。新建一个图层，如图 11-2 所示。

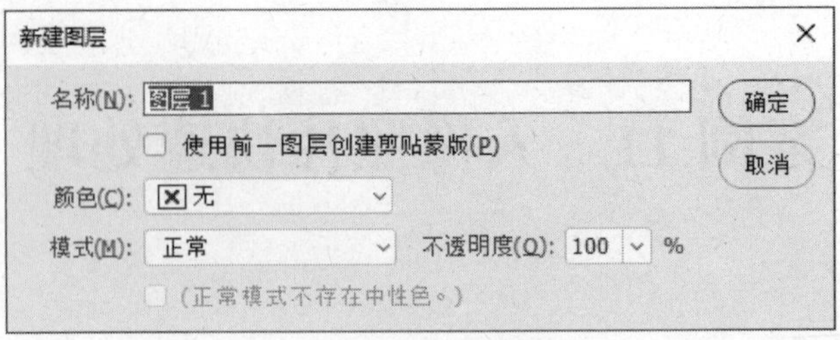

图 11-2 新建图层

单击工具箱中的“前景色”图标，在弹出的“拾色器（前景色）”对话框中设置 C 为 67%、M 为 2%、Y 为 0%、K 为 0%，然后单击“确定”按钮，完成颜色设置操作，如图 11-3 所示。使用前景色（填充快捷键为 Alt+Delete）进行填充，此时图层 1 效果为蓝色。

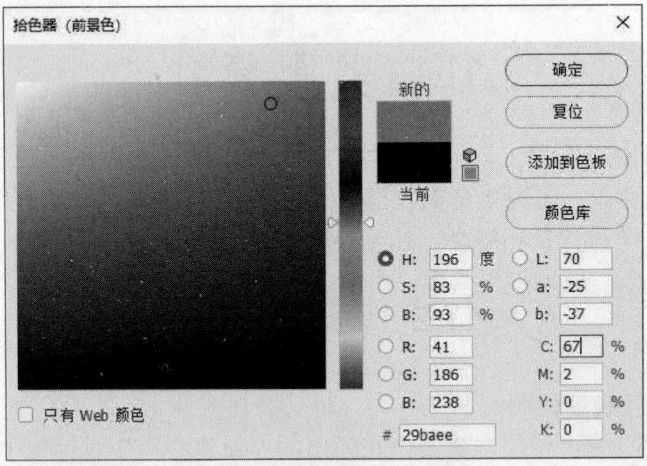

图 11-3 为新建图层填充蓝色

新建另一个图层，打开“拾色器（前景色）”对话框，设置 C 为 0%、M 为 99%、Y 为 100%、K 为 0%，然后单击“确定”按钮，完成参数设置操作。使用前景色进行填充，此时图层 2 效果为红色，如图 11-4 所示。

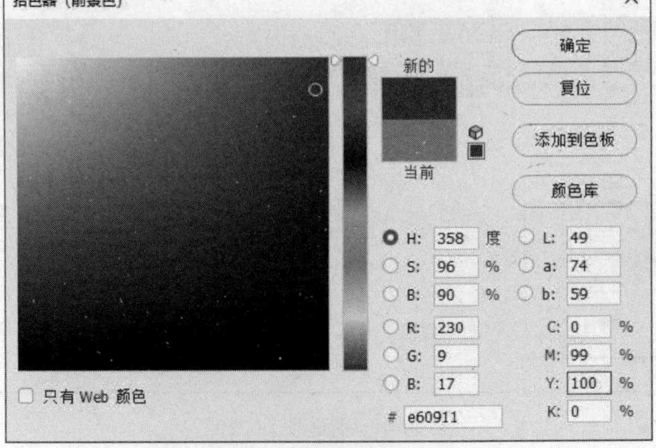

图 11-4 为新建图层填充红色

接下来置入相片。执行菜单“文件”→“置入嵌入的智能对象”命令，置入素材“证件照.jpg”，按 Enter 键确定置入操作，如图 11-5 所示。选择该图层，执行菜单“图层”→“栅格化”→“智能对象”命令，将智能图层转换为普通图层，如图 11-6 所示。

图 11-5　置入素材图片

图 11-6　智能图层转换为普通图层

制作人像选区。选择工具箱中的 (快速选择工具)，在选项栏中单击“画笔预设”选取器，在画笔预设选取器中设置合适的笔尖大小，然后按住鼠标左键，在画面中的人像位置进行拖拽（涂满人像轮廓）得到人物选区（或者选择空白区域后进行反选），如图 11-7 所示。

单击“图层”面板底部的“添加图层蒙版”按钮 ，基于选区为该图层添加蒙版，如图 11-8 所示。

如需蓝色背景照片，则隐藏红色图层即可，最终完成效果如图 11-9 所示。分别将两种效果存储为 JPG 格式图像即可。

图 11-7　制作人像选区

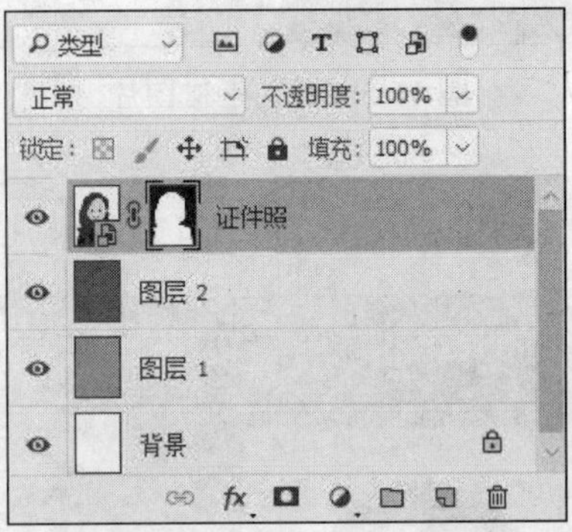

图 11-8　添加图层蒙版

图 11-9　隐藏不需要的背景图层

案例 2：人像照片换脸。

执行菜单“文件”→“打开”命令，打开素材“换脸.jpg”，执行菜单“文件”→“置入嵌入的智能对象”命令，置入动物素材“狮子.jpg”，如图 11-10 所示。将其旋转摆放在图片中人脸的位置，然后按 Enter 键确定置入操作，如图 11-11 所示。选择该图层并右击，在弹出的快捷菜单中执行“栅格化图层”命令，将其转换为普通图层，如图 11-12 所示。

图 11-10　置入动物素材

图 11-11　旋转素材到适当位置

接下来去掉除狮子脸外多余的黑色部分。选择狮子图层，单击“图层”面板底部的“添加图层蒙版”按钮，为该图层添加图层蒙版。选择工具箱中的画笔工具，在选项栏中单击打开“画笔预设”选取器，选择一个柔边圆画笔，设置画笔“大小”为 60 像素，如图 11-13 所示。

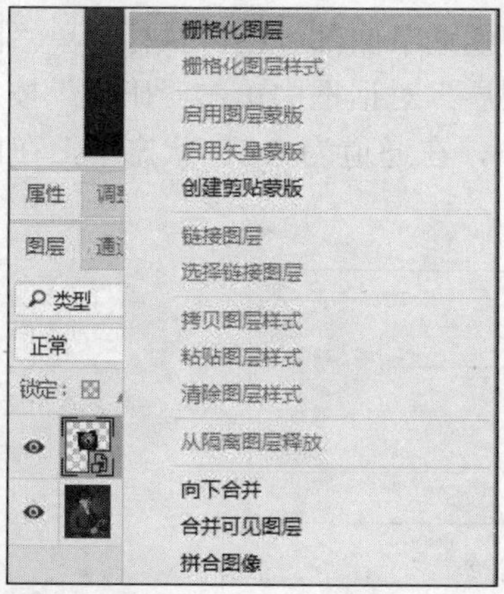

图 11-12　栅格化图层

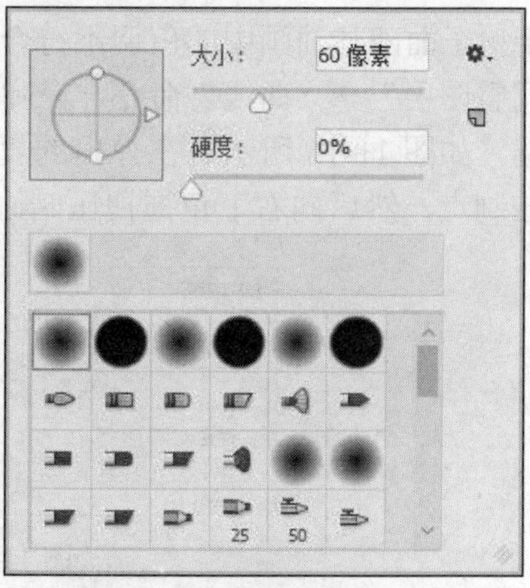

图 11-13　画笔预设

然后将前景色设置为黑色，设置完成后，在画面中狮子脸部周围位置按住鼠标左键拖拽进行涂抹，如图 11-14 所示。

图 11-14　选取动物脸部区域

此时画面效果如图 11-15 所示。

图 11-15　效果图（1）

由于狮子面部与油画中的色调不符合，因此使用曲线调节面部颜色。执行菜单“图层”→“新建调整图层”→“曲线”命令，在弹出的“新建图层”对话框中单击“确定”按钮，得到调整图层，如图 11-16 所示。在弹出的“属性”面板中，在通道为 RGB 状态下，在曲线上单击添加控制点，然后向右下角拖拽压暗画面的亮度。

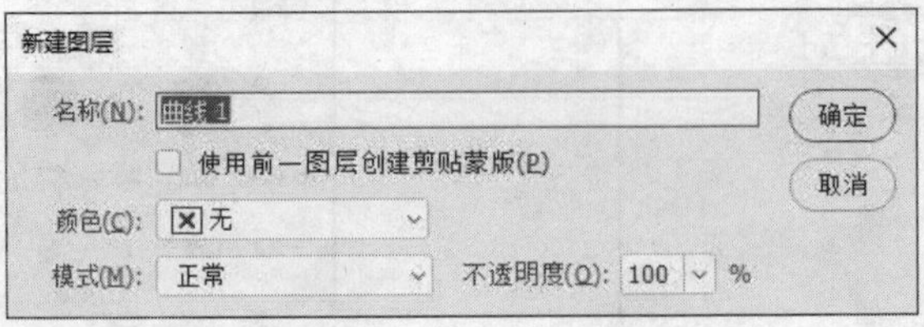

图 11-16　使用曲线命令

设置通道为“绿”，在曲线上单击添加控制点并向左上拖拽，增加画面中绿色的数量，曲线形状如图 11-17 所示。

设置通道为“蓝”，在曲线上单击添加控制点并向右下拖拽，减少画面中蓝色的数量。颜色调整完成后，单击“属性”面板底部的“创建剪贴蒙版”按钮，建立剪切蒙版，使曲线的调整效果只对狮子图层进行操作。此时画面效果如图 11-18 所示。

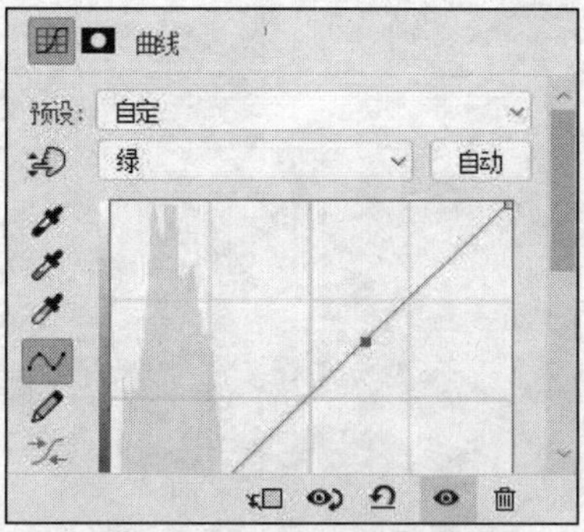

图 11-17　增加绿色数量

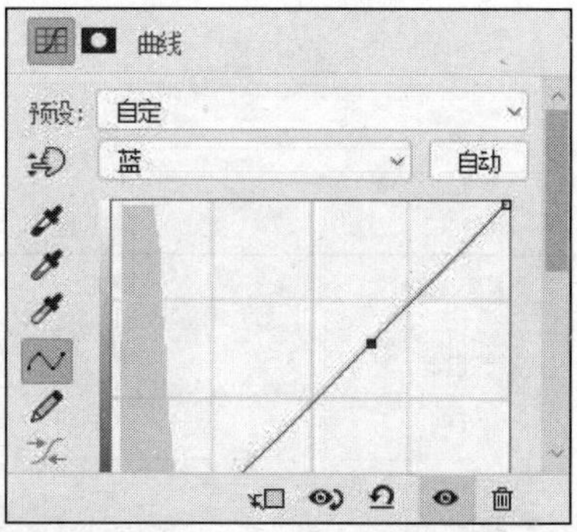

图 11-18　减少蓝色数量

因为狮子面部没有立体感，此时可以压暗狮子面部周围的亮度，所以执行菜单“图层”→“新建调整图层”→“曲线”命令，再次新建一个曲线调整图层。在“属性”面板中，调整 RGB 通道曲线形状，如图 11-19 所示。

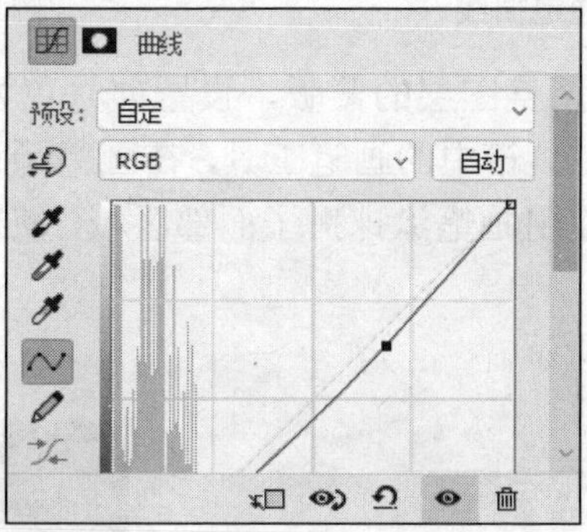

图 11-19　调整 RGB 通道曲线

调整“红”通道曲线形状，如图 11-20 所示。

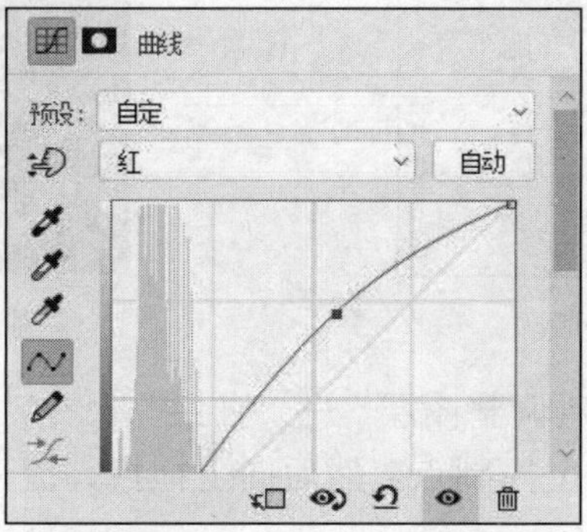

图 11-20　调整“红”通道曲线

继续调整“绿”通道曲线形状，如图 11-21 所示。此时画面效果如图 11-22 所示。

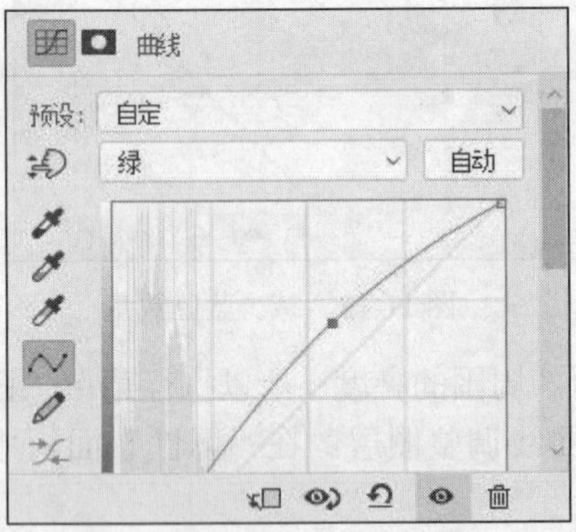

图 11-21　调整“绿”通道曲线

图 11-22　效果图（2）

在“图层”面板中单击该调整图层的蒙版，设置前景色为黑色，使用前景色进行快速填充。设置前景色为白色，选择工具箱中的画笔工具，在画笔预设选取器中选择一种柔边圆形画笔，然后在该调整图层蒙版中使用画笔涂抹狮子面部区域，使狮子面部区域受到该调整图层影响。图层蒙版如图 11-23 所示。

此时画面效果如图 11-24 所示。

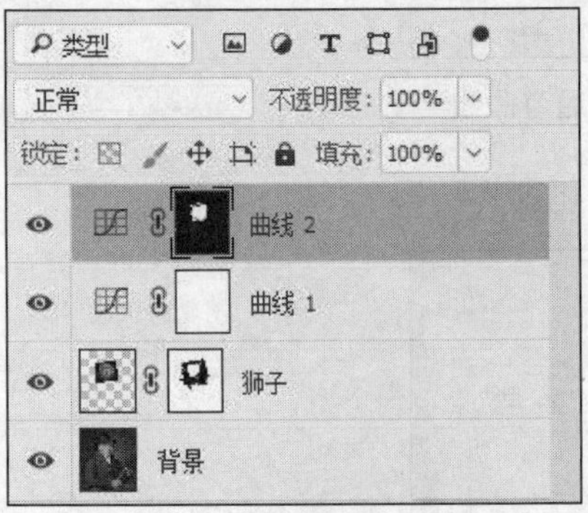

图 11-23　图层蒙版

图 11-24　效果图（3）

执行菜单“图层”→“新建调整图层”→“曲线”命令，新建曲线调整图层。在“属性”面板中的曲线上方单击添加一个控制点，然后向上拖拽，提高眼睛、面部及身体的亮度，如图 11-25 所示。

此时画面效果如图 11-26 所示。

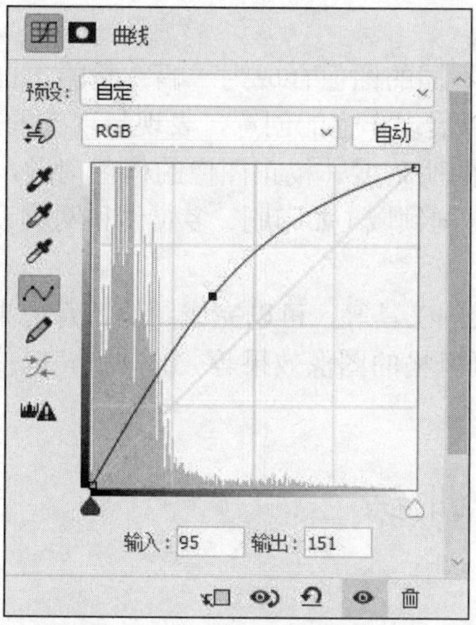

图 11-25 再次调整曲线

图 11-26 效果图（4）

单击曲线调整图层蒙版缩览图，将其填充为黑色，隐藏调色效果。然后使用白色的柔角画笔在眼睛、面部及身体周围进行涂抹，最终效果如图 11-27 所示。

图 11-27 最终效果图

11.3 案例小结

从功能上看，Photoshop 可以分为图像编辑、图像合成、校色调色和特效制作四部分。

图像编辑是图像处理的基础，包括对图像进行变换、修饰美化和修复处理等。对图像进行修饰美化和修复处理常应用在数码照片的处理上，例如去除人物脸上的瑕疵、污点或修复旧照片中的破损处等。

图像合成是通过图层操作和工具应用，将几幅不同的图像合成为一幅完整的、自然融合的、可以传达明确意义的图像。通过图像合成，可以展现丰富的创意，表现超现实的效果。

校色调色功能可以帮助用户轻松调整图像色调的明暗度、校正图像的偏色问题，制作特殊的颜色以及改变图像的色彩模式，以满足图像在不同领域（如印刷、多媒体和网页设计等方面）的应用。

另外，利用 Photoshop 中的滤镜、通道并结合绘图工具等，可以完成图像特殊效果（如特效字，以及素描、油画、炭笔画、蜡笔画等具有绘画风格的图像效果等）的制作，以使图像表现特殊的创意。

11.4 拓展训练

思考题：创意海报的制作。

原图和效果图如图 11-28 所示。

（a）原图

（b）效果图

图 11-28 原图和效果图

概要操作步骤如下：

（1）找一张人物照片，用魔棒工具把大致的背景全部选起来，然后在选择里面选择“反选”选项。

（2）选择属性栏的“调整边缘”选项，把视图换为“黑底”，这一步是为了看出头发丝边缘一些残留的背景颜色，接下来利用鼠标在头发丝边缘涂抹一遍，这样就可以把残留的背景全部去掉了。

（3）接下来把下方“输出到”选择为“新建图层”，单击“确定”按钮，这样就把人物抠出来了。

（4）新建一个空白图层，填充白色，把该图层移动到人物图层下方。

（5）复制一份人物图层，得到“背景拷贝 2”，把原来的人物图层隐藏掉，在复制出来的人物图层上添加一个图层蒙版，即“背景拷贝 2”。

（6）选择画笔工具，把硬度调为 0、前景色改为黑色，在图层蒙版上，把脸部以及手臂皮肤全部涂抹隐藏。把原来的人物图层显示出来。

（7）找一张树林的图片，类似于效果图。利用魔棒工具或者通道抠图法，把树木抠出来（方法有很多，抠出来就可以），用移动工具拖拽到原有的画布中去，调整好大小以及位置。

（8）确保树木素材在人物图层的上方后，在树木图层右击，选择“创建剪贴蒙版”。

（9）接着选择“背景拷贝 2”图层，单击“锁定透明像素”，然后填充白色。

（10）外观效果基本完成后，接下来处理颜色问题。图片饱和度过高看起来显得不是特别沉稳，可以在图层最上面新建一个“映射渐变”的调整图层，选择从黑到白的渐变，然后根据自己喜欢的效果调整不透明度，建议用 50%。

（11）感觉图片头部有点欠缺，所以可以加点其他元素上去，找一个鸟群照片把鸟群加上去，基本效果就完成了。

（12）还可以制作类似的效果图，如图 11-29 所示。

（a）原图

（b）效果图

图 11-29　原图和效果图

学习笔记

案例 12　使用剪映剪辑视频

学习目标：

- 掌握剪映快速自由分割视频的方法。
- 掌握剪映各种转场效果。
- 掌握剪映添加音乐和字幕效果。
- 掌握剪映特效和滤镜的使用方法。

12.1 案例简介

剪映是一款功能强大的视频编辑软件，主要功能如下。

（1）视频剪辑：支持对视频进行裁剪、旋转、镜像等操作，可以轻松地对视频进行修剪和裁剪，使其更加精细。

（2）添加音乐：支持在视频中添加音乐，用户可以从剪映的音乐库中选择自己喜欢的音乐，也可以导入本地音乐进行编辑。

（3）滤镜：支持多种滤镜效果，为视频添加不同滤镜效果，使其更加生动、有趣、时尚。

（4）字幕：支持添加字幕，用户可以为视频添加文字，从而使其更加易于理解和阅读。

（5）特效：支持多种特效，例如闪光、转场、淡入淡出等，可以为视频添加特殊的效果，使其更加生动有趣。

（6）音效：支持添加音效，用户可以为视频添加各种音效，例如笑声、风声、雨声等。

（7）画中画：支持视频中添加画中画效果，为视频添加小窗口，播放其他视频或图片。

（8）分屏：支持将一个视频分成多个屏幕，可以播放多个视频或图片，制作出更加丰富多彩的视频作品。

总之，剪映的功能非常丰富，可以满足用户的各种视频编辑需求。

12.2 案例制作

12.2.1　剪映菜单

剪映菜单如图 12-1 所示。在创作之前要对软件进行一些优化，单击“设置”按钮，选择其中的全局设置，如图 12-2 所示。

按图 12-3 进行设置，使软件更加流畅运行。如果出现显示问题，则取消勾选“启用硬件加速编码”和“启用 GPU 绘制界面”复选框。

图 12-1　菜单

图 12-2　优化设置

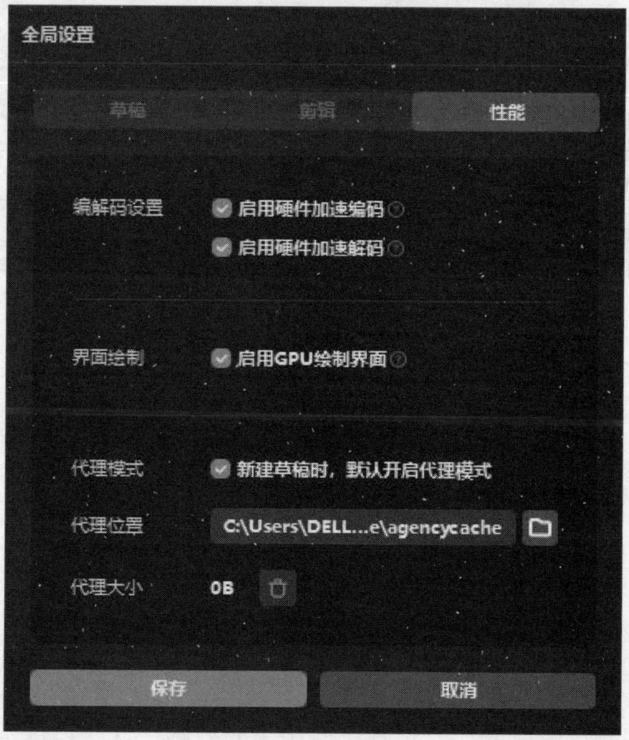

图 12-3　全局设置

12.2.2　开始创作

（1）单击“开始创作”按钮，进入剪辑页面，如图 12-4 所示。

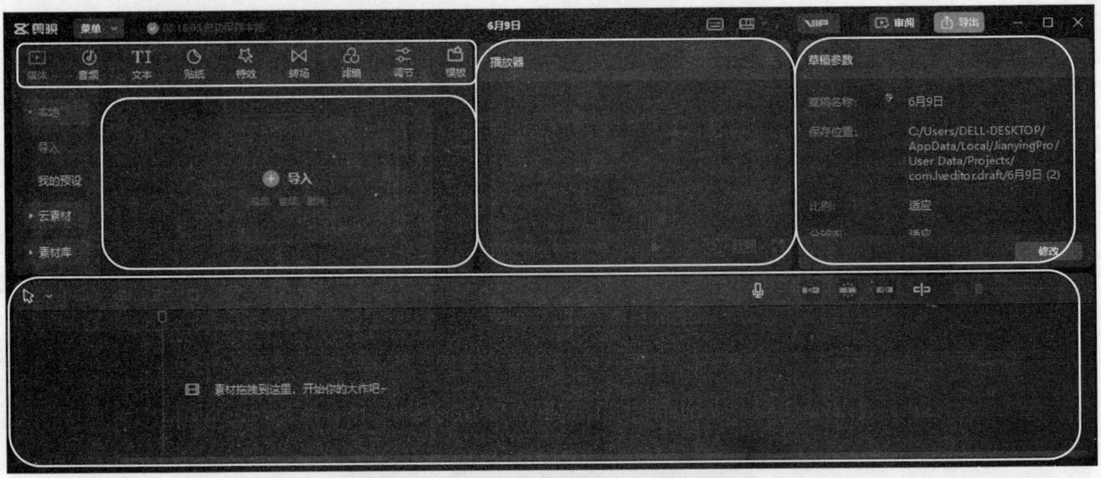

图 12-4　剪辑页面

（2）单击“导入”按钮，选择准备好的音视频，如图 12-5 所示。

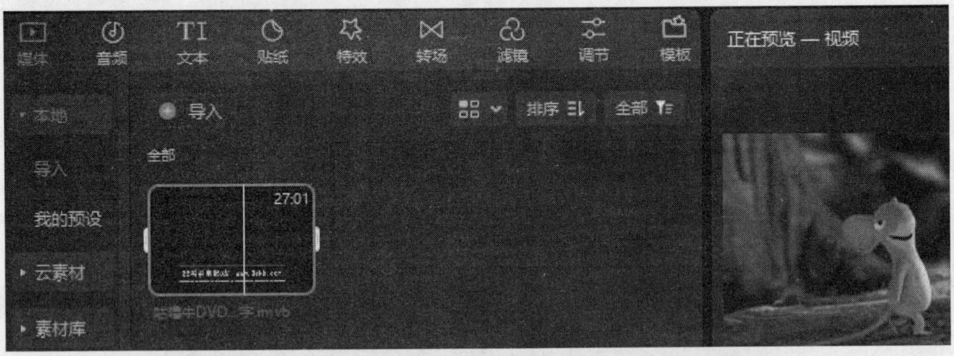

图 12-5　导入音视频

（3）将素材一一拖拽进时间轴中，素材块自动吸附默认是打开的，如图 12-6 所示。

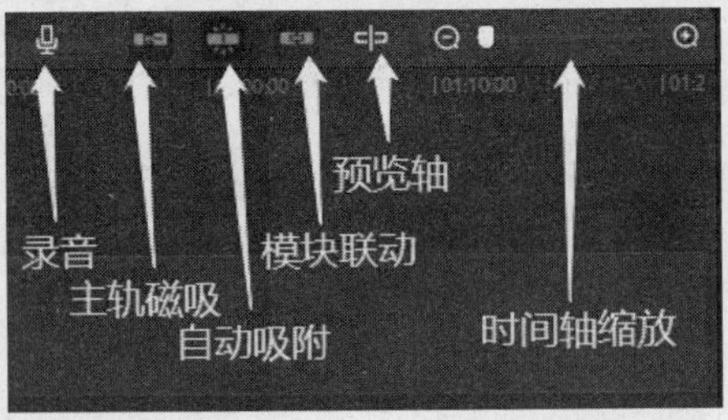

图 12-6　功能模块

这样最基础的视频已经成形，要想制作出精美的视频，这些还远不够。当所有素材加入到时间轴当中时，真正的剪辑才刚刚开始。

（4）确定视频构建思路，例如对于航拍作品，一般采用视频—照片—视频结构，视频为主，照片为辅。

（5）手动拖拽模块调整顺序。

（6）截末尾 / 开头。如果想剪掉视频末尾可以将视频后的调整条向前拉，如图 12-7 所示。

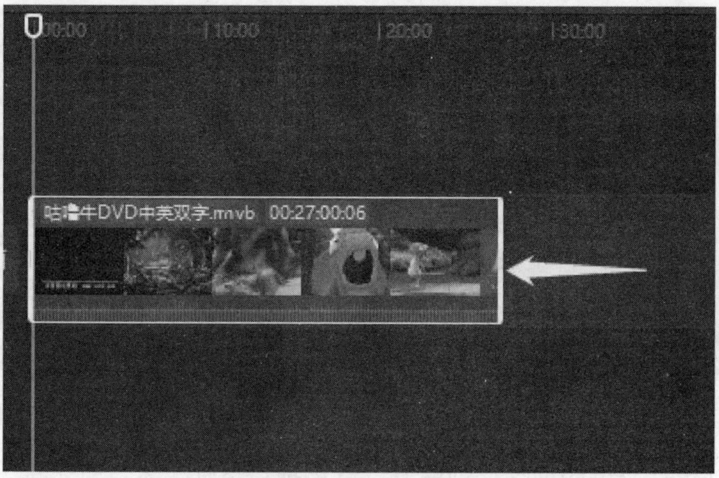

图 12-7　剪掉片尾视频

这样就能直接掐去视频的后面，在移动的过程中，预览器将同步时间轴，方便掐尾（掐头的方法与掐尾一样）。

（7）截中间。如果想截去视频中间的一部分，可以参考以下方法，如图 12-8～图 12-11 所示。

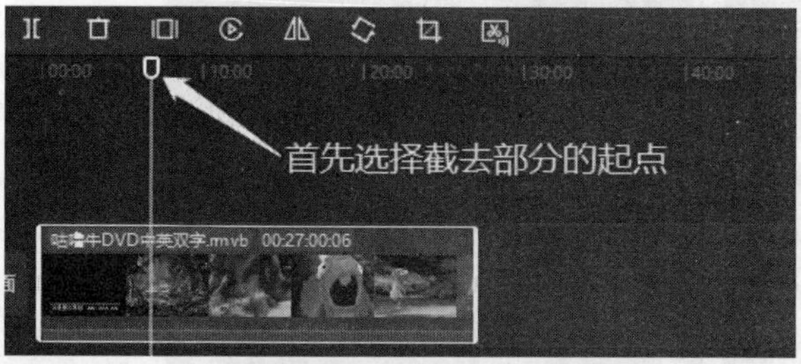

图 12-8　选择起点

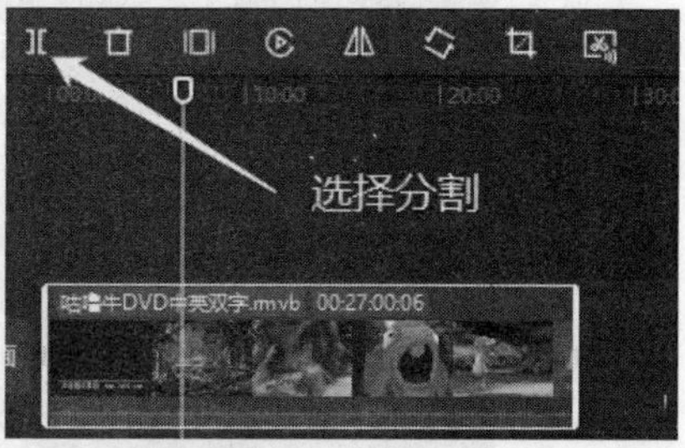

图 12-9　选择分割

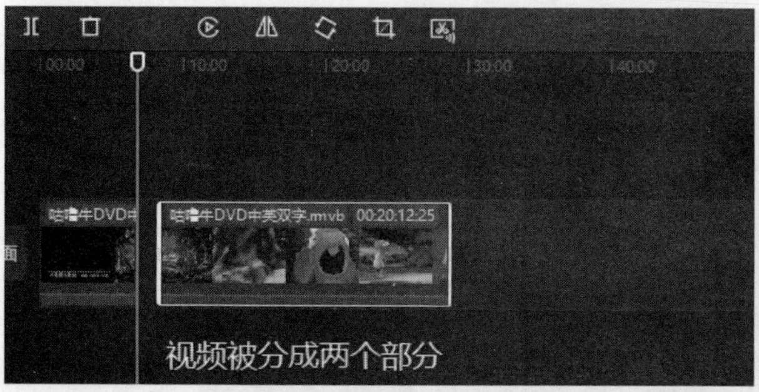

图 12-10　视频被分成两部分

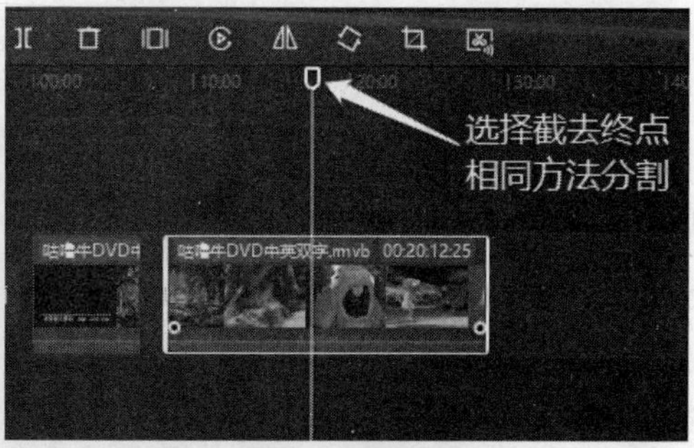

图 12-11　选择终点

此时，一段视频就被分成了 3 段，如图 12-12 所示。

选中中间要截去段，右击，选择“删除”选项，如图 12-13 所示。

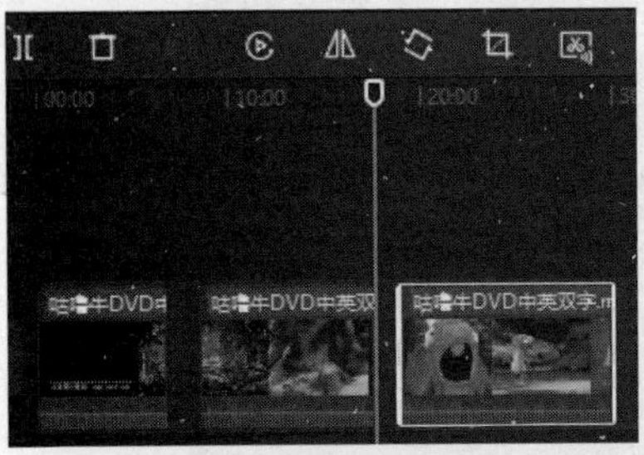

图 12-12　视频被分成三段

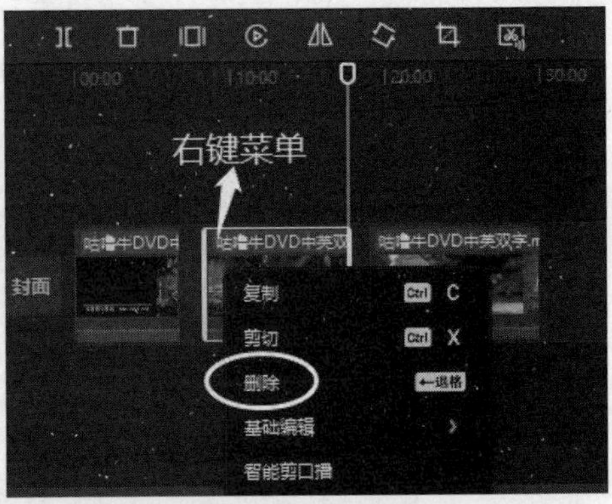

图 12-13　删除中间视频

将剩余部分选中，右击，选择“创建组合”选项，这样一来，剩余部分被组合在了一起（中间有调整条，可以继续调整），如图 12-14 所示。

如果中间还想继续插入其他素材，可以省略组合。

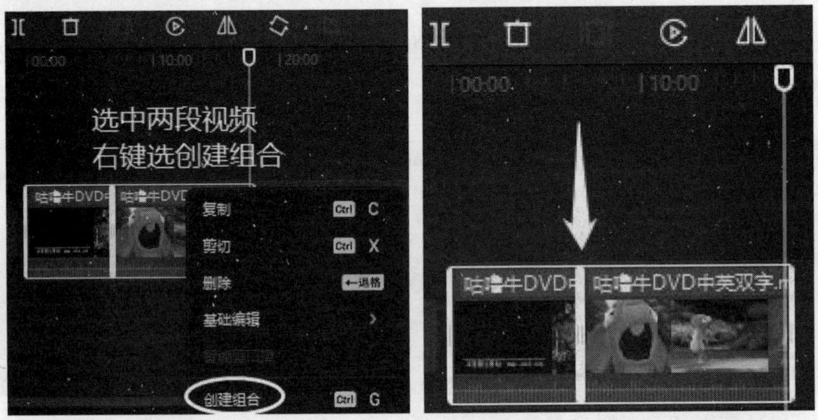

图 12-14　创建组合

（8）插入文字。剪映的文字素材非常丰富，涵盖了很多种类，如图 12-15 和图 12-16 所示。

图 12-15　插入文本

选中文字模板，单击“+”，如图 12-17 所示。

图 12-16　文字模板

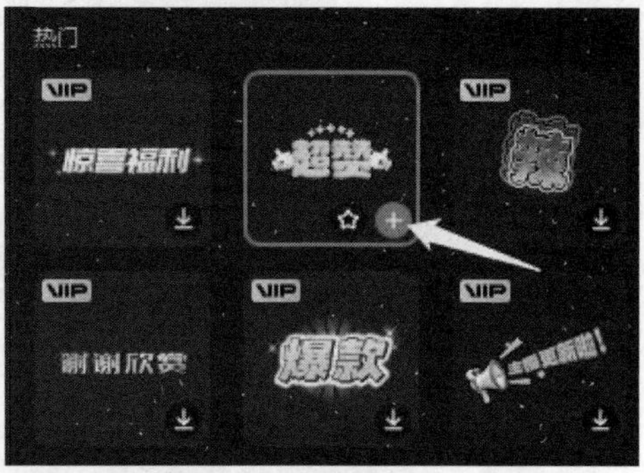

图 12-17　添加文字

这样，一段文字就添加进来了。

（9）添加音频。选择“音频”，通过输入关键字或自己寻找并下载，然后添加进时间轴。

（10）添加滤镜。滤镜可能是很多人向往，却不会使用的一项功能，但在剪映中，这一项功能变得极其简单，如图 12-18 所示。

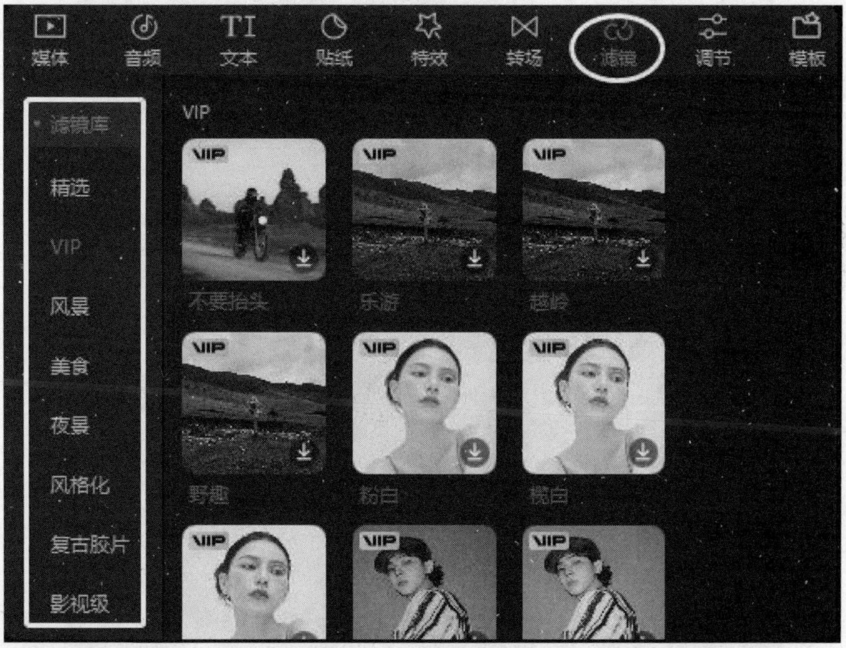

图 12-18　添加滤镜

以同样方式添加时间轴，可叠加多层滤镜，右侧可调节滤镜强度，如图 12-19 所示。

（11）添加特效。特效一般在拍人物时使用得多，如卡机、重影等，如图 12-20 所示。

（12）转场。转场是一项很重要的技能，对于影视二次剪辑，转场是必不可少的，如图 12-21 所示。

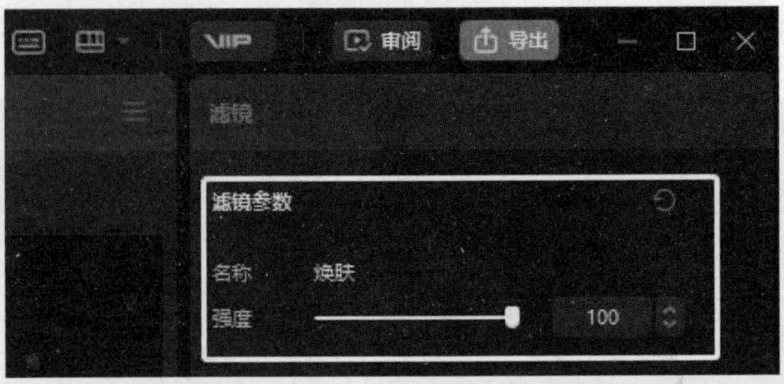

图 12-19　为滤镜添加时间轴

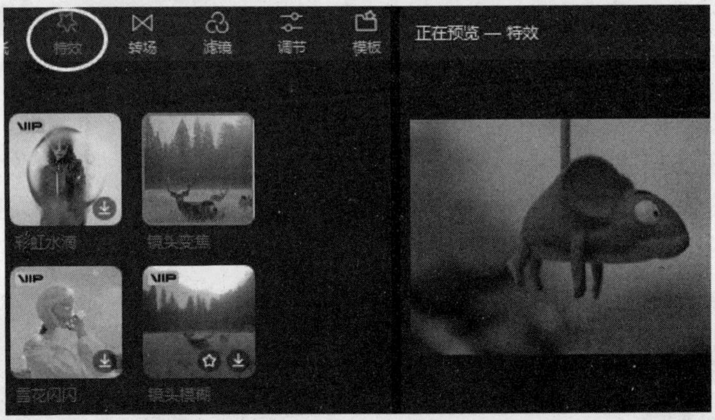

图 12-20　添加特效

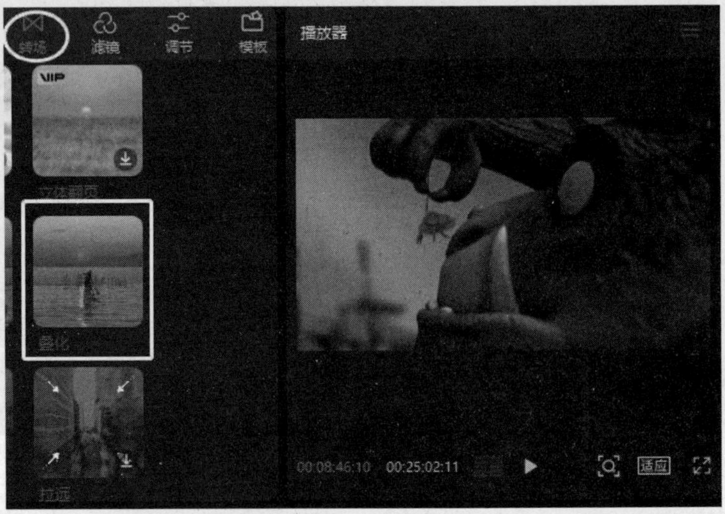

图 12-21　添加转场

例如，旋转就非常适合卡点，单击“+”时，它会自动将转场效果添加到离时间轴最近的分割处，并形成一个灰色模块。

（13）贴纸功能。浏览并选择需要的贴纸素材，然后将其拖拽到视频中。可以使用鼠标在屏幕上缩放、拖拽和旋转贴纸，如图 12-22 所示。

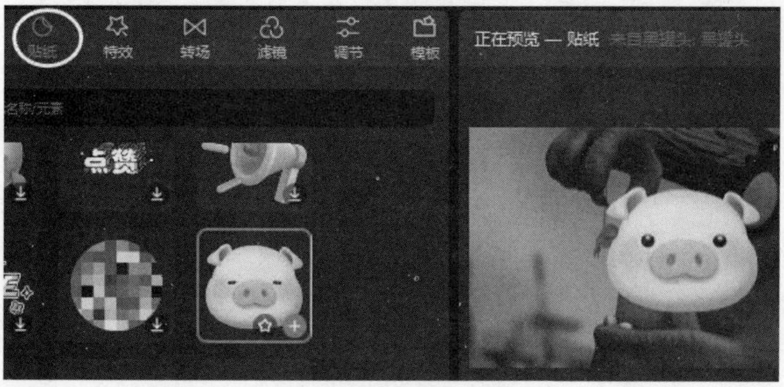

图 12-22　添加贴纸

12.3　案例小结

剪映是一款视频编辑软件，旨在为用户提供简单易用的视频编辑工具。剪映支持多种视频编辑功能，它可以帮助用户轻松地剪辑、添加音乐、滤镜、字幕、特效等，制作各种类型的视频，例如 Vlog、短视频、广告等。用户可以在手机上使用剪映进行视频编辑，制作出精美的视频作品，与朋友分享。剪映目前支持 iOS 和 Android 以及 PC 操作系统。

12.4　拓展训练

思考题：按以下步骤自行对视频进行剪辑。

第一步：导入视频。

单击“+”开始创作，选择电脑里需要编辑的视频，添加到项目中。

第二步：视频编辑。

按照要求，对视频进行分割，添加转场、音乐、字幕、特效、滤镜等。

第三步：导出视频。

单击右上角的“导出”按钮，保存到计算机，也可以直接发布到抖音。

导出时需要注意导出格式，一般选择 1080P、30 帧，这个格式也是适合短视频平台上传的尺寸，如图 12-23 所示。

图 12-23　导出视频

案例 13　硕士论文编辑排版

学习目标：

- 掌握页面设置的方法
- 掌握标题和应用样式的使用方法。
- 掌握样式的查找和替换方法。
- 掌握图、表的自动编号方法。
- 掌握分隔符的应用。
- 掌握页眉和页脚的设置方法。
- 掌握目录插入方法。

13.1　案 例 简 介

遇到需要制作长篇文档的情况时，比如论文、调查报告等，需要根据特定的格式要求对文档进行排版，使文章更加规范、整洁、美观。例如设置封面、标题、目录、页眉、页脚、参考文献、分节显示页码等。本节将以一篇硕士论文为例，在实际排版使用中，按照长篇文档编辑排版的方式详细地讲解排版流程。

长篇文档排版的一般步骤如下：

（1）设置页面格式。

（2）设置标题和应用样式。

（3）样式的查找和替换。

（4）图、表的自动编号。

（5）分隔符的应用

（6）设置页眉和页脚。

（7）插入目录。

13.2　案 例 制 作

操作要求

（1）封面、中文摘要、英文摘要、目录、每一章、结束语、致谢、参考文献都单起一页。

（2）正文。

1）正文：宋体、小四、首行缩进两个字符、单倍行距。

2）一级标题，如第一章、第二章等，设为标题 1、黑体、三号、加粗、居中。

3）二级标题，如 1.1、1.2 等标题，设为标题 2、宋体、四号、加粗、左对齐。

4）三级标题，如 1.1.1、1.1.2 等标题，设为标题 3、宋体、小四、不加粗，左缩进两个字符。

5）中文摘要标题、英文摘要标题、结束语、致谢、参考文献标题设为一级标题。

（3）封面："论文"两个字设置为黑体、小初、加粗、居中，段前 3.5 行、段后 10.5 行；其他内容设置为宋体、三号、居中。

（4）目录：自动生成目录（在英文摘要和章节之间）。"目录"两个字为一级标题。

（5）中文摘要。

1）正文：楷体、小四。

2）关键词：宋体、四号、加粗。

（6）英文摘要。

1）正文：Times New Roman、小四。

2）Keywords：Times New Roman、四号、加粗。

（7）页眉和页脚。

1）封面没有页眉、页脚。

2）中、英文摘要及目录页眉为"长春工业大学硕士论文"。

3）各章页眉为"各章的名称"。

4）中、英文摘要及目录页码为"大写罗马数字"，如Ⅰ、Ⅱ等，页面底端居中。

5）第一章到最后一章页码为"阿拉伯数字"，如 1、2、3 等，页面底端居中。

（8）结束语、致谢、参考文献页码为"中文页码"，如：壹、贰、叁等，页面底端居中。

13.2.1　页面设置

步骤 1：打开 Word 2016，执行"文件"→"打开"命令，在计算机中选择"素材\硕士论文.docx"文档。

步骤 2：选择"布局"选项卡，在"页面设置"组中选择"纸张大小"选项，设置为 A4。由于页面的打印方式分单面打印和双面打印两种，因此装订线的设置也各有不同。

单面打印可以不设置装订线位置，而是在装订的边距上增加宽度即可。

本文档以双面打印来排版，使用双面打印的装订线设置方法。单击"页边距"→"自定义页边距"→"页边距"，设置上为 2.7 厘米、下为 2 厘米、左为 2.5 厘米、右为 2.5 厘米、装订线宽 1 厘米、装订线位置为靠左。纸张方向选择"纵向"，单击"确定"按钮，如图 13-1 所示。

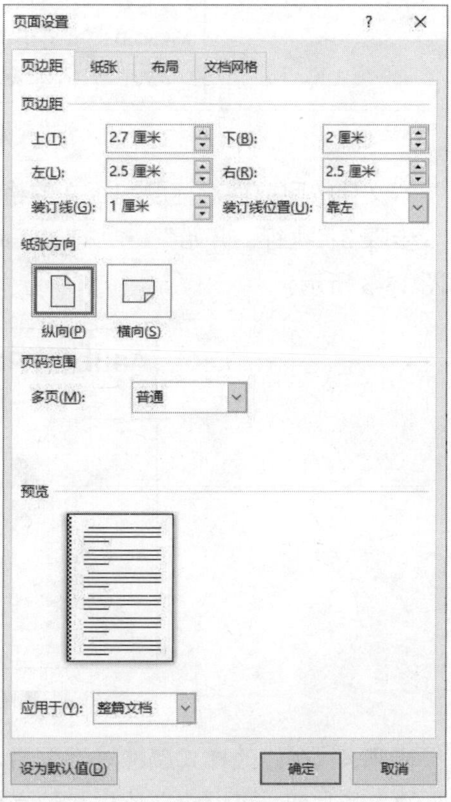

图 13-1　页面设置

13.2.2 标题样式的使用

标题样式是指用有意义的名称保存的字符格式和段落格式的集合，通过定义常用样式，可以使同级的文字呈现风格的统一，同时可以对文字快速套用样式，简化排版工作。Word 文字处理中许多自动化功能都需要使用样式功能。Word 文字处理中已经定义了大量样式，一般在使用中只需要对预定义样式进行适当修改即可满足需求，如图 13-2 所示。对于常用的样式，还可以先定义到一个模板文件中，创建属于自己的风格，以后只需基于该模板新建文档，就不需要重新定义样式。

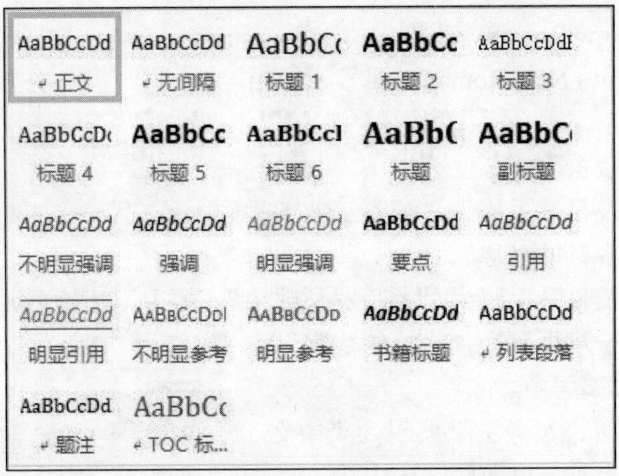

图 13-2　标题样式

本文档按照前面对标题和正文的格式要求设置样式。

步骤 3：执行“开始”→“样式”命令，在“标题 1”样式名上右击，选择“修改”选项，如图 13-3 所示。

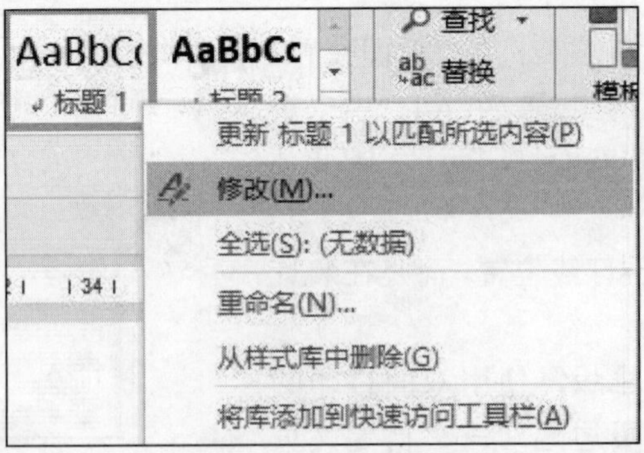

图 13-3　样式和格式

步骤 4：在修改样式属性对话框后，可以修改样式名称，样式基准等，单击左下角的“格式”的下拉按钮，可以定义该样式的字体段落等格式，根据具体要求进行适当修改，修改完单击“确定”按钮，如图 13-4 所示。

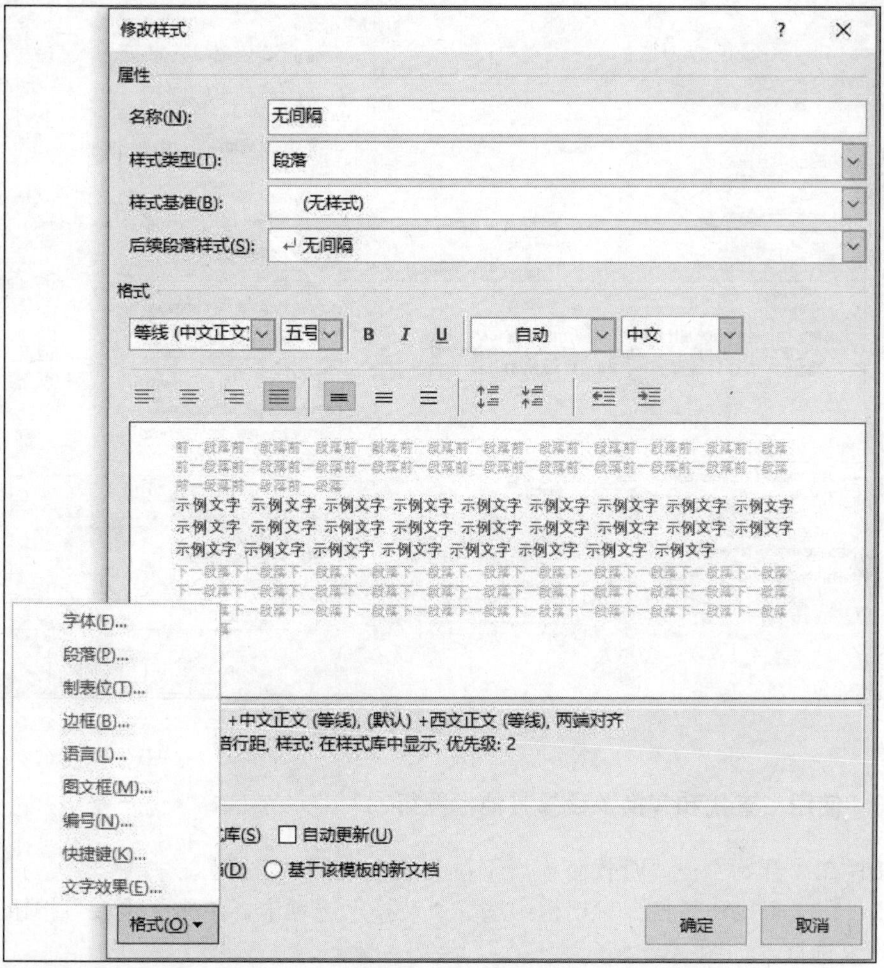

图 13-4　修改样式

步骤 5：根据以上操作，修改正文和其他标题。

步骤 6：“结束语”“致谢”“参考文献”标题设置，在“开始”→“样式”→“其他”下拉列表中选择“创建样式”，如图 13-5 所示。

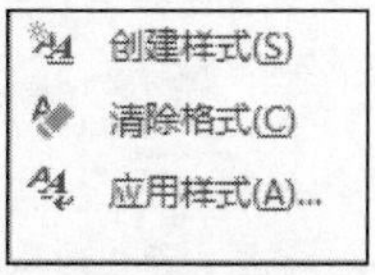

图 13-5　创建样式

步骤 7：在“创建样式”属性框中，“名称”中输入“样式 6”，“格式”设置为“宋体”“四号”“加粗”“居中”，“段落”中设置“段前”和“段后”间距均为 1 行，单倍行距、大纲级别 1 级，如图 13-6 所示。

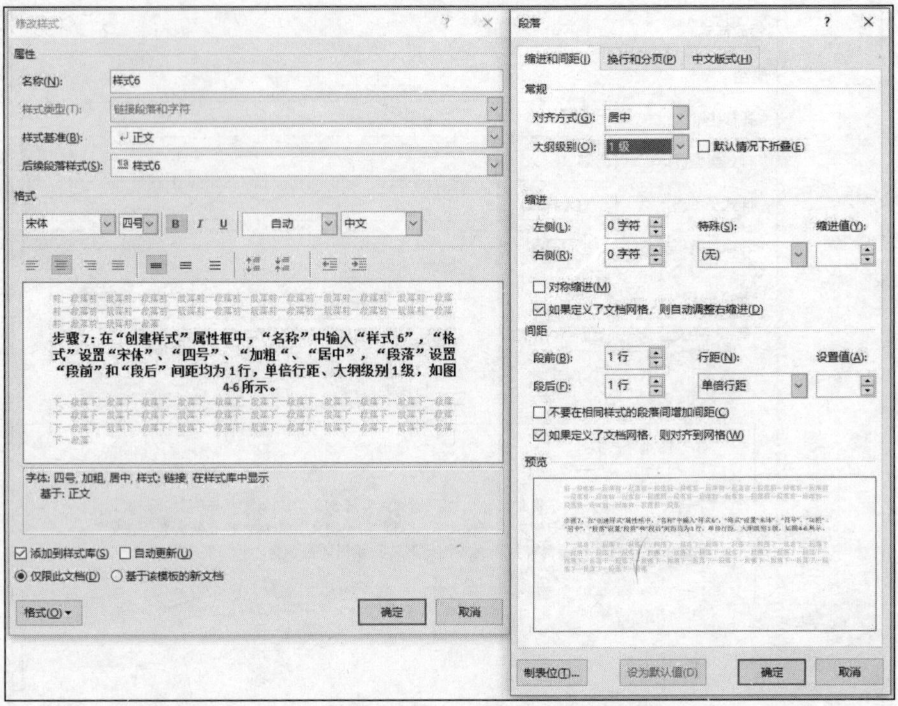

图 13-6　新样式设置

13.2.3　使用“查找和替换”设置其他标题行

步骤 8：在“开始”→“查找替换”下拉列表中选择“替换”。

步骤 9：在“查找和替换”对话框中选择“替换”选项卡，单击“更多”按钮，勾选“使用通配符”复选框，如图 13-7 所示。

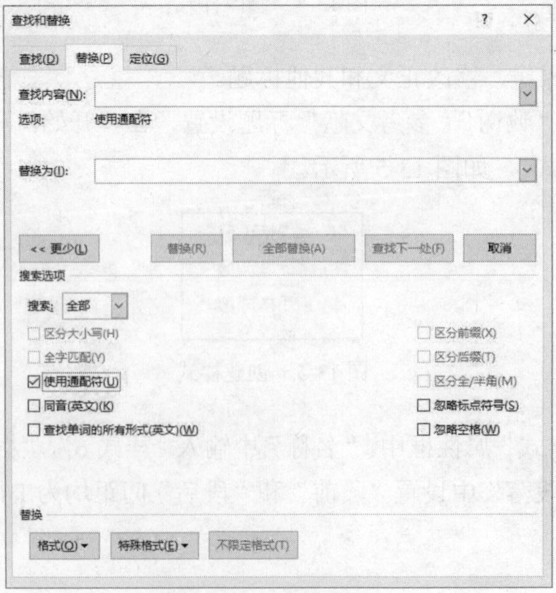

图 13-7　查找和替换

步骤 10：在“查找内容”文本框中输入“第?章”，单击“替换为”下拉列表，选择“样式”，在“替换样式”对话框中选择“标题 1”，单击“确定”按钮，如图 13-8 所示。

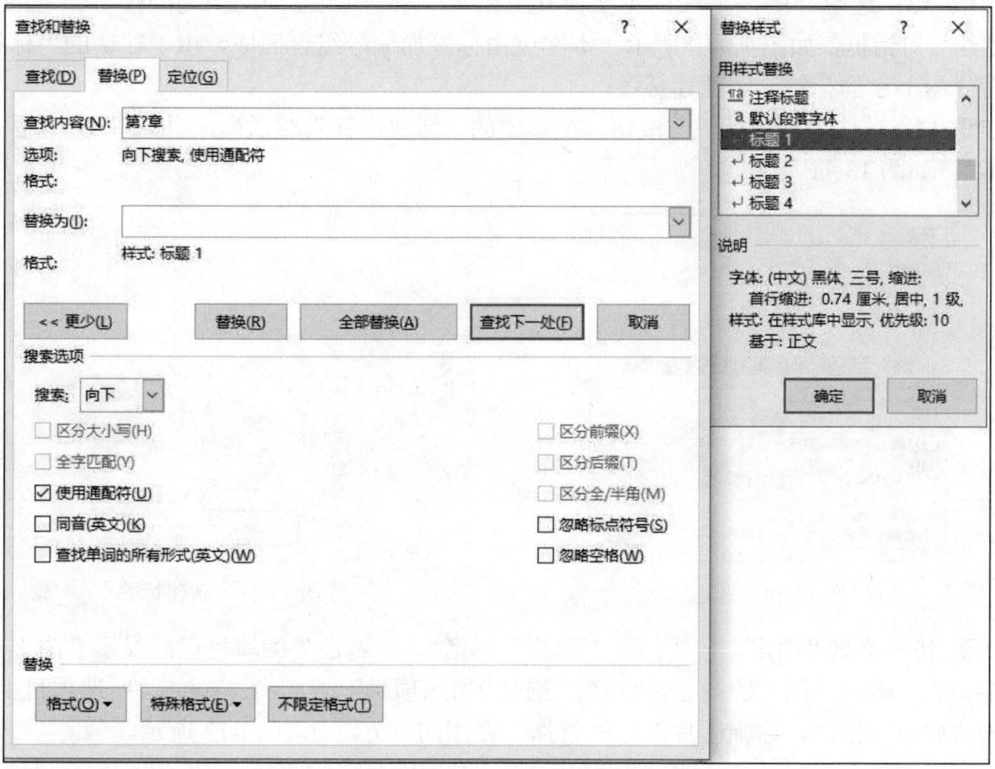

图 13-8　替换设置

步骤 11：单击“全部替换”按钮，单击“确定”按钮，如图 13-9 所示。一级标题的内容就全部设置完成。

图 13-9　全部替换

步骤 12：二级标题和三级标题根据以上步骤完成操作。

13.2.4　图、表的自动编号（选做）

为文档中所有的图片和表格插入自动编号的题注，其中图片的题注在图片下方居中位置，并且图片要按在章节出现的顺序分章编号，如第一章第一个图为“图 1-1”；表格的题注在表格上方居中位置，也要按在章节出现的顺序分章编号，如第一章第一个表为“表 1-1”。

题注就是给图片、表格、图表、公式等项目添加的编号和名称。例如，在本文档的图片中，就在图片下面输入了图编号和图题注，这可以方便读者的查找和阅读。使用题注功能还可以保证在长文档中图片、表格或图表等项目能够顺序地自动编号。如果移动、插入或删除带题注的项目时，可以自动更新题注的编号。

步骤 13：选中“1.3 本文的主要研究工作”中第一个图，单击“引用”→“题注”，弹出“题注”对话框，如图 13-10 所示。本案例由标签加编号组合而成，由于默认的“标签”中并没有“图 1-”的标签，需新建标签。

步骤 14：单击“新建标签”按钮，在弹出的“新建标签”对话框，“标签”文本框中输入“图 1-”，如图 13-11 所示。

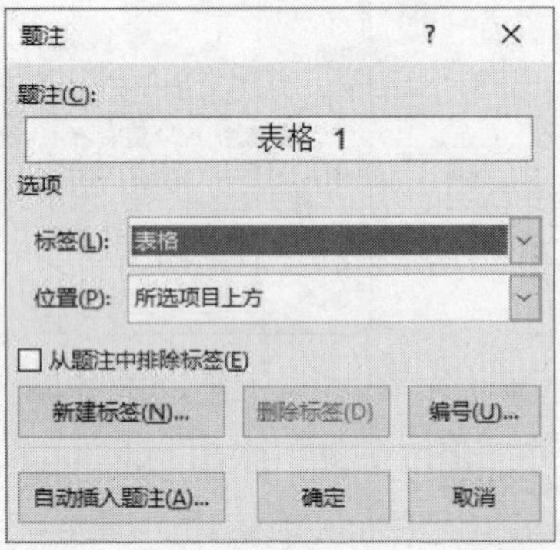

图 13-10 题注

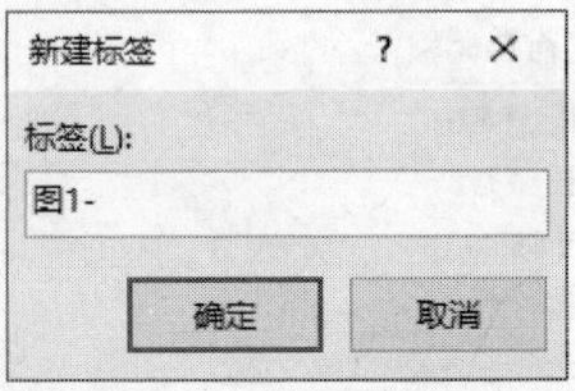

图 13-11 新建标签

步骤 15：单击“确定”按钮回到“题注”对话框，“题注”编辑栏已经显示“图 1-1”，可以在编辑栏内输入对图片的描述，“位置”选择“所选项目下方”（表格选择“所选项目上方”），再单击“确定”按钮，这幅图片的题注就插入在图的下方，如图 13-12 所示。

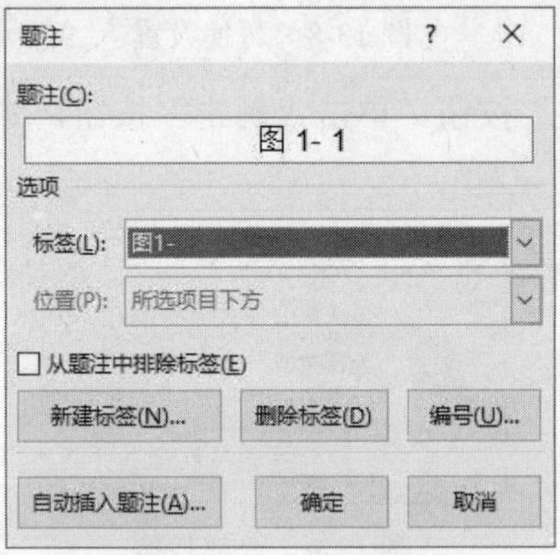

图 13-12 题注设置

步骤 16：当需要对第二个图添加题注时，只需要选中该图，单击“引用”→“题注”，编号会自动增加，单击“确定”按钮后，图的题注会自动插入在图的下面，设置字体格式即可。

步骤 17：用上述的方法为文档所有的图片和表格添加题注。

13.2.5 分隔符的应用

节是一段连续的文档块，同节的页面拥有同样的边距、纸型或方向、打印机纸张来源、页面边框、垂直对齐方式、页眉页脚、分栏、页码编排、行号等。如果没有插入分节符，Word

文档默认一个文档只有一节，所有页面都属于这个节。所以，分节为页眉页脚的基础，有关页眉页脚的要求一般都要先通过分节才能实现，如奇偶页不同等。

本文档分为 11 个部分，需要插入 10 个分节符，封面为第一节，摘要为第二节，目录为第三节，正文分为 5 部分，各占一节，结束语为第九节，致谢为第十节，参考文献为第十一节。

步骤 18：为了在插入分节符的时候能明确位置和看到提示文字，先设置标记高亮显示，单击“开始”→“段落”→“显示/隐藏编辑标记”按钮，如果 13-13 所示。

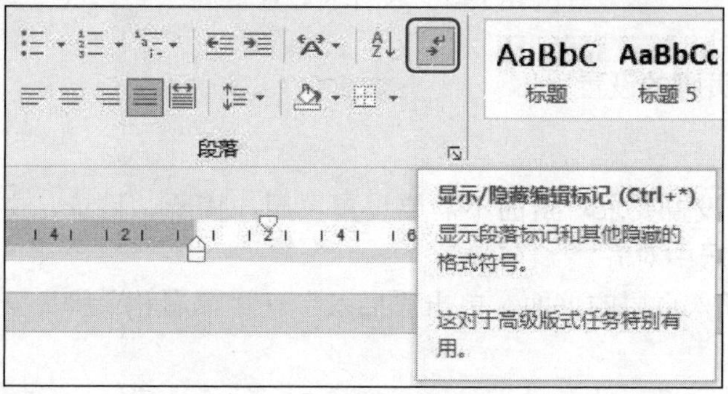

图 13-13　显示/隐藏编辑标记

步骤 19：将光标定位在“摘要”前，单击“布局”→“分隔符”，在下拉列表中选择“分节符”→“下一页”，如图 13-14 所示。

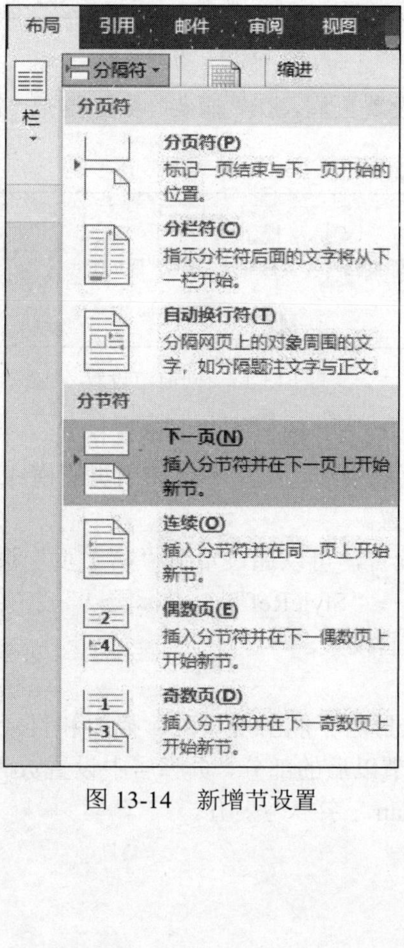

图 13-14　新增节设置

步骤 20：再切换到“第一章”前面，重复插入分节符操作，可以看到在 Abstract 结尾处出现“分节符（下一页）”的标记，如图 13-15 所示，表示分节符插入成功。重复操作为每个部分插入分节符。如果插入分隔符导致下一页多出一个无用的空行，删除该行即可。

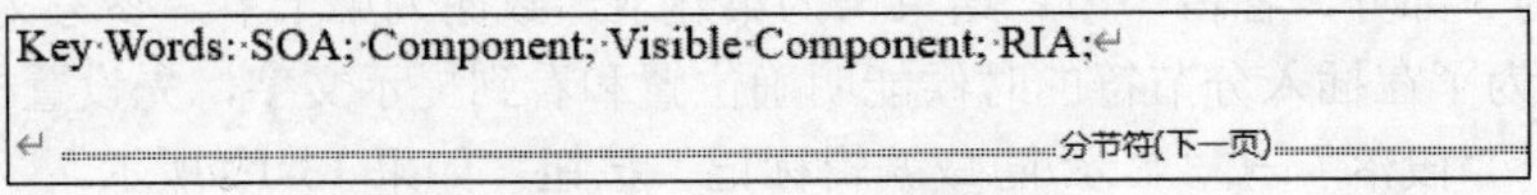

图 13-15　分节符设置完成

13.2.6　页眉和页脚的设置

1. *页眉设置*

按照文档的格式设置要求，封面不需要设置页眉，摘要、目录、文档正文部分页眉设置字体为宋体、五号、居中对齐。

步骤 21：选择插入页眉的页面，单击“插入”→“页眉和页脚”→“页眉”，如图 13-16 所示。

图 13-16　页眉设置

步骤 22：“封面”不需要设置页眉，在“摘要”页眉处把“链接到前一节”取消高亮显示，如图 13-17 所示。

图 13-17　同前节设置

步骤 23：输入页眉内容，在“开始”选项卡设置格式。

步骤 24：页眉上会出现页眉横线，如果不想使用页眉横线，可以在“页面边框”中去掉，单击“关闭”按钮退出页眉设置。

步骤 25：各章节的页眉设置，可以通过章节“第 1 页”页眉处的“设计”选项卡中“文档部件”→“域”→“域名”→“StyleRef”→“标题 1”来实现，如图 13-18 所示。可以很方便地自动完成其他章节的页眉设置。

2. *页脚设置*

按文档页脚的格式要求，封面不能出现页码，摘要和目录的页脚居中设置页码，页码格式为连续的大写罗马数字，章节以后的部分，页脚居中设置页码，页码格式为连续的阿拉伯数字，字体为均 Times New Roman，字号为小五。

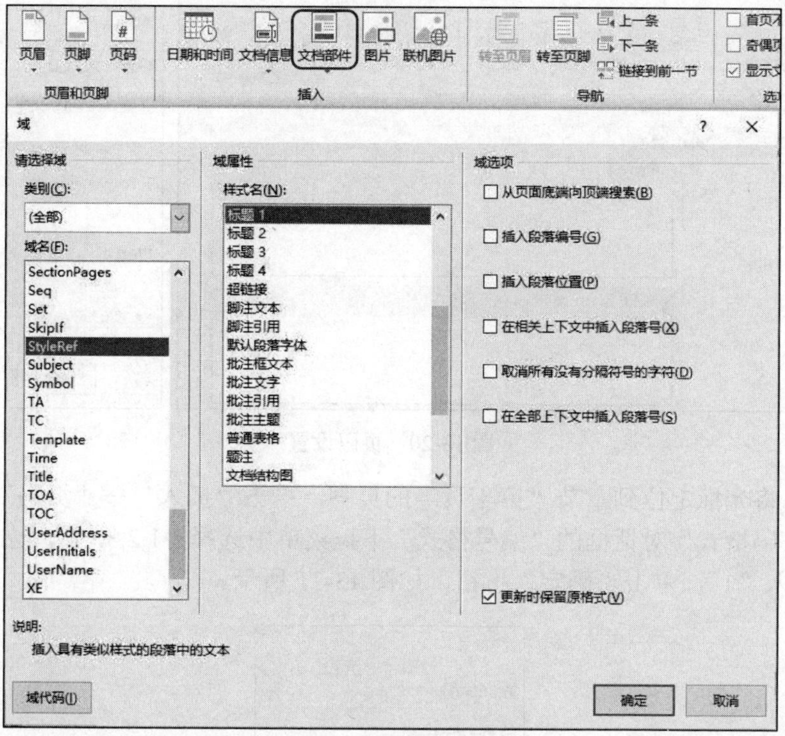

图 13-18　页眉文档部件设置

步骤 26：单击“插入”→“页眉和页脚”→“页脚”，在下拉菜单选择“编辑页脚”进入到“页脚”的编辑状态，如图 13-19 所示。将光标定位到“摘要”页的页脚处，把“链接到前一节”取消高亮显示。

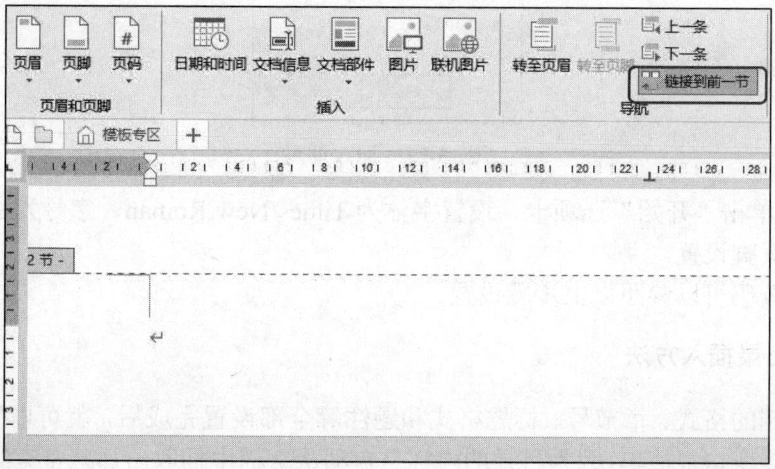

图 13-19　页脚

步骤 27：单击“页码”下拉按钮，选择“页面底端”→“普通数字 2”。再次单击“页码”下拉按钮，选择“设置页码格式”，在“页码格式”对话框的“编号格式”下拉菜单中选择“I,II,III,…”，选中“起始页码”单选按钮，填入“I”，如图 13-20 所示。

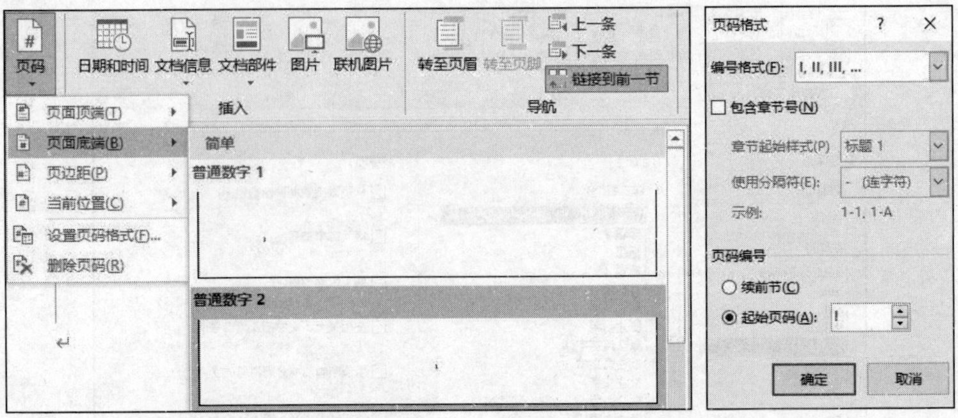

图 13-20　页码设置

步骤 28：将光标定位到章节“第 1 页”的页脚，单击“插入”→“页码”→“设置页码格式”，在“页码格式”对话框的“编号格式”下拉菜单中选择“1,2,3,…”，选中“起始页码”单选按钮，填入“1”，单击“确定”按钮，如图 13-21 所示。

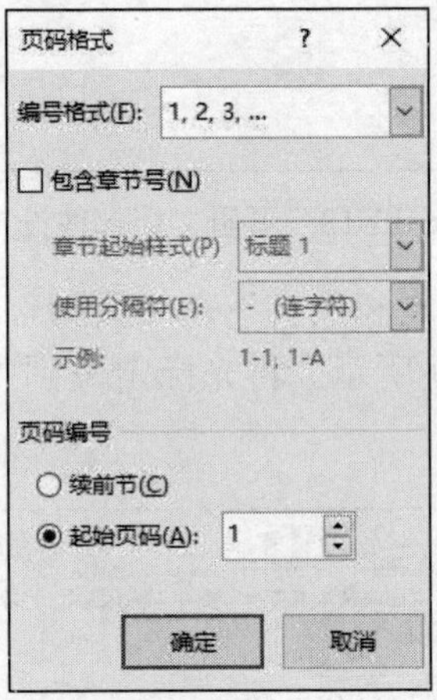

图 13-21　插入页码

步骤 29：单击“开始”选项卡，设置字体为 Times New Roman，字号为小五。单击“关闭”按钮退出页脚设置。

其他节的页码可以参照以上步骤设置。

13.2.7　目录插入方法

当整篇文档的格式、章节号、标题格式和题注等全部设置完成后，就可以生成目录了。此时生成目录就会变得很简单，因为目录的内容是自动从文档中抽取出那些带有级别标题的段落来组成的。

1. 文档目录

步骤 30：把光标定位到需要插入目录的位置（本案例中目录位置在英文摘要和章节之间），把光标定位在“第一章　绪论”标题前，单击“引用”→“目录”，在下拉菜单中选择“自动目录 1”，如图 13-22 所示。

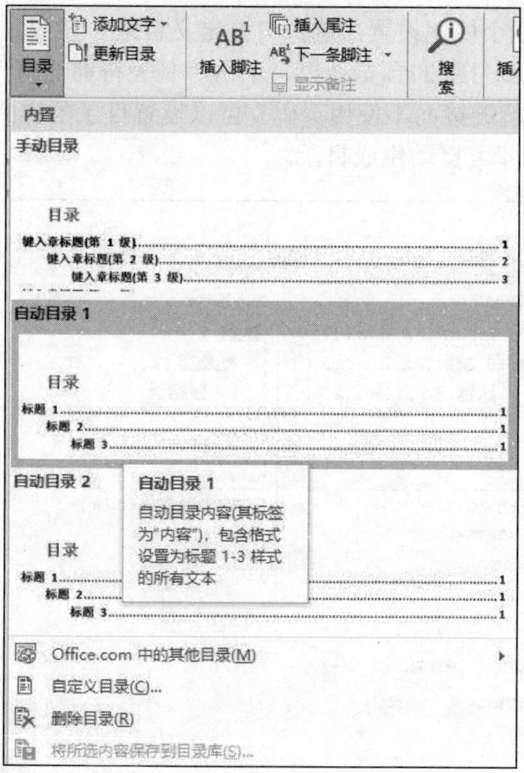

图 13-22　引用目录

生成的目录效果如图 13-23 所示。

目录

图 13-23　生成目录效果图

步骤 31：如果想突显个性化设置，选择“自定义目录”设置，在弹出的“目录”对话框的“打印预览”中可以看到目录的预览效果，单击“制表符前导符”“显示级别”“显示页码”“页码右对齐”和“使用超链接而不使用页码”可以设置目录的样式，如图 13-24 所示，设置好后单击“确定”按钮，即可自动生成目录。

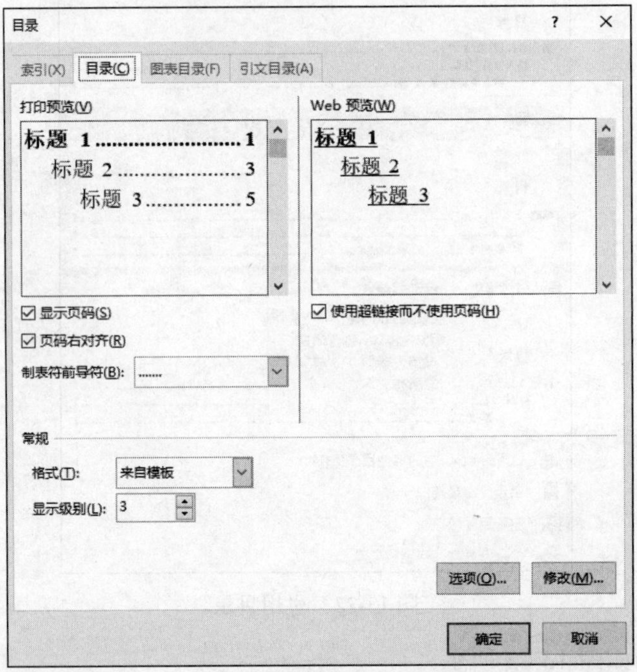

图 13-24 自定义目录

此外，目录还具备更新功能，当文档的章节改动导致页码与目录不一致的时候，可以在目录上右击，在右键菜单选择“更新目录”，如果只是页码改动，选中“只更新页码”单选按钮即可；如果章节内容有增减则选中“更新整个目录”单选按钮，如图 13-25 所示。

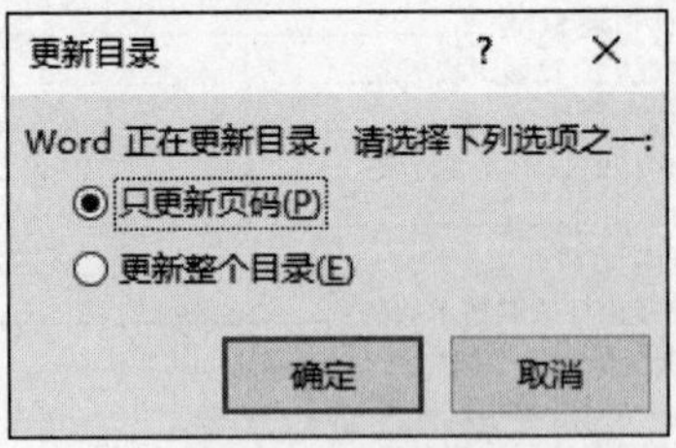

图 13-25 更新目录

2. 创建图、表目录（选做）

在文档目录的下方再插入一个图、表目录。

步骤 32：将光标定位在需要创建图、表目录的位置。

步骤 33：单击“引用”→“题注”→“插入表目录”，打开“图表目录”对话框。

步骤 34：在“题注标签”下拉列表框中选择要创建索引的内容对应的题注“图 1-”，如图 13-26 所示。

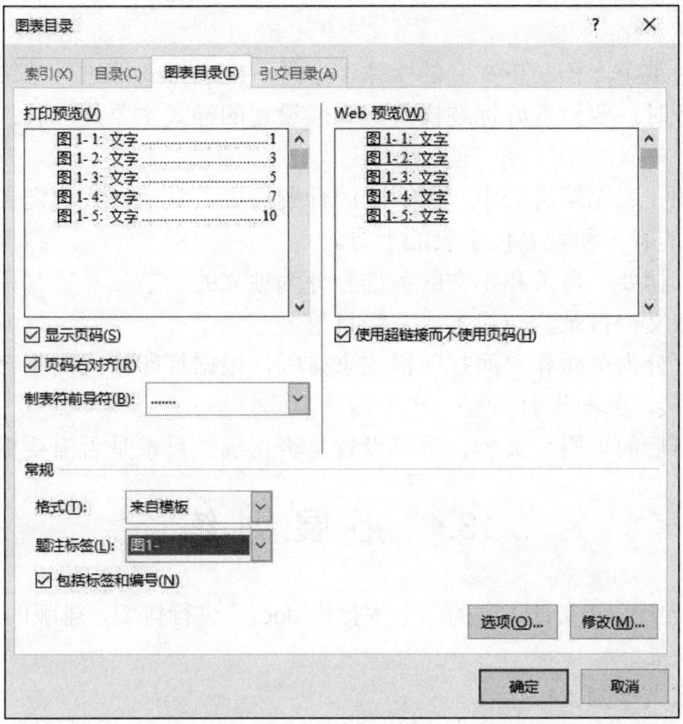

图 13-26 图表目录

步骤 35：单击“确定”按钮即可完成图表目录的创建，生成的图表目录效果，然后在目录的上方居中位置输入“图、表目录”，设置字体为宋体，10 磅，同时也可以选中目录的文字，设置文字和段落格式，让目录更美观，如图 13-27 所示。

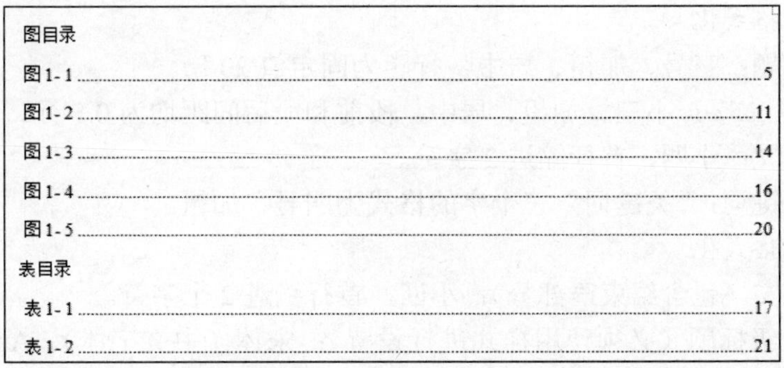
图目录

图 1-1 5

图 1-2 11

图 1-3 14

图 1-4 16

图 1-5 20

表目录

表 1-1 17

表 1-2 21

图 13-27 图表目录效果图

步骤 36：重复插入图表目录操作，在“题注标签”下拉列表中选择要创建索引的内容对应的题注“表 1-”，将其他的图表目录插入到文档。

13.3 案 例 小 结

本案例学习了长文档编辑排版，对 Word 的样式设置和样式使用、节的插入、页眉页脚的设置、题注的插入、目录的插入等操作有了深入的了解和熟练的掌握。在长文档的排版过程中应注意如下事项。

（1）首先要对整个文档（正文）的字体、字号、缩进方式等进行修饰。

（2）其次排版时，要设置好标题样式，一般设置的样式主要是三种：标题 1、标题 2、标题 3。

（3）正文的图、表无缩进居中，图、表的标题居中，其他样式自定义；图的图号和图名位于图的下方，表的表号和表名位于表的上方。

（4）将封面、摘要、目录和正文的各部分分为独立的一节。

（5）自动抽取文档目录，一般生成三级目录。

（6）长文档可分为单面和双面打印格式来排版，根据打印格式调整奇偶页不同，每一节的页眉页脚断开链接，封面没有页眉，也不显示页码。

（7）检查分节后的页眉、页脚、页码设置是否正确，目录是否需要更新。

13.4 拓展训练

参照案例 13，对 Word 文件“党的二十大报告.docx”进行排版，排版的格式要求如下所述。

1. 报告页面设置

（1）设置纸张大小为 A4。

（2）设置页边距为上下各 2.5 厘米。

2. 封面格式设置

（1）设置“党的二十大报告”的格式为黑体、二号、加粗，字符间距加宽 8 磅，居中，段前 12 行，段后 6 行。

（2）设置报告题目的格式为三号、加粗、居中。

3. 中文摘要格式化

（1）摘要标题：三号、加粗、居中，行距为固定值 20 磅。

（2）“摘要”二字：小三、加粗、居中，段前和段后间距均为 0.5 行。

（3）摘要正文：小四，首行缩进 2 字符。

（4）摘要关键词：“关键词”三个字的格式为四号、加粗。

4. 报告内容格式化

（1）报告正文（包含结束语部分）：小四，首行缩进 2 个字符。

（2）报告一级标题（必须使用样式进行设置）：宋体（中文字体）、Arial（英文字体），小三、加粗，段前段后间距均为 1 行，首行无缩进，行距为固定值 20 磅，大纲级别 1 级。

（3）报告二级标题（必须使用样式进行设置）：宋体（中文字体）、Arial（英文字体），四号、加粗，段前段后间距均为 0.5 行，首行缩进 1 个字符，行距为固定值 20 磅，大纲级别 2 级。

（4）报告三级标题（必须使用样式进行设置）：宋体（中文字体）、Arial（英文字体），小四、加粗，段前段后间距均为 0 行，首行缩进 2 个字符，行距为固定值 20 磅，大纲级别 3 级。

（5）结束语标题：四号、加粗、居中，段前段后间距均为 1 行，首行无缩进，大纲级别 1 级。

5. 报告分节处理

（1）封面为一节。

（2）中文摘要为一节。

（3）目录为一节。

（4）报告正文为一节。

6. 设置页眉和页脚

（1）封面、中文摘要和目录无页眉页脚。

（2）报告正文页眉：奇数页的页眉内容为“党的二十大报告全文”，偶数页的页眉内容为 “不忘初心，牢记使命”；页眉字体格式为宋体、小五。

（3）报告正文页脚：在页脚中插入页码，页码编号从 1 开始，格式为“第×页”（例如“第 1 页”），奇数页的页脚左对齐，偶数页的页脚右对齐。

7. 目录生成及目录格式化

在中文摘要和正文之间插入目录，目录样式为“自动目录 1”或“自动目录 2”。

学习笔记

案例 14　复杂表格制作

学习目标：

- 掌握斜线表头的绘制方法。
- 掌握表格标题跨页的设置。
- 掌握利用公式或函数进行计算和排序。
- 掌握复杂表格的制作方法。

14.1 案例简介

表格，又称为表，既是一种可视化交流模式，又是一种组织整理数据的手段。人们在通信交流、科学研究以及数据分析活动当中广泛使用着各式各样的表格。各种表格常常会出现在印刷介质、手写记录、计算机软件、建筑装饰、交通标志等许多地方。根据上下文的不同，用来确切描述表格的惯例和术语也会有所变化。此外，在种类、结构、灵活性、标注法、表达方法以及使用方面，不同的表格之间也各有不同。

表格是由若干行和若干列组成，行列的交叉称为单元格，单元格中可以插入文字、数字、日期和图形等信息数据。本节将通过三个案例中对复杂表格的制作来讲解如何在 Word 中创建表格、合并和拆分单元格、调整单元格行高和列宽及美化表格的方法。

案例一：制作一个产品销售表，讲述斜线表头的绘制方法和表格标题跨页设置的方法，如图 14-1 所示。

季度 / 姓名	一季度	二季度	三季度	四季度
李明	5641	7213	4364	7412
何亮	3648	4721	3564	4788
赵思	6458	6317	6012	6470
唐丽	4563	4852	5217	6781

季度 / 销售额 / 姓名	一季度	二季度	三季度	四季度
李明	5641	7213	4364	7412
何亮	3648	4721	3564	4788
赵思	6458	6317	6012	6470
唐丽	4563	4852	5217	6781

图 14-1　带斜线表头产品销售表

案例二：使用案例一统计出的产品销售表，讲述利用公式和函数进行求和、求平均值的方法，并根据总计排序，如图 14-2 所示。

季度 / 销售额 / 姓名	一季度	二季度	三季度	四季度	总计	平均值
李明	5641	7213	4364	7412		
何亮	3648	4721	3564	4788		
赵思	6458	6317	6012	6470		
唐丽	4563	4852	5217	6781		

图 14-2　产品销售表计算和排序

案例三：制作复杂表格《〈××市居住证〉申请表》，如图 14-3 所示。

《××市居住证》申请表

姓　名		民族		籍贯		照片
政治面貌	○中共党员 ○团员 ○民主党派 ○其他	身高	CM	血型		
文化程度	○研究生 ○本科 ○大专（高等职校） ○高中（中专、职校、技校） ○初中 ○小学 ○文盲或半文盲			是否在读	○是 ○否	
公民身份号码						
户籍所在地址	省（直辖市、自治区）　　市（县、区）详址＿＿＿＿＿＿					
居住事由	○务工 ○经商 ○务农 ○服务 ○因公出差 ○借读培训 ○治病疗养 ○投靠亲友 ○保姆 ○探亲访友 ○旅游观光 ○其他			入住日期	年　月　日	
在沪居住地　址	区/县　　街/镇　　路			房屋编码		
详址	弄　　号　　室					
就业信息	○就业 ○投资、开业	职业		行业类别	○党政机关 ○农林牧渔 ○制造加工 ○商业 ○教科文卫体 ○公用事业 ○交通运输 ○信息通讯 ○财税金融 ○建筑 ○石油化工 ○生物医药 ○电力 ○餐饮 ○娱乐业 ○车辆维修 ○废旧收购 ○私营企业 ○家政服务 ○其他	
	工作单位名称					
	单位地址					
被投靠人信息	与投靠人关系			姓名		
	公民身份号码					
就读、进修信息	学校名称			入学时间		
	学校地址			预计结业时间		
联系方式	固定电话		手机		电子邮件	
同住人信息	关系	姓名	证件号码			
备　注						

申请人签名：　　　　　　　　　　填表时间：　　年　　月　　日

图 14-3　《〈××市居住证〉申请表》样表

14.2 案例制作

14.2.1 操作要求

（1）制作一个产品销售表，掌握斜线表头绘制的方法和表格标题跨页设置的方法。

（2）利用公式和函数进行求和、求平均值，并根据总计排序。

（3）掌握制作复杂表格的操作方法。

14.2.2 操作步骤

1. 创建表格

根据案例一的表格样式，创建一个 5 行 5 列的表格。

创建表格有两种方法。

步骤 1：单击“插入”→“表格”，在下拉列表中选择 5×5 表格，如图 14-4 所示。

步骤 2：单击“插入”→“表格”，在下拉列表中选择“插入表格”，如图 14-5 所示，打开“插入表格”对话框，在“表格尺寸”区域中的“列数”和“行数”微调框中分别输入 5，如图 14-5 所示。单击“确定”按钮即创建出一个 5 行 5 列的简单表格。与步骤 1 所生成的表格是相同的。

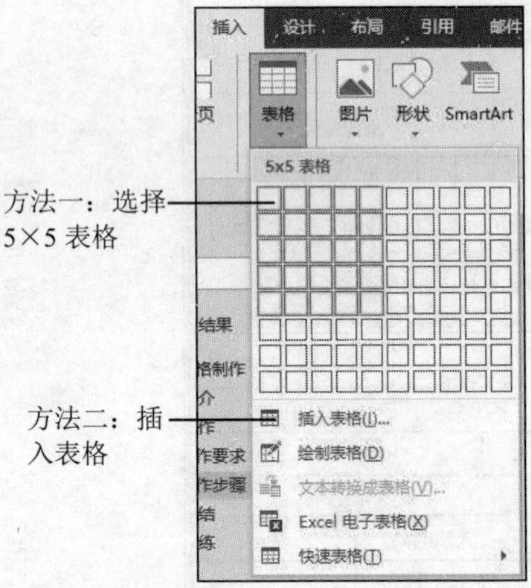

图 14-4 插入表格方法一

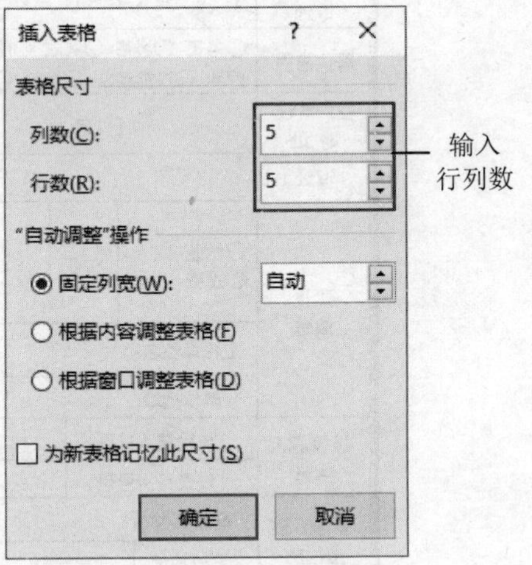

图 14-5 插入表格方法二

2. 绘制斜线表头

表格的标题行也叫表头，通常是表格的第一行，用于对一些数据的性质归类。请在表格第一行的第一个单元格绘制斜线表头。

步骤 3：将光标置于表格第一行的第一个单元格，在菜单栏出现“表格工具”的“设计”和“布局”选项卡。

步骤 4：为了让单元格有足够的区域绘制斜线表头，需要调整表格的行高和列宽，快捷地调整表格行高和列宽的方法是将鼠标移动到需要调整行高和列宽的单元格边线上，光标变成◆形状时可以调整单元格的行高，光标变成◆形状可以调整单元格的列宽，调整第一个单元格的行高和列宽到适合的大小。

步骤 5：将光标置于第一个单元格，选择“表格工具”→“设计”→“边框”→“斜下框线”，则会在该单元格绘制一根斜下框线，如图 14-6 所示。

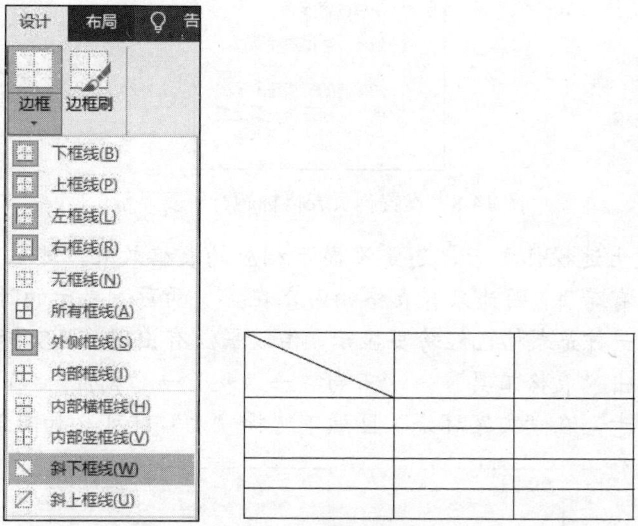

图 14-6　绘制斜线表头

步骤 6：通过空格和换行将表头的文字录入到表格，同时录入其他相应的数据而完成两栏斜线表头的表格创建。

步骤 7：重复上述操作再建立一个 5 行 5 列的表格，用于绘制三栏斜线表头。

步骤 8：当单元格内需要录入三栏内容时，需要利用“直线”和“文本框”的图形化排版方式完成三栏斜线表头的绘制，先绘制两根斜线，再插入“文本框”，录入表头内容后调整“文本框”的大小，并把“文本框”的“形状填充”和“形状轮廓”去掉，移动到适当位置完成三栏斜线表头的绘制，如图 14-7 所示。

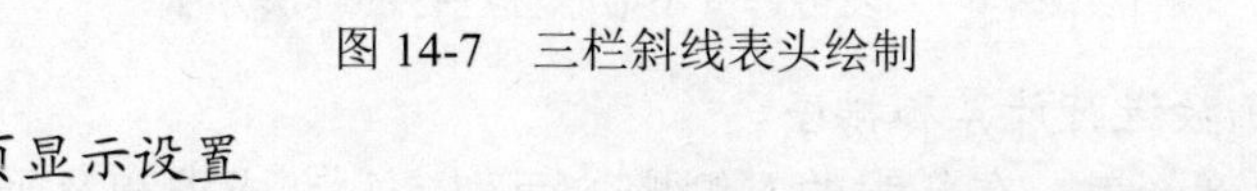

图 14-7　三栏斜线表头绘制

3. 表格标题跨页显示设置

当制作的行数很多时表格会跨页显示，跨页后表格的标题只会在第一页显示，这不方便查看表格，常常得回到第一页查看该列数据的说明，在 Word 中可以用标题跨页显示来解决该问题。

步骤 9：选中表格的标题行，单击“表格工具”→“布局”→“数据”→“重复标题行”来设置跨页表格标题行重复显示，如图 14-8 所示。

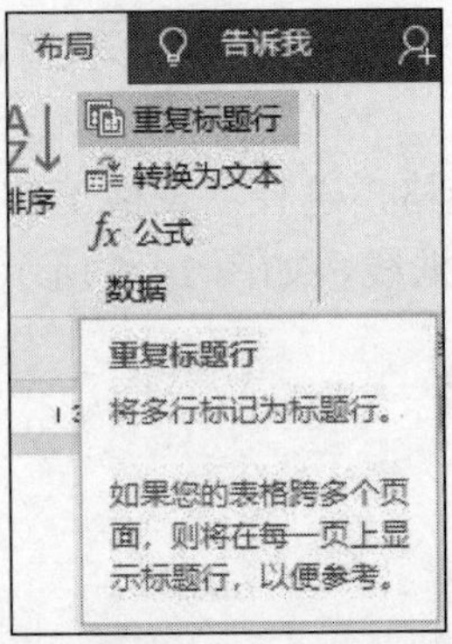

图 14-8 设置跨页表格标题行重复显示

注意：如果经过上述操作之后，还是没显示相应的表格效果，那么可能的原因有两种：一种是因为表格并没有跨页，因为只有表格的内容在至少两页上显示的时候，标题行重复显示的效果才会出来；另一种是表格已经跨页显示，但效果没有出现，其实标题行已经重复，只是没显示出来，只要单击“表格工具”→“布局”→“表”→“属性”，在“表格属性”对话框中选择“表格”选项卡，在“文字环绕”区域下选择“无”即可，如图 14-9 所示。

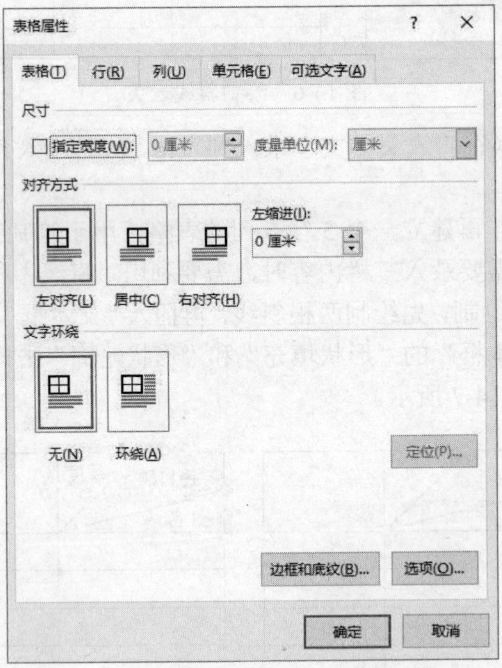

图 14-9 表格跨页不显示标题行的解决方法

4. 利用公式或函数进行计算和排序

复制案例一表格到新表，在新表的右侧增加两列，并完成求和及平均值的计算，计算完成后按总计排序，完成案例二表格。

（1）在表格右侧新增两列。

步骤 1：将光标置于第一行的最后一个单元格（内容为“四季度”）并右击，在右键菜单中选择“插入”→“在右侧插入列”，如图 14-10 所示。

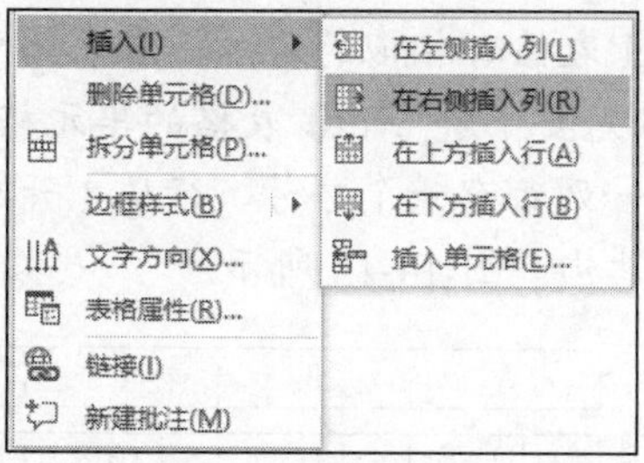

季度 销　售 姓名	一季度	二季度	三季度	四季度	总　计	平均值
李明	5641	7213	4364	7412		
何亮	3648	4721	3564	4788		
赵思	6458	6317	6012	6470		
唐丽	4563	4852	5217	6781		

图 14-10　在单元格右侧插入列

步骤 2：插入新列后，再在新列处重复一次插入新列操作即可完成表格新增两列，并在表头录入相应内容。

（2）计算总计。

步骤 3：将光标置于“总计”下方的第一个单元格，单击“表格工具”→“布局”→“公式”，弹出“公式”对话框，如图 14-11 所示。

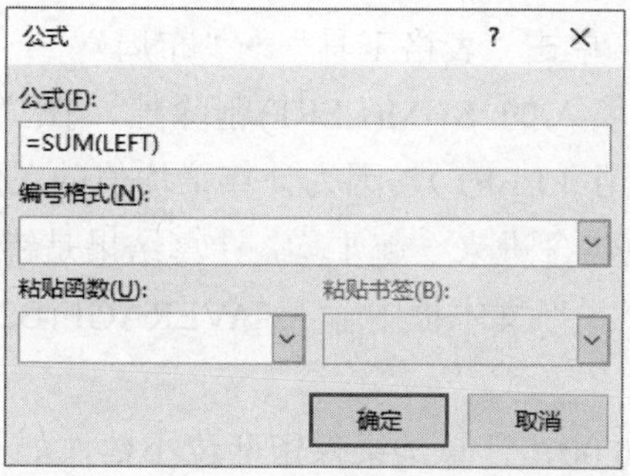

季度 销　售 姓名	一季度	二季度	三季度	四季度	总　计	平均值
李明	5641	7213	4364	7412	24630	
何亮	3648	4721	3564	4788		
赵思	6458	6317	6012	6470		
唐丽	4563	4852	5217	6781		

图 14-11　求和

“公式”文本框用于输入计算单元格的函数或者公式，默认会根据表格中的数据和当前单元格所在位置自动推荐一个公式，例如=SUM(LEFT)，是指计算当前单元格左侧单元格的数据之和。SUM 是函数名，通过“粘贴函数”功能粘贴到“公式编”文本框，LEFT 是函数的参数。常用参数有 4 种，分别是左侧（LEFT）、右侧（RIGHT）、上面（ABOVE）和下面（BELOW），此外还可以用单元格地址代替。

注意：Word 的表格与 Excel 表格有相似的地方，在表格中可以插入常用函数或者公式对数据进行简单计算。在计算前首先要了解 Word 表格的单元格结构。Word 表格的单元格结构与 Excel 是类似的，每一行、每一列都有一个序号，行从 1 开始编号，列从 A 开始编号。所以第一个单元格地址为 A1，具体结构如图 14-12 所示。

	A	B	C	D
1	A1	B1	C1	D1
2	A2	B2	C2	D2
3	A3	B3	C3	D3
4	A4	B4	C4	D4

图 14-12　Word 表格的单元格地址

“编号格式”是对用公式计算出的结果设定一个数据格式，例如 0.00 为保留两位小数。

在“粘贴函数”在下拉列表中选择常用函数粘贴到“公式”文本框，常用的函数有 AVERAGE（平均值）、SUM（求和）、COUNT（计数）、MAX（最大值）、MIN（最小值）。

步骤 4：因为此次计算的是四个季度的总计，使用 SUM（求和）函数。因为四个季度的数据都在求和单元格的左侧，因此参数输入 LEFT。完成公式的编辑后单击“确定”按钮，即可得到计算结果，利用相同的方法计算其他的销售总计。

（3）计算平均值。

步骤 5：计算平均值和计算总计的方法类似。将光标置于用于计算平均值的单元格中（“平均值”下方的第一个单元格），单击“表格工具”→“布局”→“公式”，弹出“公式”对话框。

步骤 6：将 Word 自动填入的 SUM(LEFT)删除掉，在“粘贴函数”下拉列表中选择 AVERAGE，这时参数不能使用（LEFT），因为计算平均值的左侧单元格包含了总计，如果使用 LEFT 作为参数会把总计也包含进来一起平均，计算结果是错误的，所以计算平均值的参数必须使用单元格地址，在“公式”文本框中输入=AVERAGE(B2:E2)，表示对 B2、C2、D2、E2 求平均值。

步骤 7：“编号格式”选 0.00，计算结果保留两位小数，如图 14-13 所示。

注意：不管使用 SUM 还是 AVERAGE，都是使用函数的方式计算。上述的两种方法也可以用公式（单元格的加、减、乘、除运算）代替，例如总计可以写成=B2+C2+D2+E2，平均值可以写成=(B2+C2+D2+E2)/4。

（4）按总计排序。

步骤 8：将光标置于表中任意位置，单击“表格工具”→“布局”→“排序”，弹出“排序”对话框。

步骤 9：如果表格的第一行是标题行，不需要参与排序，需要选中“列表”区中的“有标题行”单选按钮，再在“主要关键字”的下拉列表中选择参与排序的“总计”列，在“类型”下拉列表中选择相应的排序内容的类型，对于中文字符有“笔画”和“拼音”排序两种，根据需要选择，然后再选择排序方式“升序”或者“降序”，单击“确定”按钮完成操作，如图 14-14 所示。

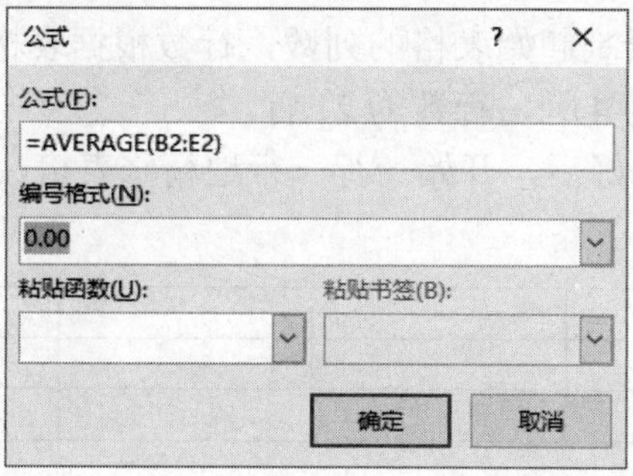

季度 销　售 姓名	一季度	二季度	三季度	四季度	总　计	平均值
李明	5641	7213	4364	7412	24630	6157.50
何亮	3648	4721	3564	4788		
赵思	6458	6317	6012	6470		
唐丽	4563	4852	5217	6781		

图 14-13　计算平均值

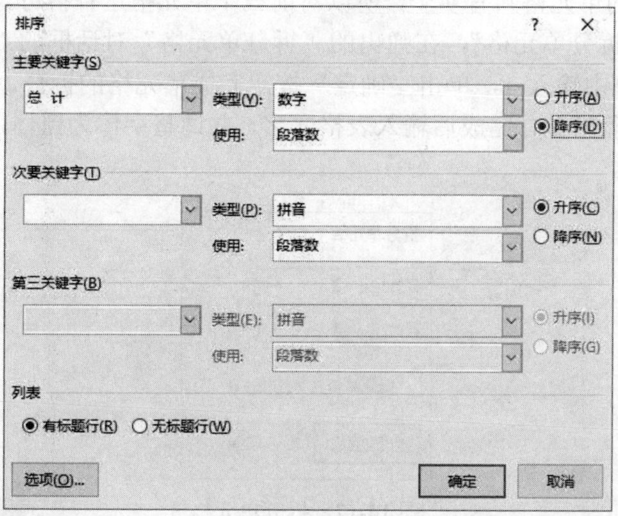

季度 销　售 姓名	一季度	二季度	三季度	四季度	总　计	平均值
赵思	6458	6317	6012	6470	25257	
李明	5641	7213	4364	7412	24630	6157.50
唐丽	4563	4852	5217	6781	21413	
何亮	3648	4721	3564	4788	16721	

图 14-14　按总计排序

5. 复杂表格的制作

复杂表格主要用于信息统计、财务统计、申请表等专业表格的制作，这些表格往往行列交错、不对称且复杂，但只要掌握制作的技巧，制作起来也是很快捷的。

步骤 1：复杂表格的制作通常采用自上而下的方式来实现，选取在表格中出现列数是表格中大多数行中的列数来确定绘制起始表格的列数，行数根据表格的行数确定，以《〈××市居住证〉申请表》为例，列数为 4 列，行数为 21 行。

步骤 2：粗略的表格绘制好后，开始一行一行地精修表格，以前三行为例，先调整行高，如图 14-15 所示。

图 14-15　调整行高

步骤 3：合并最后一列单元格，并调整列宽，如图 14-16 所示。

图 14-16　合并单元格并调整列宽

步骤 4：第一行的单元格共有 7 个，所以对前三个单元格进行拆分，将光标置于第一个单元格并右击，选择“拆分单元格”，在弹出的“拆分单元格”对话框的“列数”微调框中输入 2，在“行数”微调框中输入 1，单击“确定”按钮完成单元格的拆分，如图 14-17 所示，依次对后两个单元格进行拆分，完成后输入表格文字，并调整字体为黑体，字号为五号，单元格对齐方式为水平居中。

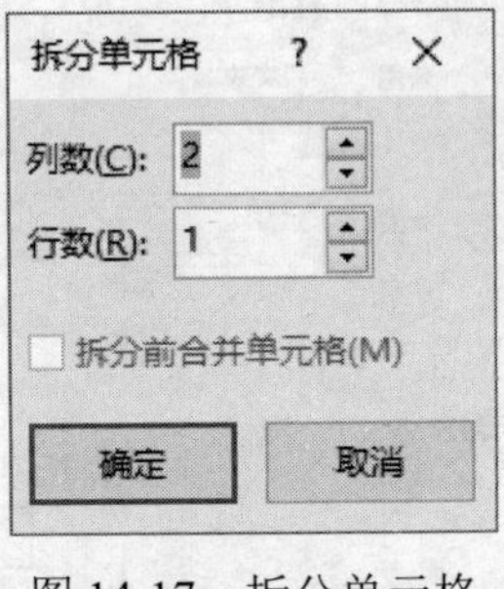

图 14-17　拆分单元格

步骤 5：第二行的单元格也是 7 个，按上述方法拆分前三个单元格，输入文字，调整字体、字号和对齐方式，如图 14-18 所示。

姓　名		民族		籍贯		
政治面貌	○中共党员 ○团员 ○民主党派 ○其他	身高	CM	血型		

图 14-18　前两行表格的绘制

步骤 6：根据表格的布局调整第二行单元格的列宽，保证内容能正常显示，但是在调整列宽的过程中大家会发现，在调整第二行单元格列宽的同时第一行单元格的列宽也在改变，这是由于两行列之间的分隔线是对齐的原因，因此不管是调整哪一行的列宽，两行的列宽都会相应调整，所以在调整列宽时必须要按住鼠标左键拖动选中所要调整列宽的两个单元格，选定后再调整两个单元格之间的分隔线，这时就只有这两个单元格的列宽改动，而不会影响其他行，如图 14-19 所示。

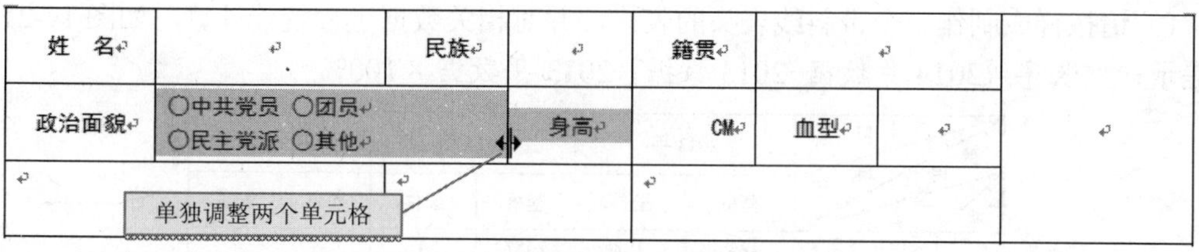

图 14-19　单独调整列宽

步骤 7：依据上述合并单元格、拆分单元格、调整单元格列宽的方法绘制表格的其他行。

步骤 8：绘制好表格后，需要改变表格的外框线为上粗下细，按住鼠标左键拖动选中表格的所有单元格，单击“表格工具”→“设计”→“边框”，在下拉列表中选择“边框和底纹”。

步骤 9：打开“边框和底纹”对话框，在“设置”区域选择“自定义”，在“样式”区域选择上粗下细框线，在“预览”区域单击预览表格图示的外边框以修改表格的外框线，如图 14-20 所示，设置好后单击“确定”按钮即可完成表格的编辑。

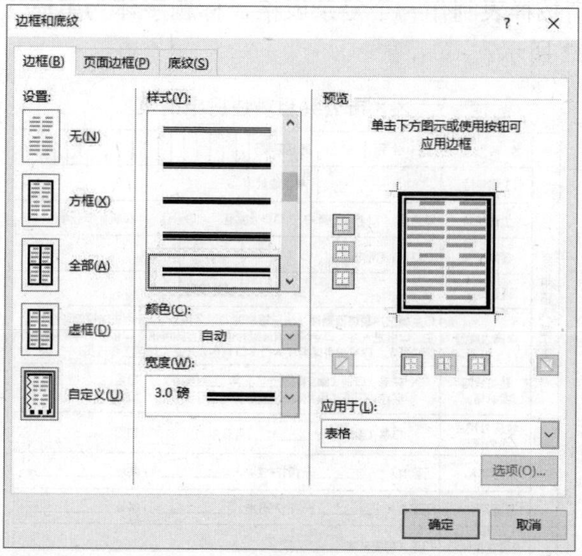

图 14-20　修改外框线

14.3　案例小结

本节主要通过三个案例讲解了复杂表格的制作，要求掌握创建表格、绘制斜线表头、表格标题行跨页设置、利用公式或函数进行计算、合并和拆分单元格、调整改变行高和列宽的方法。在学习时，应多观察实际生活中各种各样的表格，结合实际需要设计出具有特色的表格。

14.4 拓展训练

新建“拓展训练.docx”文档，设置上下页边距均为 2.5 厘米，左右页边距均为 1 厘米，并完成如下操作。

（1）请按样表制作一个带斜线表头的表格，并对相关数据进行统计计算，如图 14-21 所示。

提示：增长率=(2014 年数据−2013 数据)÷2013 年数据 × 100%

时间 / 费用项目 / 区域内容		2013 年		2014 年		增长率	
		整机	配件	整机	配件	整机	配件
北部	生产费用	1245	457	2457	547		
	管理费用	410	101	521	201		
	销售费用	2354	1023	3471	2414		
	总计费用						
南部	生产费用	2574	874	3101	897		
	管理费用	745	642	842	541		
	销售费用	4564	3201	4564	3101		
	总计费用						
南北部费用合计							
南北部费用平均值							

图 14-21 样表一

（2）另起一页，请按样表制作一个复杂表格，标题字体为黑体二号字，表格内字体为宋体小四号字，如图 14-22 所示。

××市公共租赁住房申请表

<table>
<tr><td rowspan="11">申请人基本情况</td><td>姓 名</td><td></td><td>性 别</td><td></td><td>身份证号码</td><td colspan="2"></td></tr>
<tr><td>工作单位</td><td colspan="3"></td><td>单位地址</td><td colspan="2"></td></tr>
<tr><td>工作现状</td><td colspan="6">□企业 □个体工商户 □灵活就业 □退休 □机关事业单位</td></tr>
<tr><td>婚姻状况</td><td></td><td>联系电话</td><td></td><td>户 籍
所在地</td><td colspan="2"></td></tr>
<tr><td>通讯地址</td><td colspan="3"></td><td>邮政编码</td><td colspan="2"></td></tr>
<tr><td>申请人类型</td><td colspan="6">□主城区户籍城镇居民（含已转户的农村居民） □大中专院校及职校毕业生 □引进人才 □全国、省部级劳模 □全国英模 □荣立二等功以上的复转军人 □其他进城务工人员 □其他外地来主城区工作人员</td></tr>
<tr><td>社会保险
缴纳情况</td><td colspan="6">养老 □是（缴纳时间______年___月至今） □否
医疗 □是（缴纳时间______年___月至今） □否</td></tr>
<tr><td>住房公积金
缴纳情况</td><td colspan="6">□是（缴纳时间______年___月至今） □否</td></tr>
<tr><td>月收入</td><td colspan="6">工薪收入__________元，财产性收入__________元，共计__________元。</td></tr>
<tr><td>家庭月收入</td><td colspan="6">工薪收入__________元，财产性收入__________元，共计__________元。</td></tr>
<tr><td colspan="7"></td></tr>
<tr><td rowspan="3">申请人住房情况</td><td>是否在主城区
有私有产权房</td><td colspan="6">□是（房屋坐落______________________________，
建筑面积_____m²，户籍人数____人，人均建筑面积_____m²） □否</td></tr>
<tr><td>是否在主城区
承租公房或
廉租房</td><td colspan="6">□是（房屋坐落______________________________，
建筑面积_____m²，户籍人数____人，人均建筑面积_____m²） □否</td></tr>
<tr><td colspan="4">申请之日前三年内在主城区是否转让住房</td><td colspan="3">□是 □否</td></tr>
<tr><td rowspan="3">拟申请
房屋
情况</td><td>地 点</td><td colspan="3"></td><td>申请居住人数</td><td colspan="2"></td></tr>
<tr><td>申请方式</td><td colspan="6">□家庭 □单身人士 □合租</td></tr>
<tr><td>户 型</td><td colspan="4">□单间配套 □一室一厅 □二室一厅 □三室一厅</td><td>建筑面积
（m²）</td><td></td></tr>
</table>

（a）

图 14-22（一） 样表二

<table>
<tr><td rowspan="8">共同申请人基本情况</td><td>与申请人关系</td><td>姓名</td><td>性别</td><td>身份证号码</td><td>工作单位或就读学校</td><td>月收入</td><td>住房情况</td></tr>
<tr><td></td><td></td><td></td><td></td><td></td><td></td><td>□有□无</td></tr>
<tr><td></td><td></td><td></td><td></td><td></td><td></td><td>□有□无</td></tr>
<tr><td></td><td></td><td></td><td></td><td></td><td></td><td>□有□无</td></tr>
<tr><td></td><td></td><td></td><td></td><td></td><td></td><td>□有□无</td></tr>
<tr><td></td><td></td><td></td><td></td><td></td><td></td><td>□有□无</td></tr>
<tr><td></td><td></td><td></td><td></td><td></td><td></td><td>□有□无</td></tr>
<tr><td colspan="7">备注：若住房情况选择“有”，请将房屋坐落、建筑面积、户籍人数填写如下：
房屋坐落______________________，建筑面积______㎡，户籍人数_____人。</td></tr>
<tr><td rowspan="9">申请人直系亲属住房情况</td><td rowspan="2">直系亲属</td><td rowspan="2">姓名</td><td rowspan="2">身份证号码</td><td colspan="3">主城区拥有住房情况</td></tr>
<tr><td>套数</td><td>建筑面积（㎡）</td><td>户籍人数</td></tr>
<tr><td>申请人父亲</td><td></td><td></td><td></td><td></td><td></td></tr>
<tr><td>申请人母亲</td><td></td><td></td><td></td><td></td><td></td></tr>
<tr><td>申请人配偶父亲</td><td></td><td></td><td></td><td></td><td></td></tr>
<tr><td>申请人配偶母亲</td><td></td><td></td><td></td><td></td><td></td></tr>
<tr><td>子（女）</td><td></td><td></td><td></td><td></td><td></td></tr>
<tr><td>子（女）</td><td></td><td></td><td></td><td></td><td></td></tr>
<tr><td>子（女）</td><td></td><td></td><td></td><td></td><td></td></tr>
</table>

（b）

图 14-22（二）　样表二

学习笔记

案例 15　邮件合并功能的使用

学习目标：

- 邮件合并功能的使用。

15.1 案 例 简 介

在实际工作中，经常要处理大量日常报表、信函、邀请函、会议通知、聘书、客户回访函等。这些文档的主要内容基本相同，只是数据有变化。为了减少重复工作、提高效率，可以使用 Word 的邮件合并功能。

邮件合并需要首先建立两个文档：一个是主文档，包括报表、信函、邀请函、会议通知等的共有的内容；另一个是数据源，包括需要变化的信息，如姓名、地址、日期等。然后使用邮件合并功能在主文档中插入变化的信息，合成后的文档可以保存为 Word 文档并打印出来。

应用邮件合并功能除了处理以上所述文档以外，还可以处理很多其他事务，如打印标签、信封、考号、证件、工资条、成绩单、录取通知书等。

15.2 案 例 制 作

利用 Word 2016 的邮件合并功能制作一个文档，代表学院办公室向各系教师发送一批邀请函，基本内容相同，只是被邀请的教师的姓名、职务职称、所在系不同。

15.2.1　建立主文档

步骤 1：新建一个空白文档，录入邀请函的内容并对字体和段落进行修饰，保存作为邮件的主文档，如图 15-1 所示。

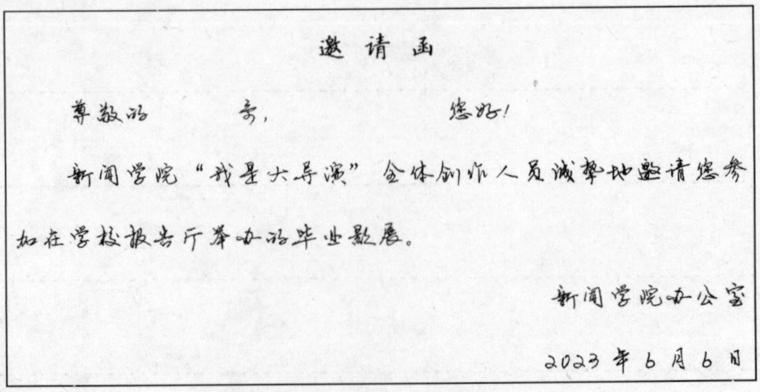
邀请函

尊敬的　　系，　　您好！

新闻学院"我是大导演"全体创作人员诚挚地邀请您参加在学校报告厅举办的毕业影展。

新闻学院办公室

2023年6月6日

图 15-1　录入主文档内容

15.2.2　准备数据源

步骤 2：制作邮件的数据源，保存并作为邮件的数据源，如图 15-2 所示。

编号	系别	姓名	职务职称	电话	通讯地址
1	基础	刘静	教授	8540××××	长春大街 1368 号
2	广电	孙小天	主任	8756××××	五云桥迎晖路 2166 号
3	数媒	张伟	书记	8531××××	宽城区柳北一胡同
4	数艺	李天峰	教授	8662××××	朝阳区明珠路 3411 号
5	基础	杨译	副教授	8342××××	科贸大街三盛路 91 号
6	广电	彭鑫刚	教授	8965××××	高新区修正路 229 号

图 15-2　邮件的数据源

15.2.3　把数据源合并到主文档

步骤 3：打开制作好的主文档，如图 15-3 所示。单击“邮件”→“开始邮件合并”下拉列表，选择“邮件合并分步向导”选项，如图 15-4 所示。

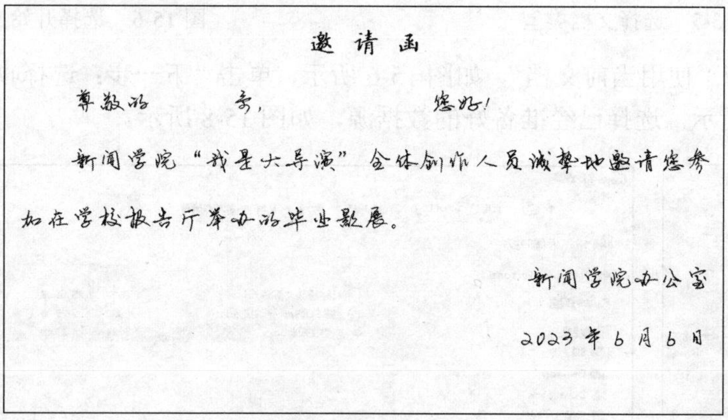

邀请函

尊敬的　　系，　　　您好！

新闻学院“我是大导演”全体创作人员诚挚地邀请您参加在学校报告厅举办的毕业影展。

新闻学院办公室

2023 年 6 月 6 日

图 15-3　打开主文档

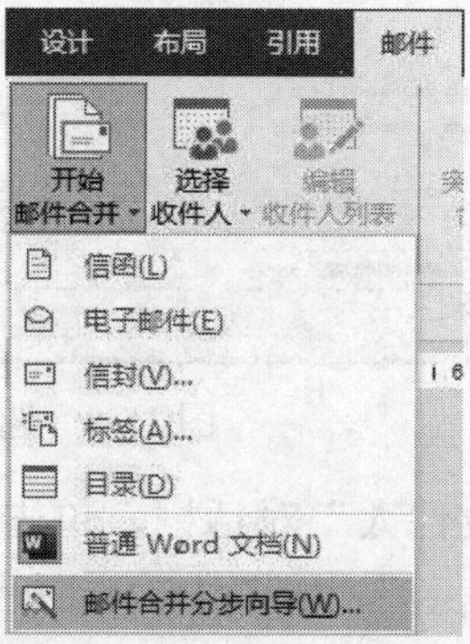

图 15-4　开始邮件合并

步骤 4：打开“邮件合并分步向导”，选择“信函”，如图 15-5 所示，单击“下一步：开始文档”。

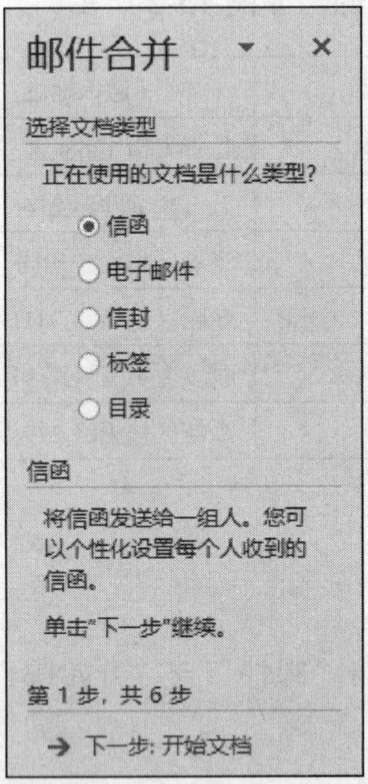

图 15-5　选择文档类型

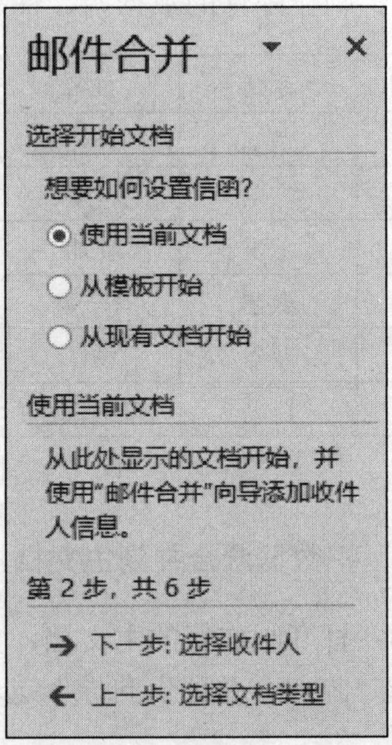

图 15-6　选择开始文档

步骤 5：选择“使用当前文档”，如图 15-6 所示，单击“下一步：选择收件人”。选择“浏览”，如图 15-7 所示，选择已经准备好的数据源，如图 15-8 所示。

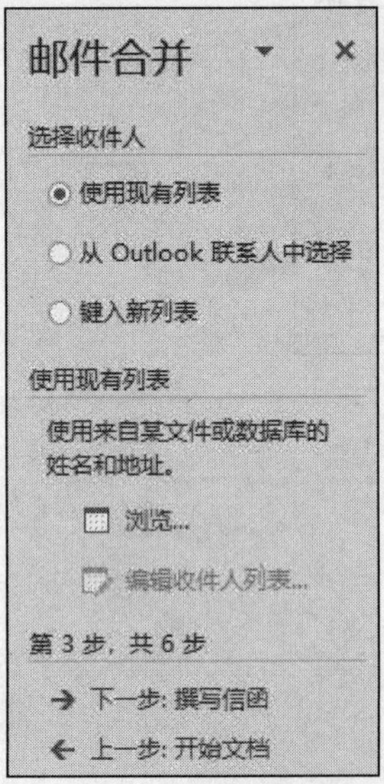

图 15-7　选择收件人

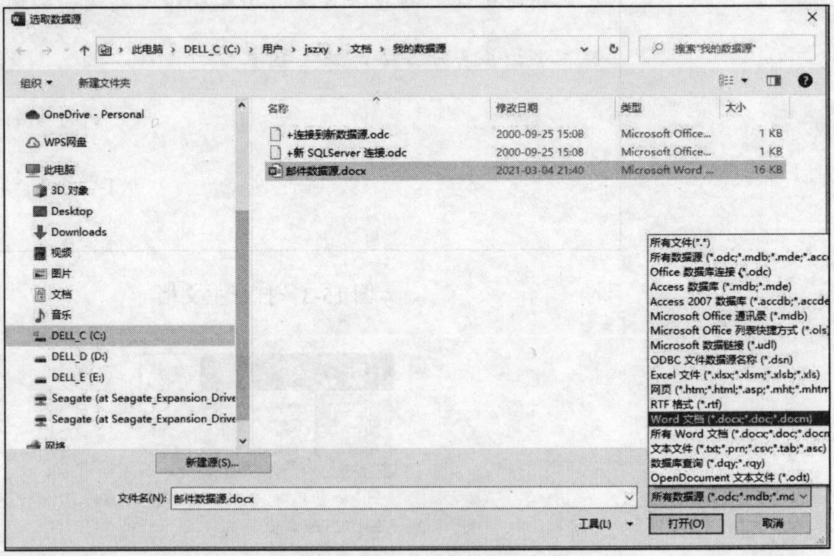

图 15-8　选择数据源

步骤 6：此时弹出“邮件合并收件人”对话框，单击“确定”按钮，如图 15-9 所示。

步骤 7：单击“下一步：撰写信函”，如图 15-10 所示。

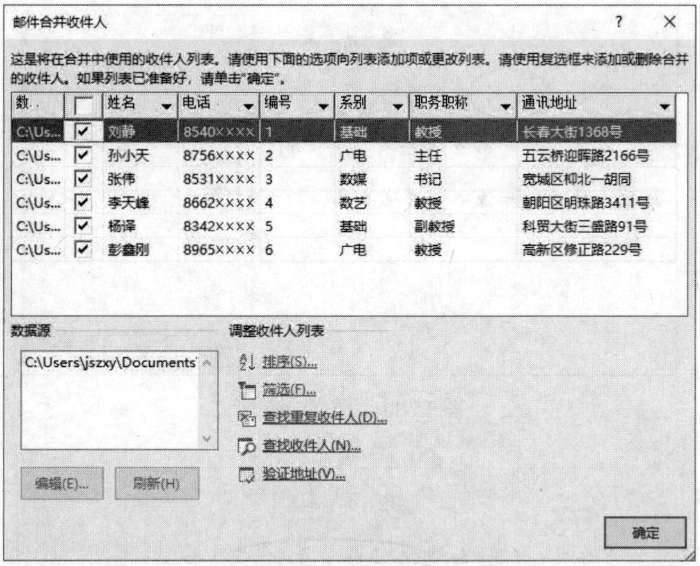

图 15-9　邮件合并收件人

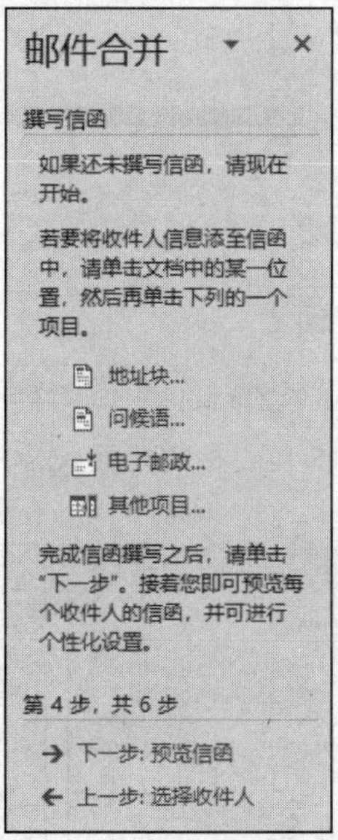

图 15-10　撰写信函

15.2.4　合并域的使用

步骤 8：选择图 15-10 中的“其他项目”，弹出“插入合并域”对话框，把光标移动到“主文档”中需要插入“系别”的地方，选择对话框中的“系别”，单击“插入”按钮，如图 15-11 所示。

步骤 9：重复步骤 8，在主文档相应的地方插入“姓名”和“职务职称”，如图 15-12 所示。

步骤 10：单击“下一步：预览信函”，若不需要修改，则单击“下一步：完成合并”，如图 15-13 所示。

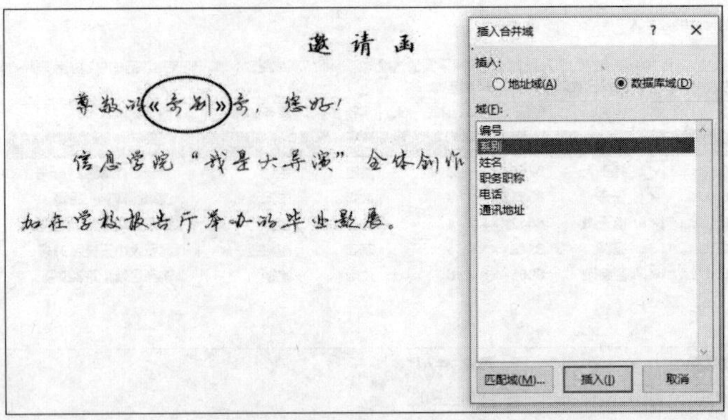

图 15-11 插入合并域

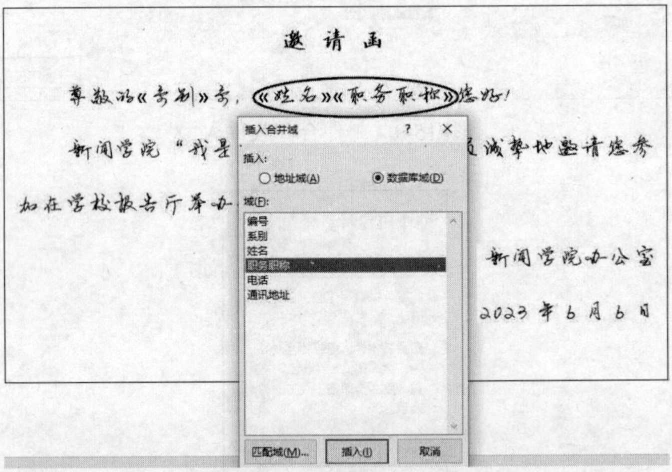

图 15-12 按需要插入合并域

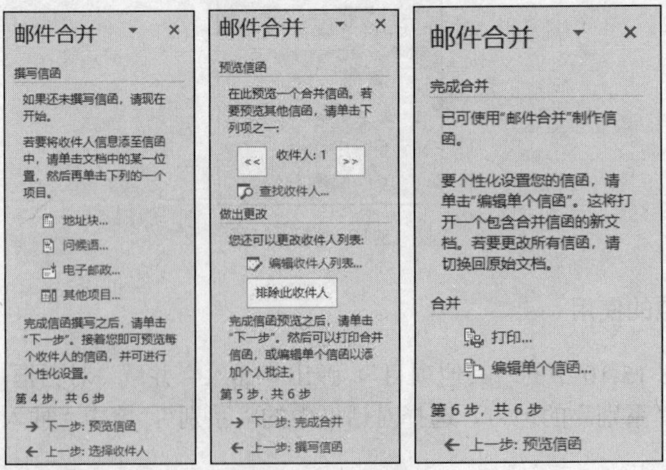

图 15-13 预览信函

步骤 11：单击“编辑单个信函”，弹出“合并到新文档”对话框，单击“确定”按钮，如图 15-14 所示。

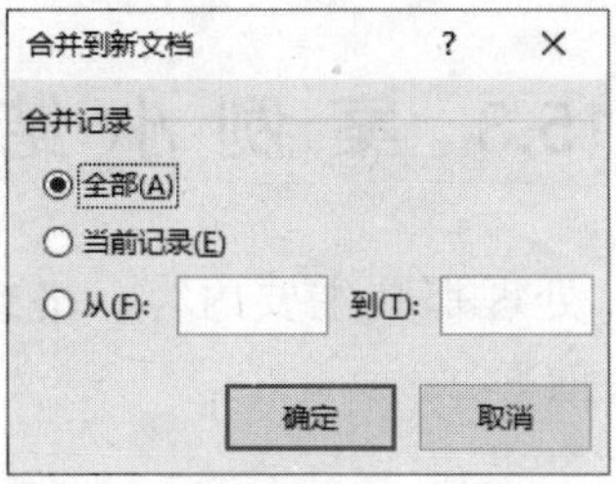

图 15-14　合并到新文档

步骤 12：此时会出现一个名为“信函”的新文档，使用“邮件合并”功能制作的邀请函制作完成，如图 15-15 所示。

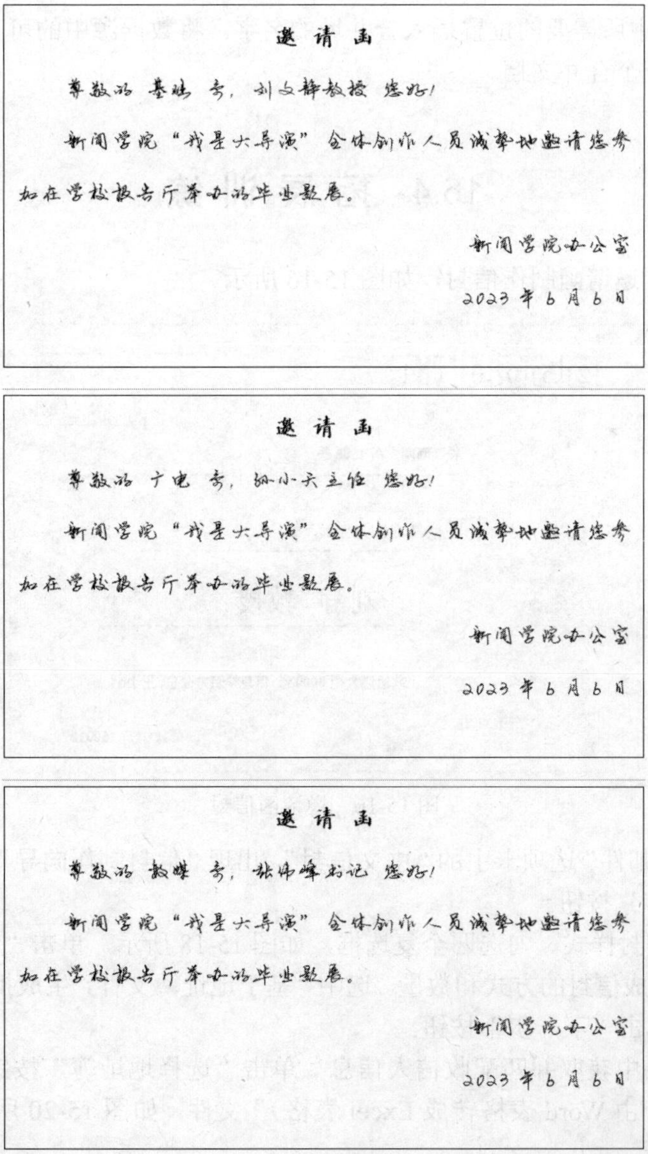

邀 请 函

尊敬的 基础 部，刘文静教授 您好！

新闻学院“我是大导演”全体创作人员诚挚地邀请您参加在学校报告厅举办的毕业影展。

新闻学院办公室

2023 年 6 月 6 日

邀 请 函

尊敬的 广电 系，孙小天主任 您好！

新闻学院“我是大导演”全体创作人员诚挚地邀请您参加在学校报告厅举办的毕业影展。

新闻学院办公室

2023 年 6 月 6 日

邀 请 函

尊敬的 数媒 系，张伟峰书记 您好！

新闻学院“我是大导演”全体创作人员诚挚地邀请您参加在学校报告厅举办的毕业影展。

新闻学院办公室

2023 年 6 月 6 日

图 15-15　生成的新文档

15.3 案例小结

本案例学习了邮件合并功能，处理那些主要内容、格式都相同，只是具体数据有变化的文档，减少了工作量，提高了办公效率。

邮件合并通常包含 4 个步骤：

（1）创建主文档，输入内容不变的共有文本。

（2）创建或打开数据源，存放可变的数据。数据源是邮件合并所需要使用的各类数据记录的总称，可以是多种格式的文件，如 Word、Excel、Access 等。

（3）执行邮件合并分步向导。

（4）在主文档中所需要的位置插入合并域的名字。将数据源中的可变数据和主文档的共有文本合并，生成一个合并文档。

15.4 拓展训练

为案例中老师的邀请函制作信封，如图 15-16 所示。

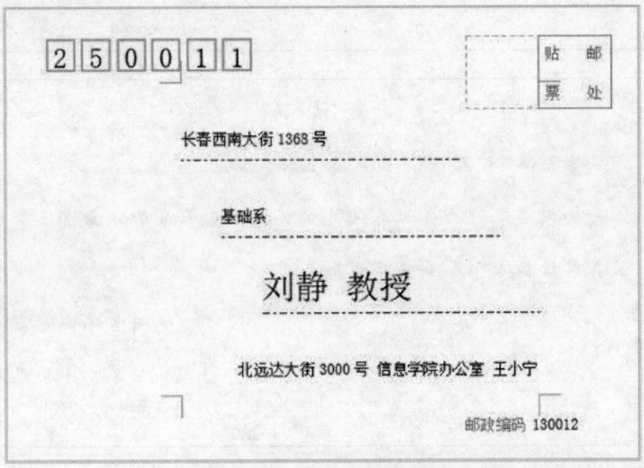

图 15-16 邀请函信封

步骤 1：选择“邮件”选项卡中的“中文信封”，出现“信封制作向导”对话框，如图 15-17 所示，单击“下一步”按钮。

步骤 2：选择信封样式。勾选四个复选框，如图 15-18 所示，单击“下一步”按钮。

步骤 3：选择生成信封的方式和数量。选中“基于地址簿文件，生成批量信封”单选按钮，如图 15-19 所示，单击“下一步”按钮。

步骤 4：从文件中获取并匹配收信人信息。单击“选择地址簿”按钮，选择在案例中创建的“邮件数据源（由 Word 表格转成 Excel 表格）”文件，如图 15-20 所示，单击“下一步”按钮。

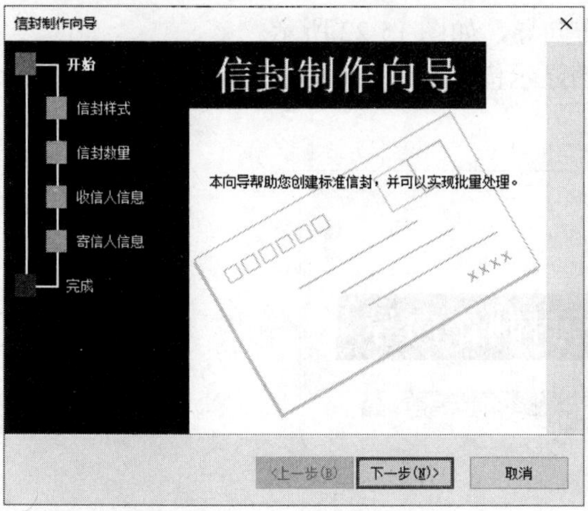

图 15-17　信封制作向导

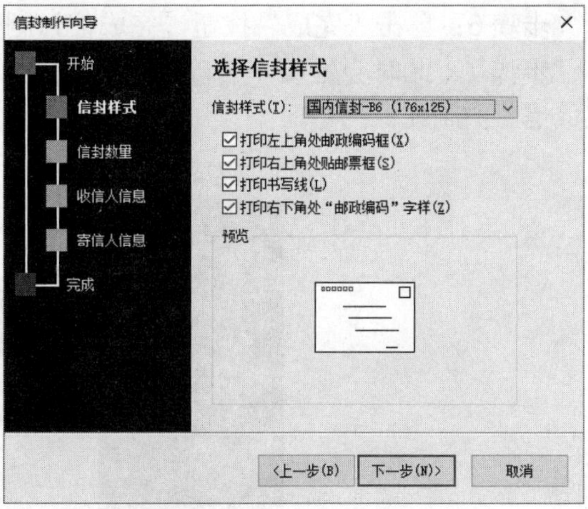

图 15-18　选择信封样式

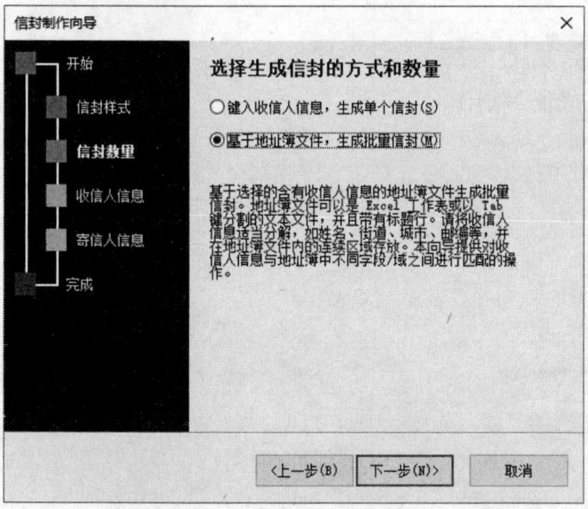

图 15-19　选择生成信封的方式和数量

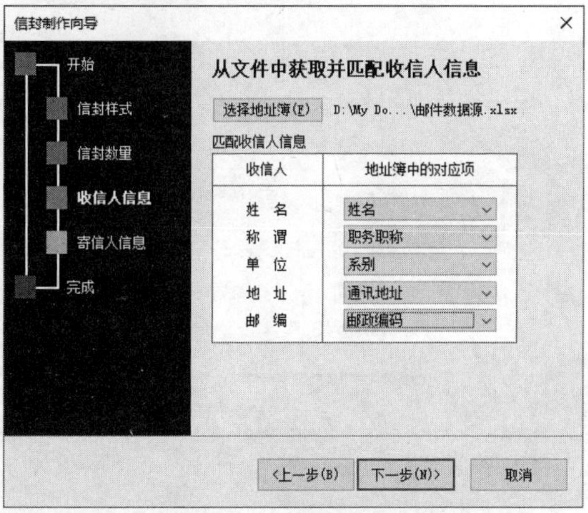

图 15-20　获取数据源并匹配收信人信息

步骤 5：输入寄信人信息。输入相关信息，如图 15-21 所示，单击“下一步”按钮。

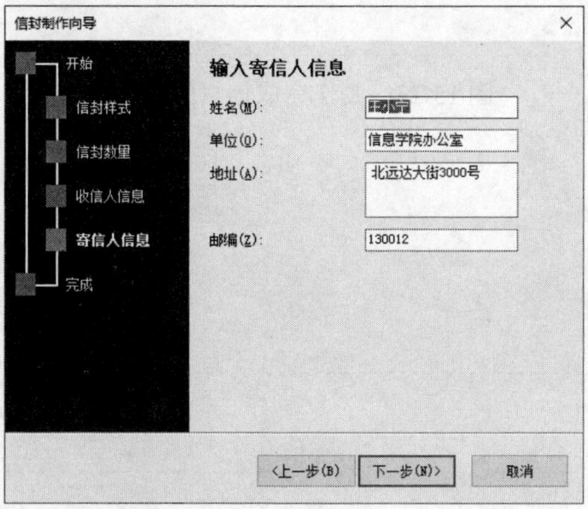

图 15-21　输入寄信人信息

步骤 6：单击“完成”按钮，完成信封制作向导，如图 15-22 所示。

步骤 7：此时会生成一个新文档，调整文档显示模式为“页面视图”，如图 15-23 所示，完成信封的制作。

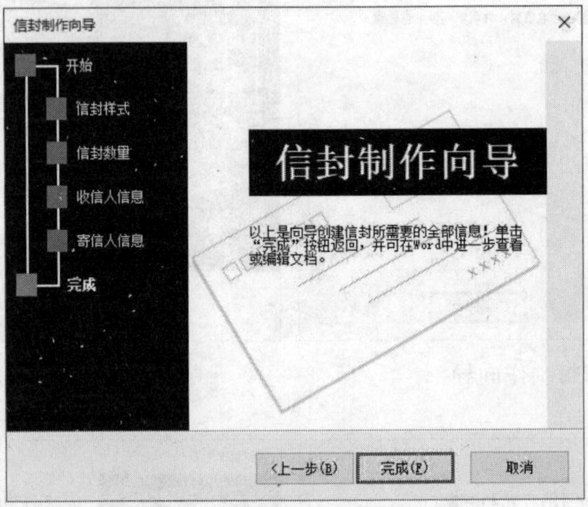

图 15-22　完成信封制作

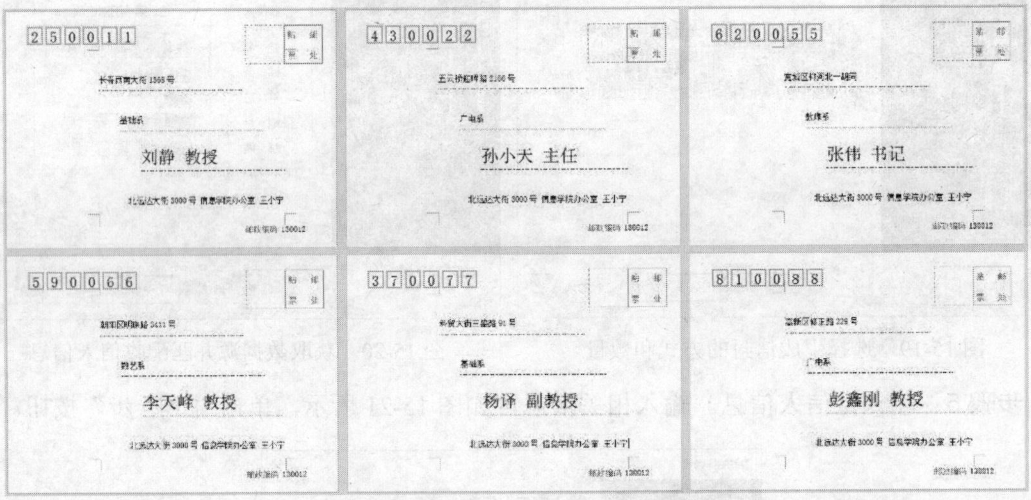

图 15-23　制作完成信封的效果图

学习笔记

案例 16　学生成绩表数据分析

学习目标：

- SUM、AVERAGE、MAX、MIN、LARGE、SMALL 函数的使用。
- IF 函数的使用。
- RANK 函数的使用。
- COUNTA、COUNTIF 函数的使用。
- FREQUENCY 函数的使用。

16.1 案例简介

在考试之后，最麻烦的事情是统计和分析大量学生、众多科目的成绩。利用 Excel 的强大的函数功能和各种自动生成功能制作一个学生成绩统计通用模板，可以很好地解决这个问题。

16.2 案例制作

本案例以学生成绩表作为案例，统计和分析学生的成绩数据。打开文件“学生成绩表.xlsx”完成如下操作要求。

（1）计算每位学生的总分（使用 SUM 函数）。

（2）计算每位学生的名次（使用 RANK 函数）。

（3）计算每位学生的总评（使用 IF 函数），要求总分大于等于 500 分的在“总评”列显示“优秀”，否则显示空格。

（4）计算每门课程的平均分（使用 AVERAGE），结果保留 1 位小数。

（5）计算每门课程优秀率（90 分及 90 分以上成绩所占的比例）和及格率（60 分及 60 分以上成绩所占的比例），自定义公式计算（公式中可以使用 COUNTIF 和 COUNTA 两个函数），结果为保留一位小数的百分比样式。

（6）计算每门课程第一名成绩（使用 MAX 函数）和倒数第一名成绩（使用 MIN 函数）。

（7）计算每门课程的第二名和第三名成绩（使用 LARGE 函数）。

（8）计算每门课程倒数第二名和倒数第三名成绩（使用 SMALL 函数）。

（9）计算每门课程各分数段人数（可以使用函数 FREQUENCY 或自定义公式计算）。

16.2.1 SUM、AVERAGE、MAX、MIN、LARGE、SMALL 函数的使用

注意：函数和公式中的字母不区分大小写，各种符号必须在英文状态输入。

1. 计算每位学生的总分（使用 SUM 函数）

步骤 1：选中 J2 单元格，单击“开始”→“自动求和▾”→“求和”回车进行第一位学生

“总分”计算。双击“填充柄”或向下拖动“填充柄”进行向下填充，计算每位学生的“总分”。也可以单击“插入函数”按钮，在对话框中选择“SUM”，单击“确定”按钮进行求和计算，如图 16-1 所示。

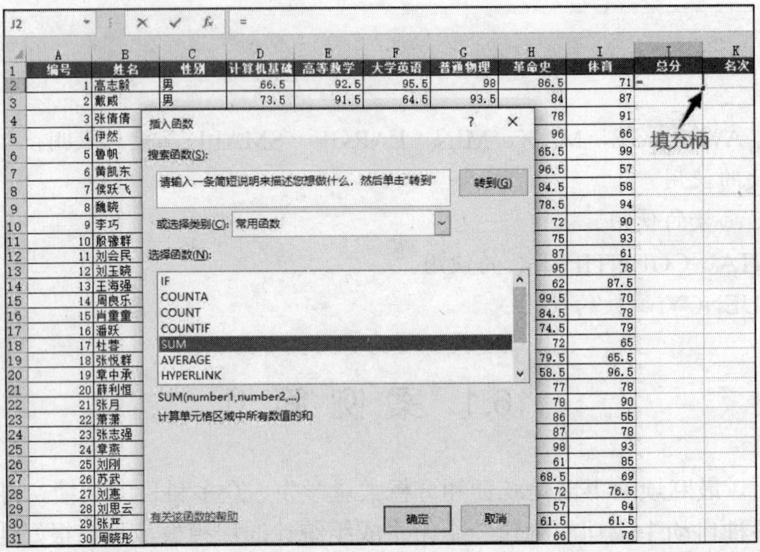

图 16-1　SUM 函数

2. 计算每门课程的平均分（使用 AVERAGE 函数）

步骤 2：选中 B49 单元格，单击“插入函数”按钮，在选择函数列表框中选择“AVERAGE”，单击“确定”按钮，如图 16-2 所示。

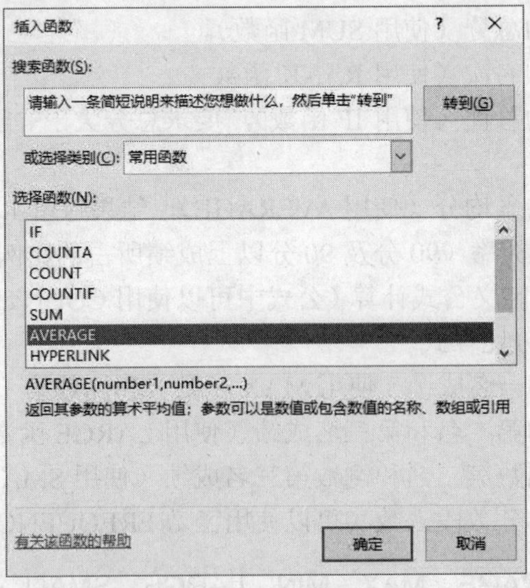

图 16-2　插入 AVERAGE 函数

步骤 3：单击数值 1 折叠按钮，选择“计算机基础”学科的数据 D2:D45，单击“确定”按钮，如图 16-3 所示。向右拖动“填充柄”填充其他科平均成绩即可计算出每个科目的“平均分”。

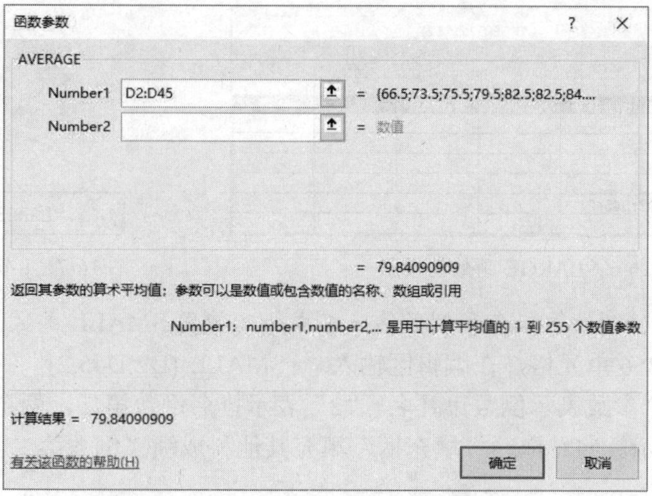

图 16-3　AVERAGE 函数参数的设置

3. 计算每门课程第一名成绩（使用 MAX 函数）和倒数第一名成绩（使用 MIN 函数）

步骤 4：选中 B52 单元格，单击“公式”→“插入函数”→“MAX”按钮，选择数据区域 D2:D45，单击“确定”按钮，如图 16-4 所示。向右拖动“填充柄”填充其他科最高分即可计算出每个科目的“第一名”。

	计算机基础	高等数学	大学英语	普通物理	革命史	体育
平均分	79.8	75.7	77.9	81.2	76.0	76.0
第一名	=MAX(D2:D45)					

图 16-4　MAX 函数的设置

步骤 5：选中 B55 单元格，单击“公式”→“插入函数”→“MIN”按钮选择数据区域 D2:D45，单击“确定”按钮，如图 16-5 所示。向右拖动“填充柄”填充其他科最低分即可计算出每个科目的“倒数第一名”。

	计算机基础	高等数学	大学英语	普通物理	革命史	体育
平均分	79.8	75.7	77.9	81.2	76.0	76.0
第一名	97.5	99.5	100.0	100.0	99.5	99.0
倒数第一名	=MIN(D2:D45)					

图 16-5　MIN 函数的设置

4. 计算每门课程的第二名和第三名成绩（使用 LARGE 函数）

步骤 6：选中 B53 单元格，在编辑区输入“=LARGE(D2:D45,2)”（第 1 个参数表示选择的数据区域，第 2 个参数表示排第几名，“2”表示排名第二，两个参数用逗号间隔），回车，如图 16-6 所示。向右拖动“填充柄”填充其他科成绩“第二名”即可。

步骤 7：第三名可以用公式的填充方法修改，如图 16-7 所示。

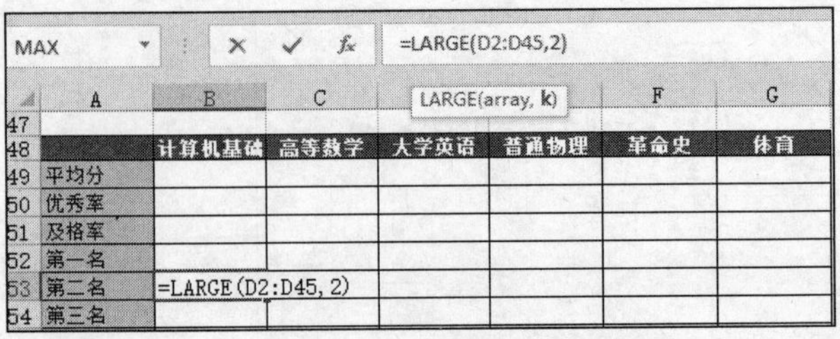

图 16-6 LARGE 函数的设置

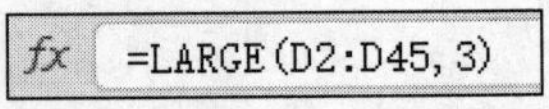

图 16-7 LARGE 公式填充

5. 计算每门课程倒数第二名和倒数第三名成绩（使用 SMALL 函数）

步骤 8：选中 B56 单元格，在编辑区输入“=SMALL (D2:D45,2)”（第 1 个参数表示选择的数据区域，第 2 个参数表示倒数第几名，“2”表示排名倒数第二，两个参数用逗号间隔），回车，如图 16-8 所示。向右拖动“填充柄”填充其他科成绩“倒数第二名”即可。

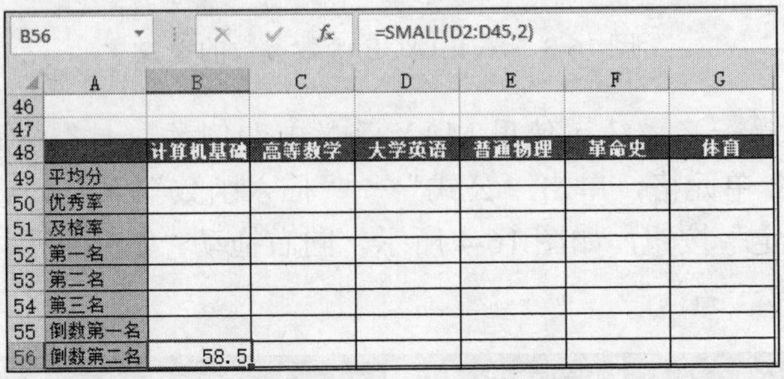

图 16-8 SMALL 函数的设置

步骤 9：倒数第三名可以用公式的填充方法修改，如图 16-9 所示。

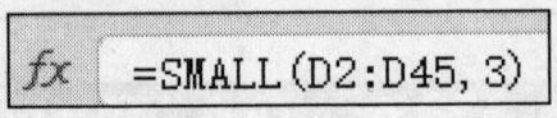

图 16-9 SMALL 公式填充

16.2.2 IF 函数的使用

计算每位学生的总评，使用 IF 函数（总分大于等于 500 分的在“总评”列显示“优秀”，否则显示空格）

步骤 10：选中 L2 单元格，单击“公式”→“插入函数”按钮，如图 16-10 所示。

图 16-10 插入函数

选择“IF”函数，在“函数参数”对话框的第一个参数框中输入 J2>=500，第二个参数框中输入“优秀”（参数框中的双引号是函数自动加上的，用户不用输入），第三个参数框中输入：“␣”（空格），单击“确定”按钮，如图 16-11 和图 16-12 所示。

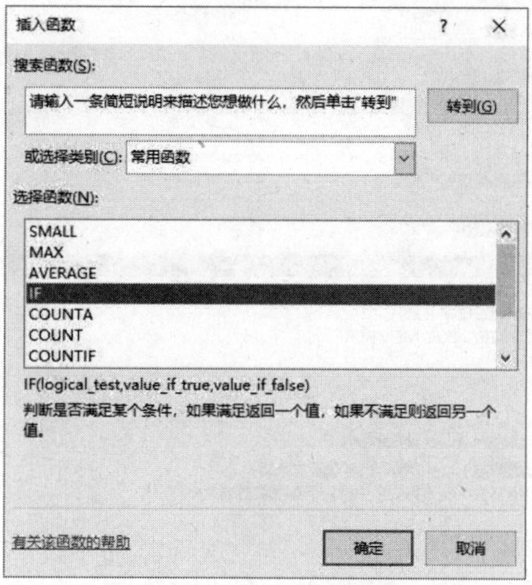

图 16-11　选择 IF 函数

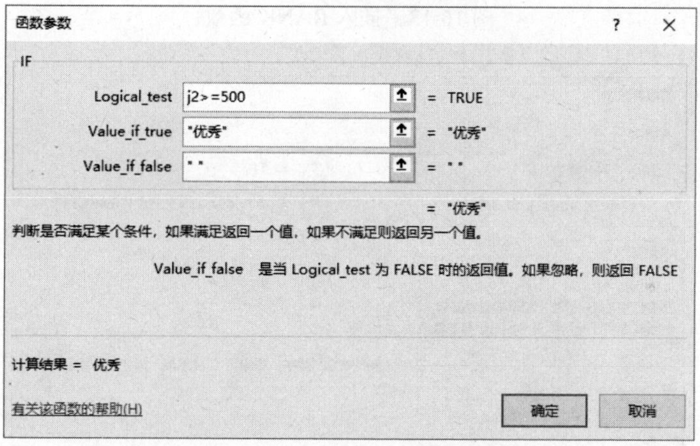

图 16-12　IF 函数参数的设置

16.2.3　RANK 函数的使用

计算每位学生的名次（使用 RANK 函数）

步骤 11：首先计算第一个学生的名次。选中 K2 单元格，单击“公式”→“插入函数”按钮，在“查找函数”文本框中输入 RANK 并单击“转到”，选择 RANK 函数，单击“确定”按钮，如图 16-13 所示。

步骤 12：单击 Number 的折叠按钮，选择第一个学生的总分所在的单元格 J2，关闭折叠窗口。单击 Ref 的折叠按钮，选择所有学生的总分 J2:J45，关闭折叠窗口。在这里为了实现其他学生的排名，在 K 列上进行填充，行号会发生改变，所以函数中的行号也会随之改变，为了使得总分始终在所有学生总分中进行排名，在数据排名的区域中使用绝对引用，按功能键 F4 进行切换，加上“$”标志（$J$2:$J$45），单击“确定”按钮，如图 16-14 所示。向下拖动“填充柄”填充其他同学名次即可。

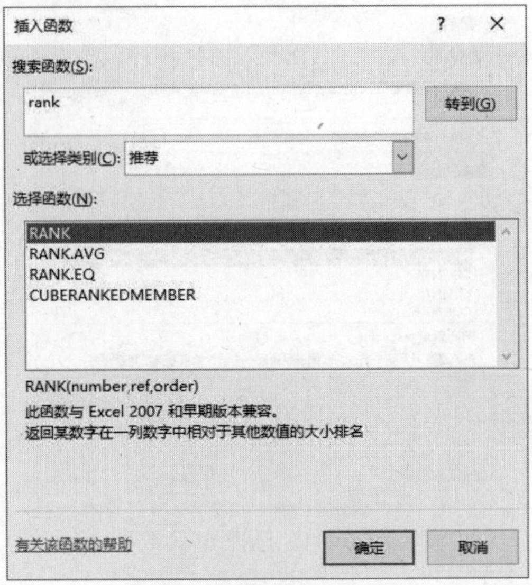

图 16-13　插入 RANK 函数

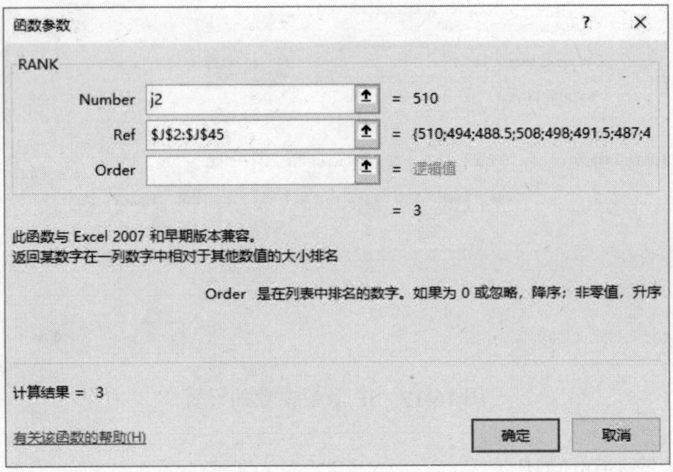

图 16-14　RANK 函数参数的设置

16.2.4　COUNTA、COUNTIF 函数的使用

计算每门课程优秀率（90 分及 90 分以上成绩所占的比例）和及格率（60 分及 60 分以上成绩所占的比例）。

COUNTA：函数计算区域中不为空的单元格的个数。

COUNTIF：对区域中满足单个指定条件的单元格进行计数。

步骤 13：计算优秀率是>=90 的人数除以总人数，首先要求>=90 的人数。选中 B56 单元格，在“插入函数”→“或选择类别”文本框下拉列表中选择“统计”→“选择函数”中选择“COUNTIF”，单击“确定”按钮，如图 16-15 所示。

图 16-15　插入 COUNTIF 函数

步骤 14：在“函数参数”对话框的第一参数框中输入 D2:D45（注意：这里的冒号是英文冒号），第二参数框中输入>=90，单击“确定”按钮，如图 16-16 所示。

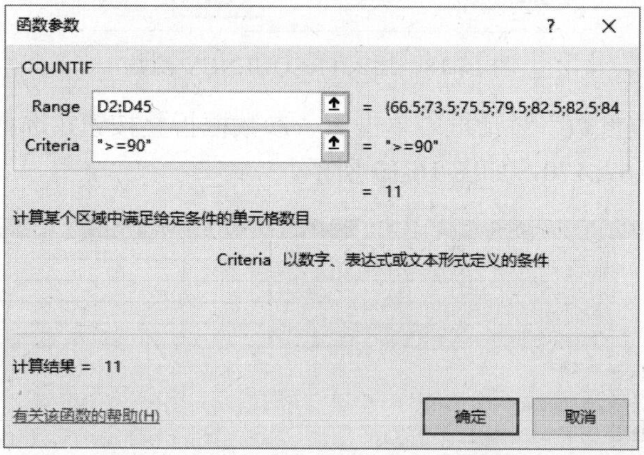

图 16-16　COUNTIF 函数的设置

步骤 15：求优秀率，将鼠标移动到“编辑栏”修改公式，输入除号“/”，输入 COUNTA 函数，选择数据区域 D2:D45，回车，如图 16-17 所示。向右拖动“填充柄”填充其他科目优秀率即可。及格率和优秀率求法相同。

图 16-17　求优秀率

16.2.5　FREQUENCY 函数的使用

计算每门课程各分数段人数可以使用函数 FREQUENCY。数据分为 5 段，需要 4 个分段点（59.9、69.9、79.9、89.9），可以将分段点写在空白区域也可在函数中输入各分段点。

步骤 16：首先选中要计算的区域 C61:C65（注意：这里选中 5 个单元格），在“插入函数”→“或选择类别”文本框下拉列表中选择“统计”→“选择函数”中选择“FREQUENCY”，单击“确定”按钮，如图 16-18 所示。

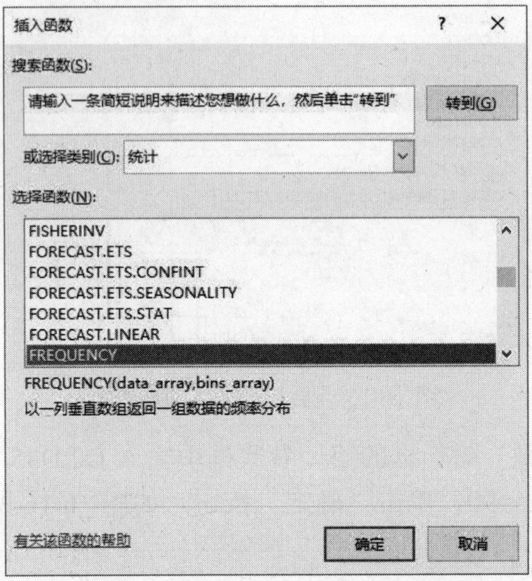

图 16-18 插入 FREQUENCY 函数

步骤 17：在“函数参数”对话框中单击第一参数框折叠按钮，选择 D2:D45，单击第二参数框折叠按钮，选择 A67:A70，如图 16-19 所示。

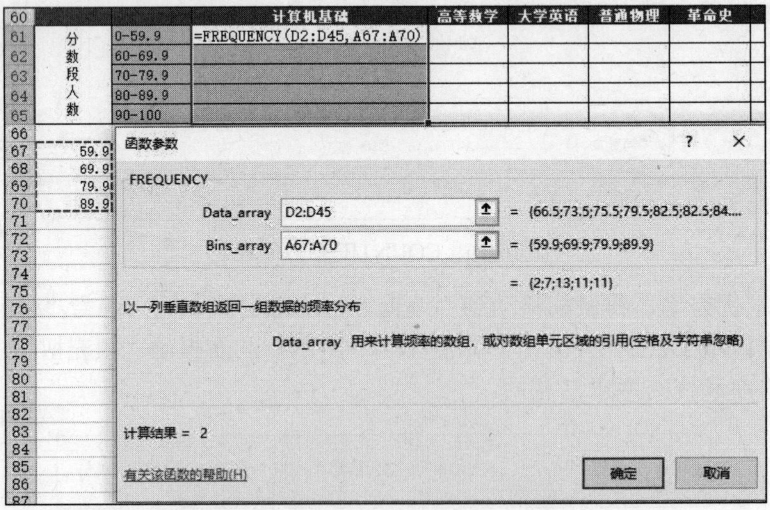

图 16-19 分段点写在空白区域的设置

步骤 18：第二参数框中也可手动输入各分段点，计算结果同步骤 16 是一致的，如图 16-20 所示。

步骤 19：这里务必同时按 Shift+Ctrl+Enter 组合键，如图 16-21 所示。若直接单击“确定”按钮会出现错误结果。最后，向右拖动“填充柄”填充其科目各分数段人数即可。

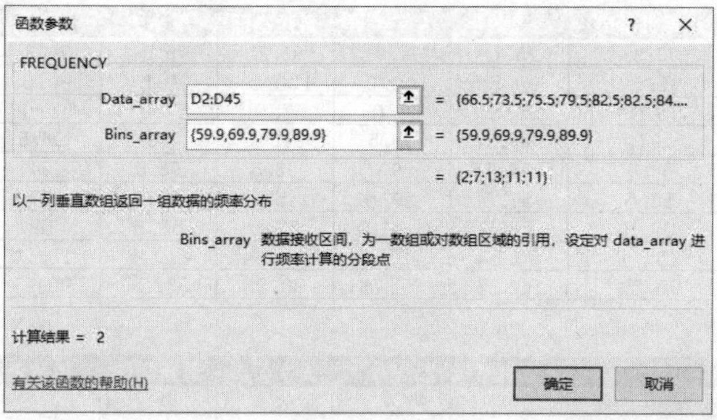

图 16-20　函数中手动输入分段点

		计算机基础	高等数学	大学英语	普通物理	革命史	体育
分数段人数	0-59.9	2					
	60-69.9	7					
	70-79.9	13					
	80-89.9	11					
	90-100	11					

图 16-21　按组合键操作结果

最终效果如图 16-22 所示。

编号	姓名	性别	计算机基础	高等数学	大学英语	普通物理	革命史	体育	总分	总评	名次
1	高志毅	男	66.5	92.5	95.5	98	86.5	71	510.0	优秀	3
2	戴威	男	73.5	91.5	64.5	93.5	84	87	494.0		10
3	张倩倩	女	75.5	62.5	87	94.5	78	91	488.5		14
4	伊然	女	79.5	98.5	68	100	96	66	508.0	优秀	5
5	鲁帆	女	82.5	63.5	90.5	97	65.5	99	498.0		9
6	黄凯东	男	82.5	78	81	96.5	96.5	57	491.5		11
7	侯跃飞	男	84.5	71	99.5	89.5	84.5	58	487.0		15
8	魏晓	男	87.5	63.5	67.5	98.5	78.5	94	489.5		13
9	李巧	男	88.0	82.5	83	75.5	72	90	491.0		12
10	殷豫群	男	92.0	64	97	93	75	93	514.0	优秀	2
11	刘会民	男	93.0	71.5	92	96.5	87	61	501.0	优秀	7
12	刘玉晓	女	93.5	85.5	77	81	95	78	510.0	优秀	3
13	王海强	男	96.0	72.5	100	86	62	87.5	504.0	优秀	6
14	周良乐	男	96.5	86.5	90.5	94	99.5	70	537.0	优秀	1
15	肖童童	女	97.5	76	72	92.5	84.5	78	500.5	优秀	8
16	潘跃	女	56.0	77.5	85	83	74.5	79	455.0		27
17	杜蓉	女	58.5	90	88.5	97	72	65	471.0		21
18	张悦群	女	63.0	99.5	78.5	63.5	79.5	65.5	449.5		29
19	章中承	男	69.0	89.5	92.5	73	58.5	96.5	479.0		16
20	薛利恒	男	72.5	74.5	60.5	87	77	78	449.5		29
21	张月	女	74.0	72.5	67	94	78	90	475.5		19
22	萧潇	女	75.5	72.5	75	92	86	55	456.0		26
23	张志强	男	76.5	70	64	75	87	78	450.5		28
24	章燕	女	77.0	60.5	66.5	84	98	93	479.0		16
25	刘刚	男	80.5	96	72	66	61	85	460.5		25
26	苏武	男	83.5	78.5	70.5	100	68.5	69	470.0		22
27	刘惠	女	84.5	78.5	87.5	64.5	72	76.5	463.5		24
28	刘思云	女	92.5	93.5	77	73	57	84	477.0		18
29	张严	男	95.0	95	70	89.5	61.5	61.5	472.5		20
30	周晓彤	女	97.0	75.5	73	81	66	76	468.5		23
31	沈君毅	男	62.5	76	57	67.5	88	84.5	435.5		36
32	王晓燕	女	62.5	57.5	85	59	79	61.5	404.5		44
33	吴开	男	63.5	73	65	95	75.5	61	433.0		37
34	黎辉	男	68.0	97.5	61	57	60	85	428.5		41
35	李爱晶	女	71.5	61.5	82	57.5	57	85	414.5		43
36	肖琪	女	71.5	59.5	88	63	88	60.5	430.5		39
37	司徒春	男	75.0	71	86	60.5	60	85	437.5		34
38	叶辉	男	75.5	60.5	85	57	76	83.5	437.5		34
39	钟幻	男	76.0	63.5	84	81	65	62	431.5		38
40	章戎	男	81.0	55.5	61	91.5	81	59	429.0		40
41	涂咏虞	女	85.5	64.5	74	78.5	64	76.5	443.0		32
42	詹仕勇	男	86.5	65.5	67.5	70.5	62	73.5	425.5		42
43	刘泽安	男	94.0	68.5	78	60.5	76	67	444.0		31
44	尹志刚	女	96.5	74.5	63	66	71	69	440.0		33

图 16-22（一）　最终效果

	计算机基础	高等数学	大学英语	普通物理	革命史	体育
平均分	79.8	75.7	77.9	81.2	76.0	76.0
第一名	97.5	99.5	100.0	100.0	99.5	99.0
倒数第一名	56.0	55.5	57.0	57.0	57.0	55.0
第二名	97	98.5	99.5	100	98	96.5
第三名	96.5	97.5	97	98.5	96.5	94
倒数第二名	58.5	57.5	60.5	57	57	57
倒数第三名	62.5	59.5	61	57.5	58.5	58
优秀率	25.0%	20.5%	18.2%	38.6%	11.4%	18.2%
及格率	95.5%	93.2%	97.7%	90.9%	93.2%	90.9%

		计算机基础	高等数学	大学英语	普通物理	革命史	体育
分数段人数	0-59.9	2	3	1	4	3	4
	60-69.9	7	11	12	8	11	12
	70-79.9	13	17	11	6	15	11
	80-89.9	11	4	12	9	10	9
	90-100	11	9	8	17	5	8

图 16-22（二） 最终效果

16.3 案例小结

本案例主要学习了利用函数计算学生的总分、名次、总评、平均分、优秀率、及格率、第一名成绩、倒数第一名成绩、第二名和第三名成绩、倒数第二名和倒数第三名成绩、每门课程各分数段人数，在实际应用中，大家还应该注意如下事项：

（1）一般使用 IF（Logical_test,Value_if_true,Value_if_false）函数时，第一个参数为条件，不能加引号；第二个参数为条件成立时的结果，如果是显示某个值（文本），则要加引号；第三个参数为条件不成立时的结果，如果是显示某个值（文本），同样要加引号。IF 函数可以嵌套使用，即在第三个参数处可以再写一个 IF 函数，但是最多只能嵌套七层。

（2）在使用 RANK（Number,Ref,[Order]）函数时，第二个参数是将第一个参数的数值放在相应区域中进行排名，在选择数据区域时要加绝对引用，否则在进行公式填充时，数据区域发生改变会导致排名错乱的情况。

（3）在使用 COUNTIF (range,criteria)函数时，对区域中满足单个指定条件的单元格进行计数。

（4）在使用 COUNTA(value1,[value2],...) 函数时，计算区域（区域即工作表上的两个或多个单元格，区域中的单元格可以相邻或不相邻）中不为空的单元格的个数。

（5）在使用 FREQUENCY(data_array,bins_array)函数时，在选择了用于显示返回的分布结果的相邻单元格区域后，函数 FREQUENCY 应以数组公式的形式输入。返回的数组中的元素个数比 bins_array 中的元素个数多 1 个，多出来的元素表示最高区间值之上的数值个数。例如，如果要为三个单元格中输入的三个数值区间计数，请务必在四个单元格中输入 FREQUENCY 函数获得计算结果，多出来的单元格将返回 data_array 中第三个区间值以上的数值个数。函数 FREQUENCY 将忽略空白单元格和文本。对于返回结果为数组的公式，必须以数组公式的形式输入。输入结束时按 Shift+Ctrl+Enter 组合键。

16.4 拓展训练

按下列要求对文件“数据分析.xlsx”进行操作并保存，各部分最终的效果请参照文件“样表.xlsx”的相应部分。

在工作表 Sheet1 中进行以下计算：

（1）计算各地游客的五年内总人数（使用 SUM 函数）、五年内平均人数（使用 AVERAGE 函数）、总人数排名（使用 RANK 函数）、是否为热门地（使用 IF 函数，五年总人数大于等于 1 000 000 的在 L 列显示“是”，否则显示“否”）。

（2）计算各年总人数（使用 SUM 函数）、增长率、最大值（使用 MAX 函数）、最小值（使用 MIN 函数）、第二名和第三名（使用 LARGE 函数）、倒数第二名和倒数第三名人数（使用 SMALL 函数）。

增长率=(当年的总人数-上一年总人数)/上一年总人数×100%，结果为保留一位小数的百分比样式。

（3）计算各分段人数（使用 FREQUENCY 函数或自定义公式计算）。

学习笔记

案例 17　学生成绩表数据处理

学习目标：

- 掌握排序的方法。
- 掌握筛选的方法。
- 掌握分类汇总的方法。

17.1　案 例 简 介

通过多个数据源区域中的数据对学生成绩进行排序、筛选、分类汇总，可以更加轻松地对数据进行定期或不定期的更新和汇总。

17.2　案 例 制 作

本案例以学生成绩表数据分析中的计算结果为基础，进一步学习 Excel 的排序、筛选、分类汇总功能。打开“学生成绩表.xlsx”完成如下操作。

17.2.1　排序的应用

（1）“体育”列按分数从低到高（升序）排序。

步骤 1：将光标定位在“体育”列上，单击“数据”→“排序和筛选”→“升序”按钮，如图 17-1 所示。

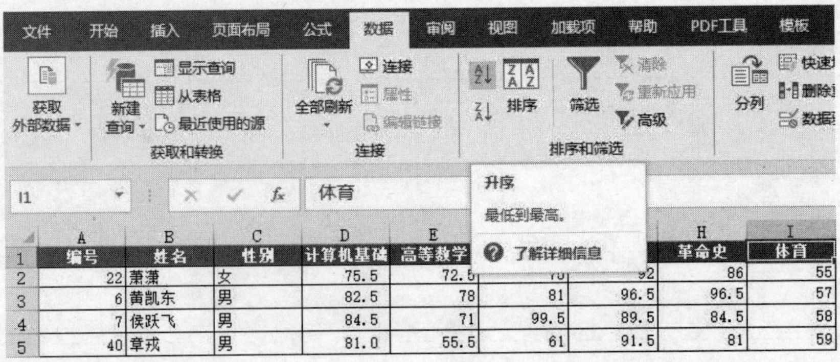

图 17-1　排序

（2）“姓名”列按笔画从少到多排序。

步骤 2：将光标定位在表格数据区域中，单击“数据”→“排序和筛选”→“排序”按钮，在“主要关键字”中选择“姓名”，单击“选项”，在弹出的“排序选项”对话框中选择“笔画排序”，单击“确定”按钮，“次序”中选择“升序”，然后单击“确定”按钮进行排序，如图 17-2 所示。

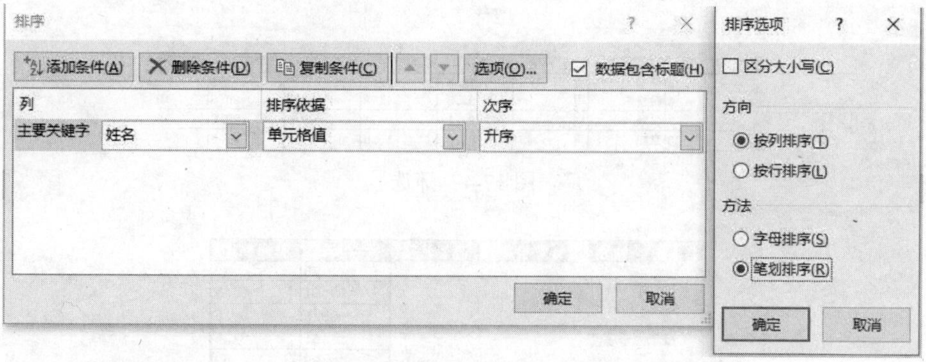

图 17-2　笔画排序

（3）“总分”列按从高到低（降序）排序，当“总分”相同时，“高等数学”列按从高到低排序。

步骤 3：将光标定位在表格数据区域中，单击“数据”→“排序和筛选”→“排序”按钮，在“主要关键字”中选择“总分”，“次序”中选择“降序”，再单击“添加条件”→“次要关键字”中选择“高等数学”，“次序”中选择“降序”，单击“确定”按钮进行排序，如图 17-3 所示。

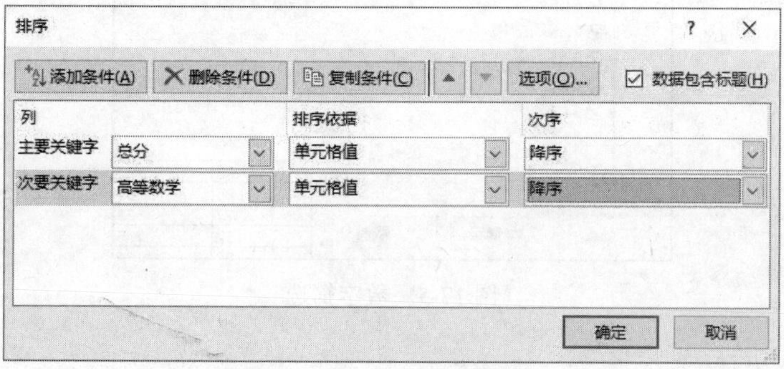

图 17-3　添加排序条件

17.2.2　筛选的应用

1. 自动筛选

（1）“高等数学”成绩在 60～80 分之间（包含 60 分和 80 分）的数据使用“自动筛选”筛选出来。

步骤 4：将光标定位在表格数据区域中，单击“数据”→“排序和筛选”→“筛选”按钮，如图 17-4 所示。

步骤 5：在标题栏的字段旁会出现下拉列表按钮，单击“高等数学”右侧下拉列表按钮，选择“数字筛选”→“介于”→“大于或等于”输入“60”，“小于或等于”输入“80”，单击“确定”按钮，如图 17-5 和图 17-6 所示。

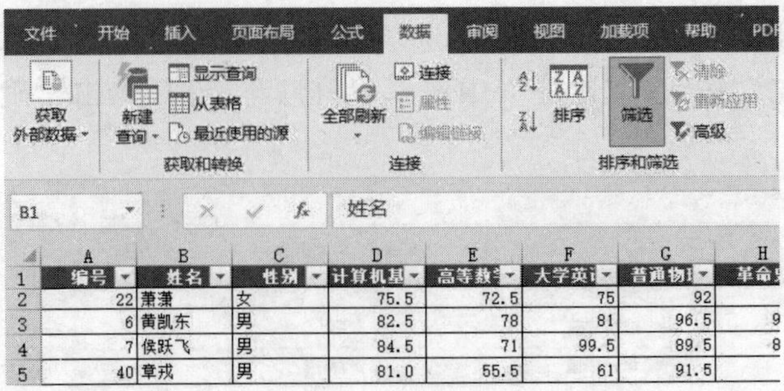

图 17-4 筛选

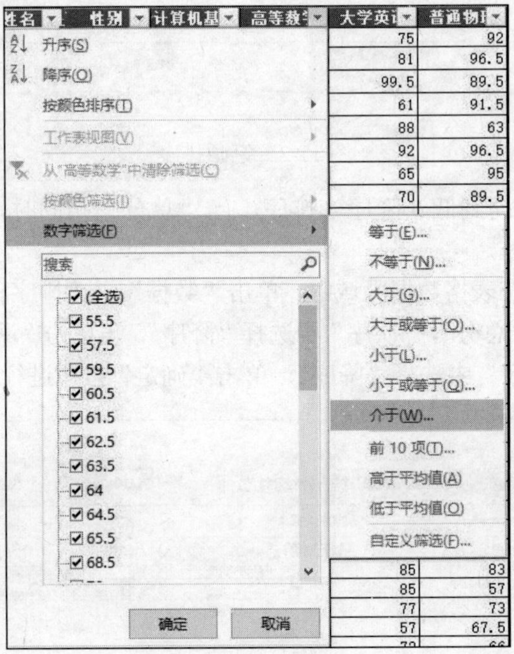

图 17-5 数字筛选

图 17-6 自动筛选

（2）清除筛选。

步骤 6：自动筛选完成后，若需要“清除筛选”，则再次单击“筛选”按钮，原有的筛选就清除了。

2. 高级筛选

将“计算机基础”成绩在 60～80 分之间（包含 60 分和 80 分）或者是“女”学生的数据筛选出来。结果显示在区域的左上角单元格为 A50 的区域中，这里需要用高级筛选。

步骤 7：这里需要特别注意，筛选条件要单独放置。把“计算机基础”“性别”字段复制到 L10:N10，在 N11 单元格输入“女”，L12 输入>=60，M12 输入“<=80”，如图 17-7 所示。

计算机基础	计算机基础	性别
		女
>=60	<=80	

图 17-7　筛选条件

步骤 8：将光标定位在表格数据区域中，单击“数据”→“排序和筛选”→“高级”按钮，如图 17-8 所示。

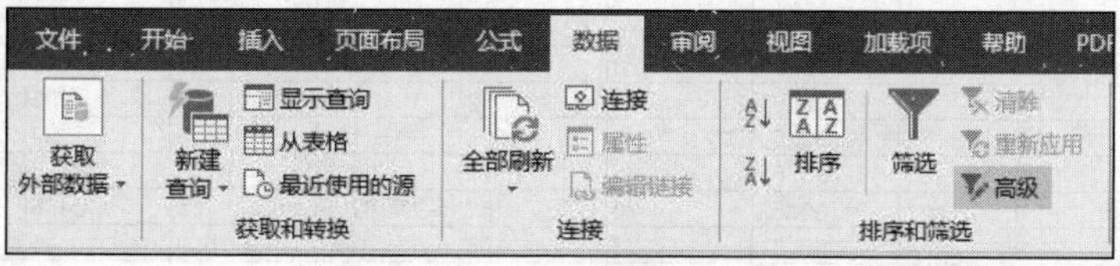

图 17-8　选择高级筛选

步骤 9：在“高级筛选”对话框中的“方式”选择“将筛选结果复制到其他位置”，“列表区域”选择$A$1:$J$45，“条件区域”选择$L$11:$N$13，“复制到”选择$A$50，单击“确定”按钮，如图 17-9 和图 17-10 所示。

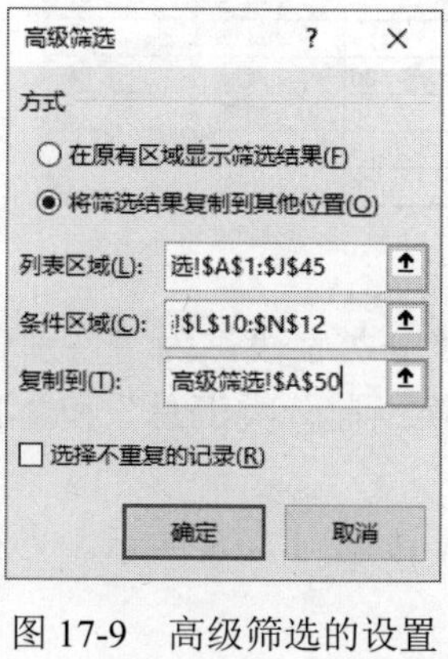

图 17-9　高级筛选的设置

编号	姓名	性别	计算机基础	高等数学	大学英语	普通物理	革命史	体育	总分
1	高志毅	男	66.5	92.5	95.5	98	86.5	71	510.0
2	戴威	男	73.5	91.5	64.5	93.5	84	87	494.0
3	张倩倩	女	75.5	62.5	87	94.5	78	91	488.5
4	伊然	女	79.5	98.5	68	100	96	66	508.0
5	鲁帆	女	82.5	63.5	90.5	97	65.5	99	498.0
12	刘玉晓	女	93.5	85.5	77	81	95	78	510.0
15	肖童童	女	97.5	76	72	92.5	84.5	78	500.5
16	潘跃	女	56.0	77.5	85	83	74.5	79	455.0
17	杜蓉	女	58.5	90	88.5	97	72	65	471.0
18	张悦群	女	63.0	99.5	78.5	63.5	79.5	65.5	449.5
19	章中承	男	69.0	89.5	92.5	73	58.5	96.5	479.0
20	薛利恒	男	72.5	74.5	60.5	87	77	78	449.5
21	张月	女	74.0	72.5	67	94	78	90	475.5
22	萧潇	女	75.5	72.5	75	92	86	55	456.0
23	张志强	男	76.5	70	64	75	87	78	450.5
24	章燕	女	77.0	60.5	66.5	84	98	93	479.0
27	刘惠	女	84.5	78.5	87.5	64.5	72	76.5	463.5
28	刘思云	女	92.5	93.5	77	73	57	84	477.0
30	周晓彤	女	97.0	75.5	73	81	66	76	468.5
31	沈君毅	男	62.5	76	57	67.5	88	84.5	435.5
32	王晓燕	女	62.5	57.5	85	59	79	61.5	404.5
33	吴开	男	63.5	73	65	95	75.5	61	433.0
34	黎辉	男	68.0	97.5	61	57	60	85	428.5
35	李爱晶	女	71.5	61.5	82	57.5	57	85	414.5
36	肖琪	女	71.5	59.5	88	63	88	60.5	430.5
37	司徒春	男	75.0	71	86	60.5	60	85	437.5
38	叶辉	男	75.5	60.5	85	57	76	83.5	437.5
39	钟幻	男	76.0	63.5	84	81	65	62	431.5
41	涂咏虞	女	85.5	64.5	74	78.5	64	76.5	443.0
44	尹志刚	女	96.5	74.5	63	66	71	69	440.0

图 17-10　筛选结果

17.2.3 分类汇总的应用

注意：分类汇总前必须为分类的字段进行排序。

（1）计算出男生和女生的“大学英语”平均成绩。

步骤 10：首先要对“性别”进行排序，将光标定位在“性别”列上，单击“数据”→“排序和筛选”→“升序”按钮，如图 17-11 所示。

1	编号	姓名	性别	计算机基础	高等数学	大学英语	普通物理	革命史	体育	总分	名次
2	1	高志毅	男	66.5	92.5	95.5	98	86.5	71	510.0	3
3	2	戴威	男	73.5	91.5	64.5	93.5	84	87	494.0	10
4	6	黄凯东	男	82.5	78	81	96.5	96.5	57	491.5	11
5	7	侯跃飞	男	84.5	71	99.5	89.5	84.5	58	487.0	15
6	8	魏晓	男	87.5	63.5	67.5	98.5	78.5	94	489.5	13
7	9	李巧	男	88.0	82.5	83	75.5	72	90	491.0	12
8	10	殷豫群	男	92.0	64	97	93	75	93	514.0	2
9	11	刘会民	男	93.0	71.5	92	96.5	87	61	501.0	7
10	13	王海强	男	96.0	72.5	100	86	62	87.5	504.0	6
11	14	周良乐	男	96.5	86.5	90.5	94	99.5	70	537.0	1
12	19	章中承	男	69.0	89.5	92.5	73	58.5	96.5	479.0	16
13	20	薛利恒	男	72.5	74.5	60.5	87	77	78	449.5	29
14	23	张志强	男	76.5	70	64	75	87	78	450.5	28
15	25	刘刚	男	80.5	96	72	66	61	85	460.5	25
16	26	苏武	男	83.5	78.5	70.5	100	68.5	69	470.0	22
17	29	张严	男	95.0	95	70	89.5	61.5	61.5	472.5	20
18	31	沈君毅	男	62.5	76	57	67.5	88	84.5	435.5	36
19	33	吴开	男	63.5	73	65	95	75.5	61	433.0	37
20	34	黎辉	男	68.0	97.5	61	57	60	85	428.5	41
21	37	司徒春	男	75.0	71	86	60.5	60	85	437.5	34
22	38	叶辉	男	75.5	60.5	85	57	76	83.5	437.5	34
23	39	钟幻	男	76.0	63.5	84	81	65	62	431.5	38
24	40	章戎	男	81.0	55.5	61	91.5	81	59	429.0	40
25	42	詹仕勇	男	86.5	65.5	67.5	70.5	62	73.5	425.5	42
26	43	刘泽安	男	94.0	68.5	78	60.5	76	67	444.0	31
27	3	张倩倩	女	75.5	62.5	87	94.5	78	91	488.5	14
28	4	伊然	女	79.5	98.5	68	100	96	66	508.0	5
29	5	鲁帆	女	82.5	63.5	90.5	97	65.5	99	498.0	9
30	12	刘玉晓	女	93.5	85.5	77	81	95	78	510.0	3
31	15	肖童童	女	97.5	76	72	92.5	84.5	78	500.5	8
32	16	潘跃	女	56.0	77.5	85	83	74.5	79	455.0	27
33	17	杜蓉	女	58.5	90	88.5	97	72	65	471.0	21
34	18	张悦群	女	63.0	99.5	78.5	63.5	79.5	65.5	449.5	29
35	21	张月	女	74.0	72.5	67	94	78	90	475.5	19
36	22	萧潇	女	75.5	72.5	75	92	86	55	456.0	26
37	24	章燕	女	77.0	60.5	66.5	84	98	93	479.0	16
38	27	刘惠	女	84.5	78.5	87.5	64.5	72	76.5	463.5	24
39	28	刘思云	女	92.5	93.5	77	73	57	84	477.0	18
40	30	周晓彤	女	97.0	75.5	73	81	66	76	468.5	23
41	32	王晓燕	女	62.5	57.5	85	59	79	61.5	404.5	44
42	35	李爱晶	女	71.5	61.5	82	57.5	57	85	414.5	43
43	36	肖琪	女	71.5	59.5	88	63	88	60.5	430.5	39
44	41	涂咏虞	女	85.5	64.5	74	78.5	64	76.5	443.0	32
45	44	尹志刚	女	96.5	74.5	63	66	71	69	440.0	33

图 17-11　分类汇总

单击“数据”→“分级显示”→“分类汇总”，设置分类汇总中“分类字段”为“性别”，“汇总方式”为“平均值”，“选定汇总项”为“大学英语”，勾选“替换当前分类汇总”和“汇总结果显示在数据下方”复选框，如图 17-12 所示。

步骤 11：单击“确定”，得到分类汇总表后表格的行发生了变化，如图 17-13 所示。

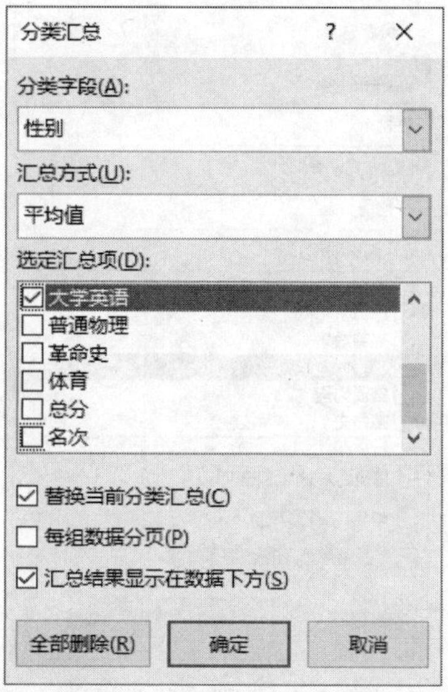

图 17-12　分类汇总设置

	A	B	C	D	E	F	G	H	I	J	K	L
1	编号	姓名	性别	计算机基础	高等数学	大学英语	普通物理	革命史	体育	总分	名次	总评
2	1	高志毅	男	66.5	92.5	95.5	98	86.5	71	510.0	3	优秀
3	2	戴威	男	73.5	91.5	64.5	93.5	84	87	494.0	10	
4	6	黄凯东	男	82.5	78	81	96.5	96.5	57	491.5	11	
5	7	侯跃飞	男	84.5	71	99.5	89.5	84.5	58	487.0	15	
6	8	魏晓	男	87.5	63.5	67.5	98.5	78.5	94	489.5	13	
7	9	李巧	男	88.0	82.5	83	75.5	72	90	491.0	12	
8	10	殷豫群	男	92.0	64	97	93	75	93	514.0	2	优秀
9	11	刘会民	男	93.0	71.5	92	96.5	87	61	501.0	7	优秀
10	13	王海强	男	96.0	72.5	100	86	62	87.5	504.0	6	优秀
11	14	周良乐	男	96.5	86.5	90.5	94	99.5	70	537.0	1	优秀
12	19	章中承	男	69.0	89.5	92.5	73	58.5	96.5	479.0	16	
13	20	薛利恒	男	72.5	74.5	60.5	87	77	78	449.5	29	
14	23	张志强	男	76.5	70	64	75	87	78	450.5	28	
15	25	刘刚	男	80.5	96	72	66	61	85	460.5	25	
16	26	苏武	男	83.5	78.5	70.5	100	68.5	69	470.0	22	
17	29	张严	男	95.0	95	70	89.5	61.5	61.5	472.5	20	
18	31	沈君毅	男	62.5	76	57	67.5	88	84.5	435.5	36	
19	33	吴开	男	63.5	73	65	95	75.5	61	433.0	37	
20	34	黎辉	男	68.0	97.5	61	57	60	85	428.5	41	
21	37	司徒春	男	75.0	71	86	60.5	60	85	437.5	34	
22	38	叶辉	男	75.5	60.5	85	57	76	83.5	437.5	34	
23	39	钟幻	男	76.0	63.5	84	81	65	62	431.5	38	
24	40	章戎	男	81.0	55.5	61	91.5	81	59	429.0	40	
25	42	詹仕勇	男	86.5	65.5	67.5	70.5	62	73.5	425.5	42	
26	43	刘泽安	男	94.0	68.5	78	60.5	76	67	444.0	31	
27			男 平均值			77.78						
28	3	张倩倩	女	75.5	62.5	87	94.5	78	91	488.5	14	
29	4	伊然	女	79.5	98.5	68	100	96	66	508.0	5	优秀
30	5	鲁帆	女	82.5	63.5	90.5	97	65.5	99	498.0	9	
31	12	刘玉晓	女	93.5	85.5	77	81	95	78	510.0	3	优秀
32	15	尚童童	女	97.5	76	72	92.5	84.5	78	500.5	8	优秀
33	16	潘跃	女	56.0	77.5	85	83	74.5	79	455.0	27	

图 17-13　汇总效果

分类汇总后，数据表左上角出现 3 个层次的数据，其中第 3 层次显示数据表的明细数据与汇总数据，第 2 层次显示为性别汇总数据，第 1 层是全部性别的汇总数据。

（2）删除分类汇总。

步骤 12：单击“数据”→“分级显示”→“分类汇总”，单击“全部删除”按钮，如图 17-14 所示。

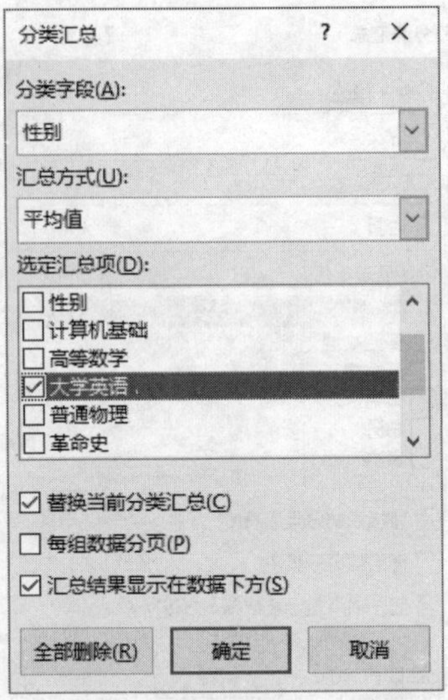

图 17-14　删除分类汇总

17.3　案例小结

本案例主要学习排序、筛选、分类汇总。在实际应用中还应该注意如下事项。

（1）排序：排序时，隐藏的行、列不参与排序。因此在对数据进行排序前，应该先取消隐藏的行和列。

（2）筛选：高级筛选条件需要单独放置。选择“与”关系时，同时满足多个条件，条件放在同一行；选择“或”的关系时，条件放不同行。

（3）分类汇总：必须先按分级依据的数据排序，否则分类汇总会出现错误结果。

17.4　拓展训练

按下列要求对文件“数据处理.xlsx”进行操作并保存，各部分最终的效果请参照文件“样表.xlsx”的相应部分。

将工作表 Sheet1 中的区域 A1:L32 分别复制到工作表 Sheet2、Sheet3 和 Sheet4 的 A1:L32 区域，然后完成以下操作：

（1）将 Sheet2 中的数据按“2015 年”列从高到低排序，将工作表 Sheet2 重命名为“排序”。

（2）将 Sheet3 中的“是否热门地”列筛选出“是”热门地的行，将工作表 Sheet3 重命名为“筛选”。

（3）在 Sheet4 中，使用“分类汇总”计算出东部和西部“2012 年”的平均人数，将工作表 Sheet4 重命名为“分类汇总”。

（4）在 Sheet6 中的单元格 A1 中，将 Sheet5 中的区域 A1:C17 和区域 F1:H5 使用“合并计算”计算总人数，标签位置包含“首行”和“最左列”，将工作表 Sheet6 重命名为“合并计算”。

案例 18　商品销售记录表数据统计与分析

学习目标：

- 掌握条件格式的使用。
- 掌握 LOOKUP 函数的使用。
- 掌握 VLOOKUP 函数的使用。
- 掌握迷你图表的制作方法。

18.1 案 例 简 介

某公司主要经营饮料产品的零售业务，该公司销售部对饮料销售情况进行管理，每个区将销售数据记录在销售记录表中，请大家帮助公司销售部对各饮料产品的销售记录进行统计和分析。

18.2 案 例 制 作

本案例以某公司各区销售记录为例，统计和分析饮料的销售记录。打开“素材\操作表_01.xlsx”的“销售记录”“迷你图”和“销售等级”工作表，完成以下操作。

18.2.1　LOOKUP 函数的使用

将“销售表”工作表中的销售数量转换成“A-E”的等级形式，存放在“销售等级”工作表中。

步骤 1：选中“销售等级”工作表 D2 单元格，输入“=LOOKUP(”插入公式，在输入的同时系统也会提示公式，如图 18-1 所示。

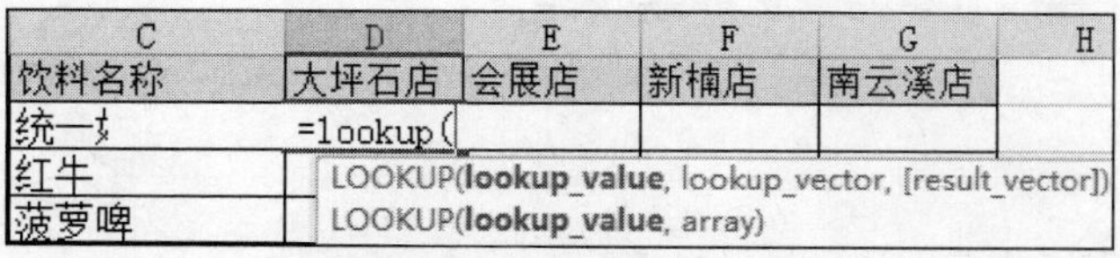

图 18-1　插入 LOOKUP 函数

步骤 2：输入完公式后，将光标置于“LOOKUP”中，单击“ *fx* ”图标，弹出“选定参数”对话框，如图 18-2 所示。

LOOKUP 函数是返回向量或数组中的数值。函数 LOOKUP 有两种语法形式：向量和数组。函数 LOOKUP 的向量形式是在单行区域或单列区域（向量）中查找数值，然后返回第二个单行区域或单列区域中相同位置的数值；函数 LOOKUP 的数组形式是在数组的第一行或第一列查找指定的数值，然后返回数组的最后一行或最后一列中相同位置的数值。本例使用向量形式。

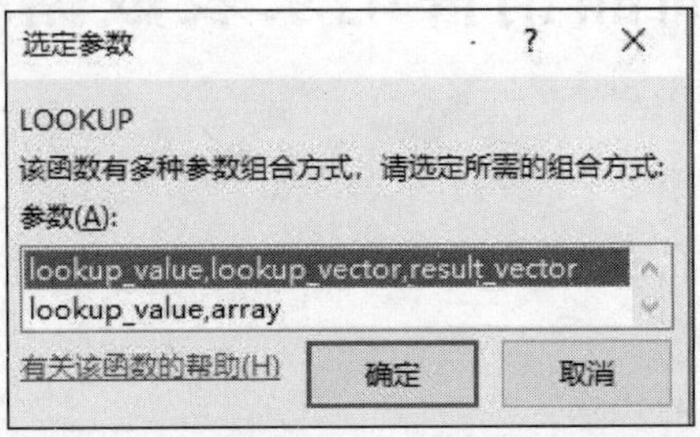

图 18-2　“选定参数”对话框

向量形式的公式：=LOOKUP（Lookup_value,Lookup_vector,Result_vector）

Lookup_value：函数 LOOKUP 在第一个向量中所要查找的数值，可以是数字、文本、逻辑值或包含数值的名称或引用。

Lookup_vector：只包含一行或一列的区域，Lookup_vector 的数值可以是文本、数字或逻辑值。

Result_vector：只包含一行或一列的区域，其大小必须与 Lookup_vector 相同。

注意：*Lookup_vector 的数值必须按升序排序：...、-2、-1、0、1、2、...、A-Z、FALSE、TRUE；否则，函数 LOOKUP 不能返回正确的结果。文本不区分大小写。*

步骤 3：选定后单击“确定”按钮，弹出“函数参数”对话框，并在第一个参数查找的值中选择“饮料销售表(数据源)!D2”，第二个参数查找的区域中填入数组“{0,20,40,60,80}”，第三个参数返回与第二个参数相对应的数值，填入数组“{"E","D","C", "B","A"}”，如图 18-3 所示。

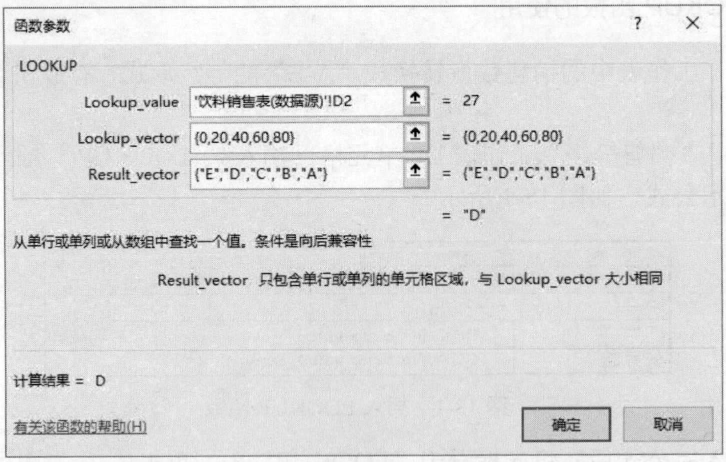

图 18-3　选定 LOOKUP 函数对话框

步骤 4：单击“确定”按钮，完整公式为“=LOOKUP(销售表!D3,{0,20,40,60,80},{"E","D", "C","B","A"})”，然后向下填充，将所有销售数量对应的等级销售全部计算出来，如图 18-4 所示。

饮料名称	大坪石店	会展店	新桥店	南云溪店
统一奶茶	D	B	B	B
红牛	E	B	B	C
菠萝啤	D	E	B	B
非常可乐	E	E	A	A
苦柠檬水	A	C	A	A
娃哈哈果奶	A	D	C	B
葡萄汁	C	A	D	B
雪碧	C	C	B	C
王老吉	C	E	A	B
怡宝纯净水	D	B	D	B
脉动	B	D	B	A
果粒橙	C	E	B	A
西柠蜜瓜汁	C	D	A	A
统一绿茶	E	A	A	C
娃哈哈纯净水	B	C	C	B
乐百氏纯净水	E	A	B	A
七喜	E	B	B	C
百香果汁	C	D	B	B
可口可乐	B	E	A	B
醒目	E	B	C	A
旭日升冰红茶	A	E	D	A
乐百氏果奶	E	A	B	C
芬达	D	D	C	B

图 18-4 计算等级销售最终结果

18.2.2 条件格式的应用

设置单元格条件格式，将成绩为“E”等的单元格标注为“红色文字，浅绿填充”。

步骤 5：选中 D2:G2 单元格，单击“开始”→“样式”→“条件格式”，在“条件格式”下拉菜单中选择“突出显示单元格规则”→“等于”，如图 18-5 所示。

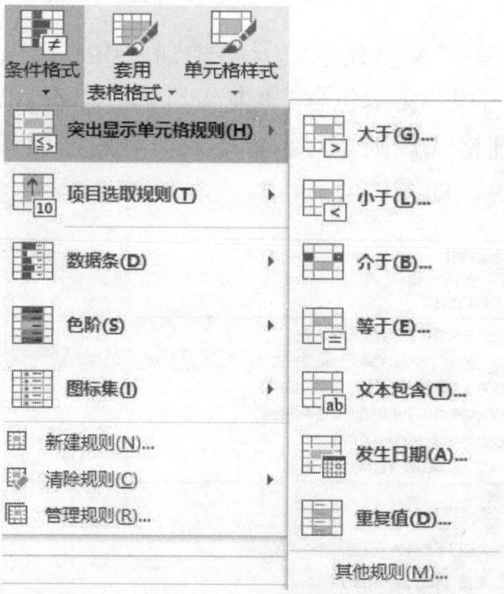

图 18-5 设置条件格式

步骤 6：在“等于”对话框中的编辑框输入“E”，在“设置为”的下拉列表中选择“自定义格式”，如图 18-6 所示。

步骤 7：在“设置单元格格式”对话框中选择“填充”选项卡→“背景色”选择“红色”，“字体”选项卡→“颜色”选择“浅绿色”，单击“确定”按钮，如图 18-7 所示。

图 18-6 “等于”对话框

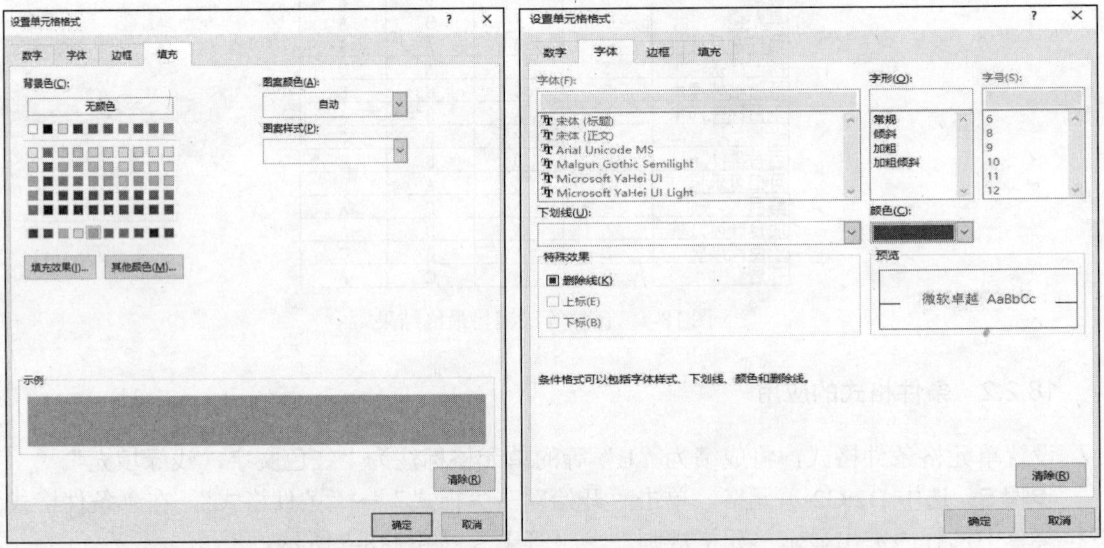

图 18-7 自定义格式

除了设置“等于”外，在“突出显示单元格规则”中还可以设置其他的条件，默认条件主要有“小于”“介于”“大于”“文本包含”“发生日期”“重复值”。

“其他规则”：在“新建格式规则”对话框中还可以新建默认规则以外的规则，例如“大于或等于”“小于或等于”等，如图 18-8 所示。

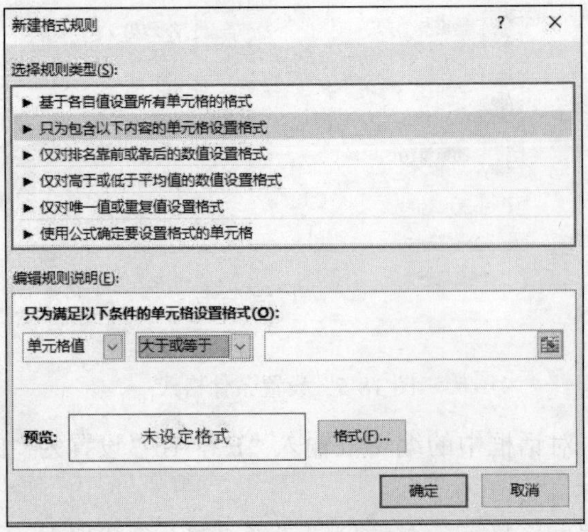

图 18-8 “新建格式规则”对话框

18.2.3　VLOOKUP 函数的使用

在工作表“销售记录”中，计算饮料的单位、进价和售价。

步骤 8：在 F3 单元格中输入“=VLOOKUP（”函数时，在输入的同时系统也会提示公式，如图 18-9 所示。

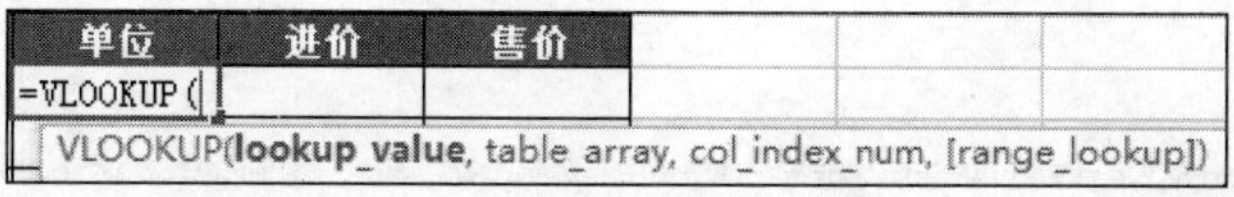

图 18-9　VLOOKUP 函数

输入完公式后，单击“*fx*”图标，弹出“函数参数”对话框，如图 18-10 所示。

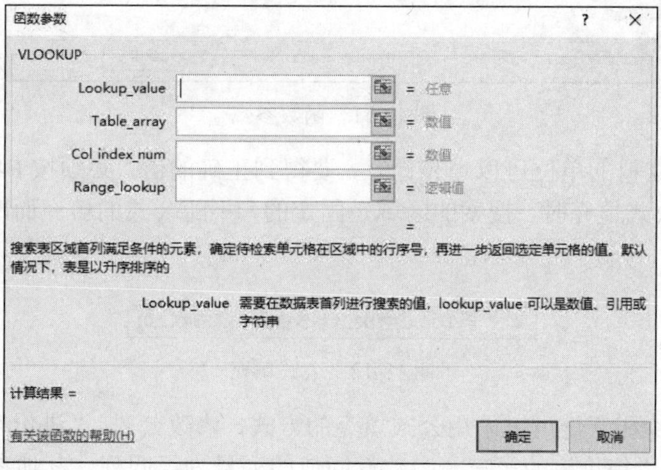

图 18-10　“函数参数”对话框

“Lookup_value”：需要在数据表第一列中进行查找的数值，可以为数值、引用或文本字符串。当 VLOOKUP 函数第一个参数省略查找值时，表示用 0 查找。

“Table_array”：需要在其中查找数据的数据表。使用对区域或区域名称的引用。

“Col_index_num”：Table_array 中查找数据的数据列序号。Col_index_num 为 1 时，返回 Table_array 第一列的数值，Col_index_num 为 2 时，返回 Table_array 第二列的数值，以此类推。如果 Col_index_num 小于 1，函数 VLOOKUP 返回错误值#VALUE!；如果 Col_index_num 大于 Table_array 的列数，函数 VLOOKUP 返回错误值#REF!。

“Range_lookup”：逻辑值，指明函数 VLOOKUP 查找时是精确匹配，还是近似匹配。如果为 FALSE 或 0，则返回精确匹配，如果找不到，则返回错误值#N/A。如果 Range_lookup 为 TRUE 或 1，函数 VLOOKUP 将查找近似匹配值，也就是说，如果找不到精确匹配值，则返回小于 Lookup_value 的最大数值。如果 Range_lookup 省略，则默认为近似匹配。

步骤 9：第一个参数是要查找的特定值，也就是“统一奶茶”，单击或者输入“D3”单元格，第二个参数是输入要检索的区域，即“饮料价格”工作表中的数据区域“B4:E5”单元格，第三个参数表示返回值所在的列号，在“饮料价格”工作表中要返回“单位”列，所以这里输入“2”（注意：这里的列数不是 Excel 默认的列数，而是查找范围的列数）；第四个参数精确查找返回“饮料价格”列，输入“0”或“FALSE”。如图 18-11 所示。

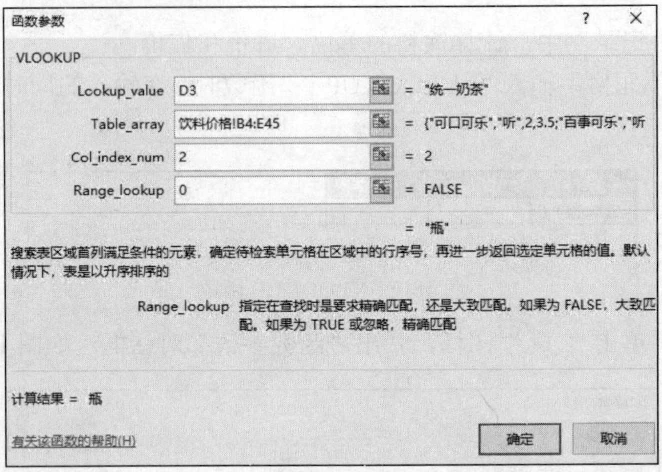

图 18-11　函数参数

步骤 10：其他饮料的单位可以填充计算，要得到正确的值，必须按 F4 键加上绝对引用符号，因为之后进行公式填充时，搜索的区域是固定的，不随公式的填充而改变数据区域的，如图 18-12 所示。

```
fx =VLOOKUP(D3,饮料价格!$B$4:$E$45,2,0)
```

图 18-12　公式填充

步骤 11：对进价和售价可以采用公式填充的方式，修改公式，“进价”的第三个参数返回值的列号为第三列，“售价”的第三个参数返回值的列号为第四列，其他参数不需要修改，如图 18-13 所示。

```
fx =VLOOKUP(D3,饮料价格!$B$4:$E$45,3,0)
fx =VLOOKUP(D3,饮料价格!$B$4:$E$45,4,0)
```

图 18-13　公式填充

完成效果如图 18-14 所示。

销售记录表

日期	所在区	饮料店	饮料名称	数量	单位	进价	售价
2017/1/1	C区	大坪石店	统一奶茶	70	瓶	1.9	2.4
2017/1/1	C区	大坪石店	红牛	78	听	3.2	6
2017/1/1	C区	大坪石店	菠萝啤	16	听	1.2	2.5
2017/1/1	C区	大坪石店	非常可乐	8	听	1.6	3.3
2017/1/1	C区	大坪石店	苦柠檬水	59	瓶	2.5	4.5
2017/1/1	C区	大坪石店	娃哈哈果奶	23	瓶	1.4	3
2017/1/1	C区	大坪石店	葡萄汁	86	合	4.5	7.2
2017/1/1	C区	大坪石店	雪碧	48	听	2.5	4
2017/1/1	C区	大坪石店	王老吉	17	合	1.7	2.2
2017/1/1	C区	大坪石店	怡宝纯净水	62	瓶	0.9	1.5
2017/1/1	C区	大坪石店	脉动	27	瓶	2	3.5
2017/1/1	C区	大坪石店	果粒橙	18	瓶	2.4	3.5
2017/1/1	C区	大坪石店	西柠蜜瓜汁	27	瓶	2	3.5

图 18-14　完成效果图

扩展知识：HLOOKUP 函数的使用。

HLOOKUP 函数是横向查找函数，它与 LOOKUP 函数和 VLOOKUP 函数属于一类函数，因为 HLOOKUP 是按行查找的，所以使用频率较少。

公式：=HLOOKUP（Lookup_value,Table_array,Row_index_num,Range_lookup）。

“Lookup_value”：需要在数据表第一行中进行查找的数值，可以为数值、引用或文本字符串。

“Table_array”：需要在其中查找数据的数据表。使用对区域或区域名称的引用。

“Row_index_num”：Table_array 中待返回的匹配值的行序号。Row_index_num 为 1 时，返回 Table_array 第一行的数值，Row_index_num 为 2 时，返回 Table_array 第二行的数值，以此类推。如果 Row_index_num 小于 1，函数 HLOOKUP 返回错误值#VALUE!；如果 Row_index_num 大于 Table_array 的行数，函数 HLOOKUP 返回错误值#REF!。

“Range_lookup”：逻辑值，指明函数 HLOOKUP 查找时是精确匹配，还是近似匹配。如果为 TURE 或者 1，则返回近似匹配值。也就是说，如果找不到精确匹配值，则返回小于 Lookup_value 的最大数值。如果 Range_lookup 为 FALSE 或 0，函数 HLOOKUP 将查找精确匹配值，如果找不到，则返回错误值#N/A。如果 Range_lookup 省略，则默认为近似匹配。

表格或数值数组（数组是用于建立可生成多个结果或可对在行和列中排列的一组参数进行运算的单个公式。数组区域共用一个公式；数组常量是用作参数的一组常量。）的首行查找指定的数值，并在表格或数组中指定行的同一列中返回一个数值。当比较值位于数据表的首行，并且要查找下面给定行中的数据时，请使用 HLOOKUP 函数。当比较值位于要查找的数据左边的一列时，请使用 VLOOKUP 函数。HLOOKUP 中的 H 代表“行”。

18.2.4　迷你图表的制作方法

创建成绩趋势折线迷你图，在“迷你图案例”工作表的 J2:J21 区域创建成绩趋势折线迷你图。将对应编号复制到迷你图上，只粘贴值，设置单元格字体为红色；在 J 列的迷你图上突出显示数据标记。修改 J 列的迷你图的颜色为“绿色”，粗细为“1.5 磅”，迷你图的标记颜色为“高点，红色”。

步骤 12：在 J2:J21 区域创建成绩趋势折线迷你图。打开“迷你图”工作表，选定 J2:J21 单元格，单击“插入”选项卡，在“迷你图”组中选择“折线图”，如图 18-15 所示。

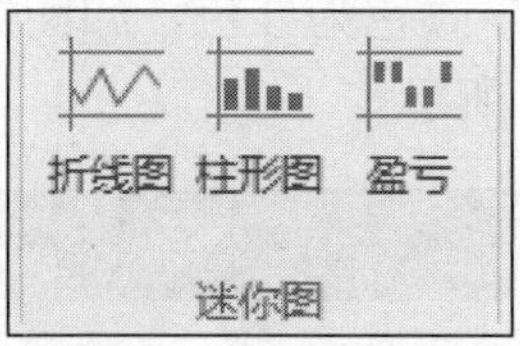

图 18-15　插入折线图

步骤 13：在打开的“创建迷你图”对话框中，“数据范围”选择“D2:I21”，“位置范围”选择“$J$2:$J$21”，如图 18-16 所示。

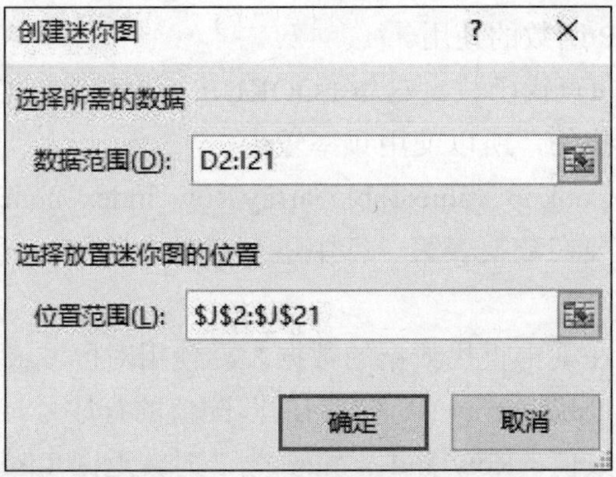

图 18-16 “创建迷你图”对话框

步骤 14：单击“确定”按钮，在 J2:J21 单元格生成迷你折线图，在 J 列突出显示数据标记，选中编号数据区域，将数据复制到迷你图上，选择“粘贴”→“粘贴数值”→“值”，如图 18-17 所示。

图 18-17 粘贴选项

步骤 15：选中迷你图，单击“迷你图工具设计”选项卡，设置迷你图格式，在“显示”组中勾选“标记”，在“样式”组中，选择“迷你图颜色”，设置颜色为绿色，“粗细”为 1.5 磅，选择“标记颜色”，设置“高点”颜色为红色，如图 18-18 所示。

设置好后最终效果，如图 18-19 所示。

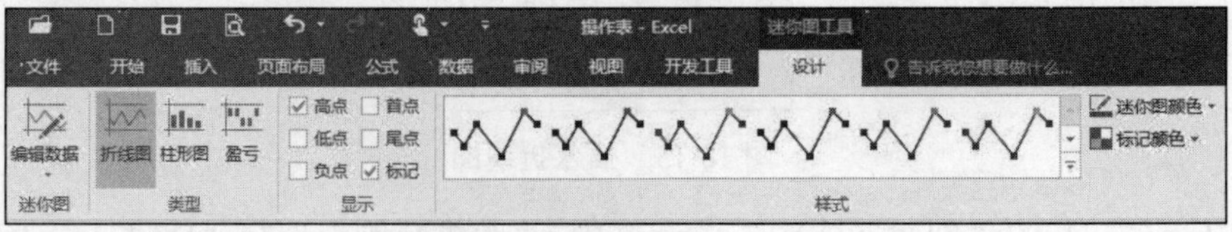

图 18-18 迷你图设计选项卡

编号	姓名	性别	一测	二测	半期	三测	四测	期末	成绩趋势
1	高志毅	男	90	89	62	83	68	78	1
2	戴威	男	61	75	93	87	87	78	2
3	张倩倩	女	82	82	85	65	75	98	3
4	伊然	女	55	64	90	64	70	82	4
5	鲁帆	女	92	93	82	97	67	80	5
6	黄凯东	男	91	59	69	84	84	92	6
7	侯跃飞	男	76	84	96	74	76	65	7
8	魏晓	男	88	87	80	87	86	95	8
9	李巧	男	56	80	69	74	81	100	9
10	殷豫群	男	96	100	91	76	73	95	10
11	刘会民	男	71	94	97	84	86	92	11
12	刘玉晓	女	97	68	98	82	63	72	12
13	王海强	男	74	96	62	68	100	72	13
14	周良乐	男	76	63	72	89	90	78	14
15	肖童童	女	75	55	96	82	58	93	15
16	张月	女	66	64	59	85	75	64	16
17	萧潇	女	98	65	72	86	59	62	17
18	张志强	女	79	71	83	97	62	59	18
19	章中承	男	100	91	66	59	97	94	19
20	薛利恒	男	76	65	61	68	65	56	20

图 18-19　最终效果图

18.3 案例小结

本案例主要学习了条件格式、LOOKUP 函数、VLOOKUP 函数和迷你图表的运用，在实际应用中，大家还应该注意以下内容。

（1）条件格式对于一个单元格区域，可以有多个条件格式规则计算值为真。在规则的应用上，有两种情况：规则不冲突和规则冲突的情况：

规则不冲突：例如，如果一个规则将单元格格式设置为字体加粗，而另一个规则将同一个单元格的格式设置为红色，则该单元格的字体将被加粗并设为红色。因为这两种格式间没有冲突，所以两个规则都得到应用。

规则冲突：例如，一个规则将单元格字体颜色设置为红色，而另一个规则将单元格字体颜色设置为绿色。因为这两个规则冲突，所以只应用一个规则，应用优先级较高的规则（在对话框列表中的较高位置）。

（2）在使用 LOOKUP 函数查询一个明确的值或者范围的时候（也就是知道在查找的数据列是肯定包含被查找的值），查询列必须按照升序排列。如果所查询值为明确的值，则返回值对应的结果行，如果没有明确的值，则向下取得与所查询值最近的值。查找一个不确定的值，如查找一列数据的最后一个数值，在这种情况下，并不需要升序排列。

（3）在使用 VLOOKUP 函数时 VLOOKUP 中的 V 表示垂直方向。当比较值位于所需查找的数据的左边一列时，可以使用 VLOOKUP。如果 Range_Lookup 参数为 TRUE 或被省略，则必须按升序排列 Table_Array 第一列中的值；否则，VLOOKUP 可能无法返回正确的值。如果 Range_Lookup 为 FALSE，则不需要对 Table_Array 第一列中的值进行排序。如果 Range_Lookup 参数为 FALSE，VLOOKUP 将只查找精确匹配值。如果 Table_Array 的第一列中有两个或更多值与 Lookup_Value 匹配，则使用第一个找到的值。如果找不到精确匹配值，则返回错误值#N/A。

（4）在迷你图表的制作中，首先要确定用哪些数据源制作迷你图表，其次确定制作什么类型的迷你图表，最后再对图表的数据设置迷你图表格式样式。

18.4 拓展训练

按下列要求对文件“素材\部门销售信息.xlsx”进行操作并保存。

（1）对“订单明细”工作表进行格式调整，通过套用表格格式方法将所有的销售记录调整为一致的外观格式，并将“单价”列和“小计”列所包含的单元格调整为“会计专用”（人民币）数字格式。

（2）根据图书编号，在“订单明细”工作表的“图书名称”列中，使用 VLOOKUP 函数完成图书名称的自动填充。“图书名称”和“图书编号”的对应关系在“编号对照”工作表中。

（3）根据图书编号，在“订单明细”工作表的“单价”列中，使用 VLOOKUP 函数完成图书单价的自动填充。“单价”和“图书编号”的对应关系在“编号对照”工作表中。

（4）在“订单明细”工作表的“小计”列中，计算每笔订单的销售额。

（5）根据“订单明细”工作表中的销售数据，统计所有订单的总销售金额，并将其填写在“统计报告”工作表的 B3 单元格中。

（6）根据“订单明细”工作表中的销售数据，统计《MS office 高级应用》图书在 2012 年的总销售额，并将其填写在“统计报告”工作表的 B4 单元格中。

（7）根据“订单明细”工作表中的销售数据，统计隆华书店在 2011 年第 3 季度的总销售额，并将其填写在“统计报告”工作表的 B5 单元格中。

（8）根据“订单明细”工作表中的销售数据，统计隆华书店在 2011 年的每月平均销售额（保留 2 位小数），并将其填写在“统计报告”工作表的 B6 单元格中。

学习笔记

案例 19　商品销售图表的统计与分析

学习目标：

- 掌握创建图表的方法。
- 掌握修饰图表的方法。
- 掌握汇总图表的方法。
- 掌握动态图表的方法。

19.1　案 例 简 介

某公司主要经营饮料产品的零售业务，该公司销售部对饮料销售额情况进行分析，每个区将销售额和毛利润数据记录在销售记录表中，请大家帮助公司销售部对各饮料产品的销售额和毛利润记录进行图表统计和分析。

19.2　案 例 制 作

本案例以某公司各区销售记录为例，学习创建图表，修饰图表，制作动态图表统计和分析饮料的销售利润。打开“素材\原始表_03.xlsx”作为案例，完成如下操作。

19.2.1　创建图表

复制工作表“各区销售汇总”中汇总数据（不含第 3 级明细数据，含第 2 级明细数据和汇总数据）到工作表“汇总图表”的单元格 A1 开始的区域。

步骤 1：单击分级显示符号 2，选中“销售记录表”，然后单击“开始”→“编辑”→“查找和选择”下的“定位条件”，如图 19-1 所示。

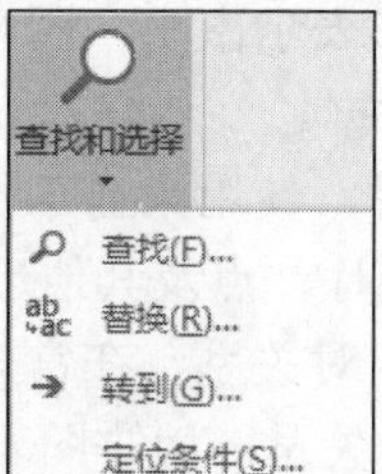

图 19-1　定位条件

步骤 2：弹出“定位条件”对话框，在“定位条件”对话框中选中“可见单元格”单选按钮，如图 19-2 所示。

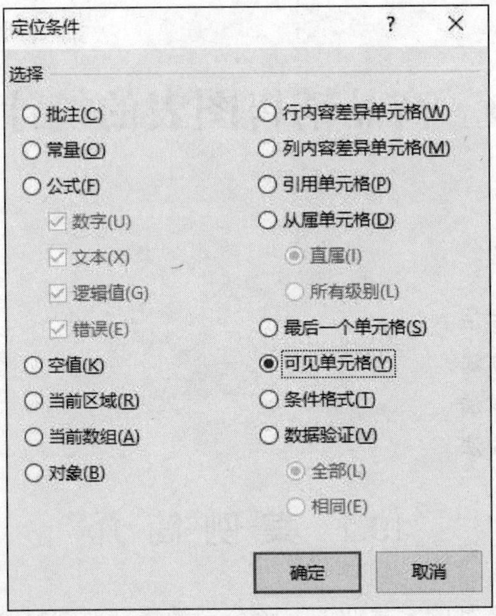

图 19-2 “定位条件”对话框

步骤 3：单击“确定”按钮，显示所有单元格，然后单击“复制”按钮将所有可见的单元格的数据粘贴到“汇总图表”工作表 A1 开始的单元格中，单击“粘贴”按钮，如图 19-3 所示。

	A	B	C	D	E	F	G	H	I	J
1	销售记录表									
2	日期	所在区	饮料店	饮料名称	数量	单位	进价	售价	销售额	毛利润
3		A区 汇总							34526.1	12006.9
4		B区 汇总							37315.5	12924.8
5		C区 汇总							37372.5	12735
6		D区 汇总							34655	11754.5
7		E区 汇总							39525.6	12995.7
8		总计							183394.7	62416.9

图 19-3 粘贴数据

以分类汇总结果为基础，在工作表“汇总图表”中，使用表格中所在区、销售额和毛利润数据（不含总计数据）作为数据源，创建一个簇状柱形图，对各个区的销售情况进行比较。

图表是指将工作表中的数据用图形表示出来。图表可以使数据更加有趣、吸引人、易于阅读和评价，也可以帮助分析和比较数据。

当基于工作表选定区域建立图表时，使用来自工作表的值，并将其当作数据点在图表上显示。数据点用条形、线条、柱形、切片、点及其他形状表示，这些形状称作数据标示。

图表可以用来表现数据间的某种相对关系，在常规状态下一般运用柱形图比较数据间的多少关系；用折线图反映数据间的趋势关系；用饼图表现数据间的比例分配关系。

建立了图表后，可以通过增加图表项，如数据标记，图例、标题、文字、趋势线，误差线及网格线来美化图表及强调某些信息。大多数图表项可被移动或调整大小，也可以用图案、颜色、对齐、字体及其他格式属性来设置这些图表项的格式。

步骤 4：确定数据源区域，根据要求的描述，创建图表需要各个区的销售情况，也就是

“分类汇总”工作表中的分类名称“B2:B7”、销售额“I2:I7”和毛利润“J2:J7”，由于不是连续的单元格区域，因此选择时首先按住鼠标左键选择“B3:B7”，然后按住 Ctrl 键再依次拖选“I2:I7”和“J2:J7”。

步骤 5：选择好数据区域后，单击“插入”选项卡，在“图表”组中选择“柱形图”，在下拉列表中选择“二维柱形图”中的“簇状柱形图”，如图 19-4 所示。

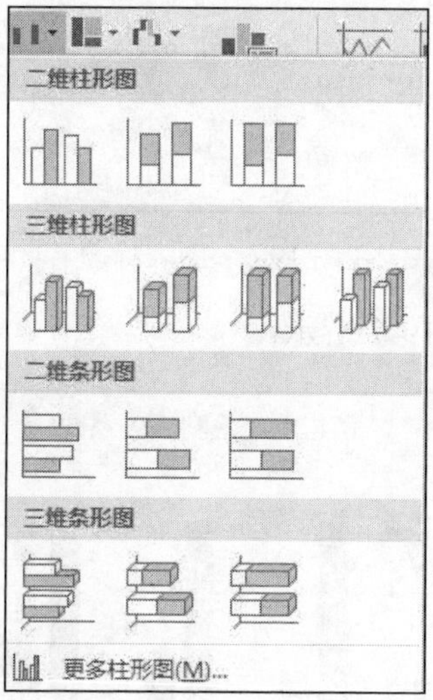

图 19-4　插入图表菜单

选择好后在工作表会出现一个绘制好的图表，如图 19-5 所示。

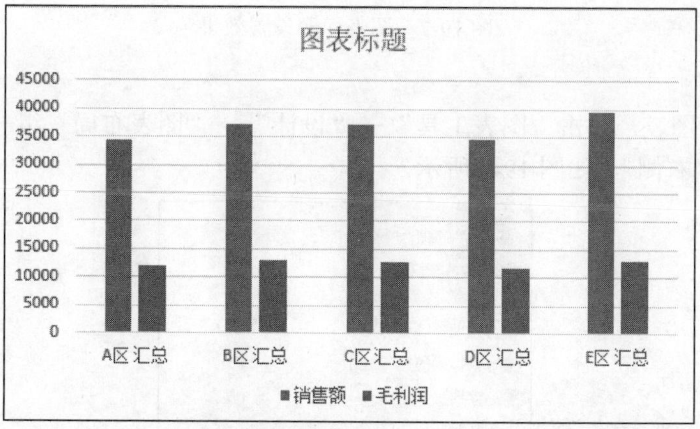

图 19-5　生成的图表

19.2.2　修饰图表

（1）设置图表标题为“销售额与毛利润关系图”，置于图表上方。

步骤 6：选择图表，单击“图表工具”→“设计”→“图表布局”组→“添加图表元素”→“图表标题”下的“图表上方”，标题为“销售额与毛利润关系图”，如图 19-6 所示。

图 19-6　图表标题

设置完成的图表标题，如图 19-7 所示。

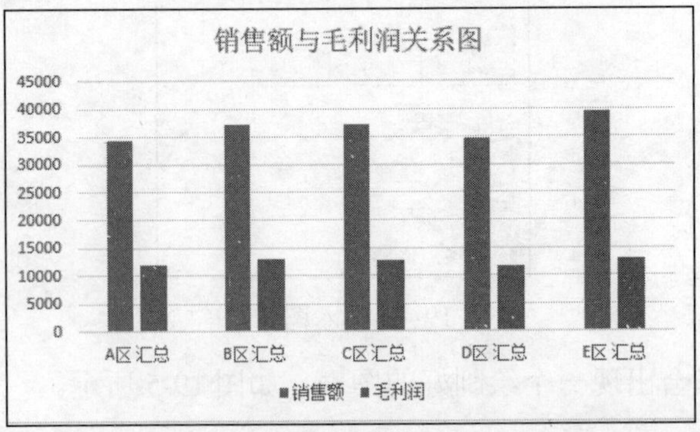

图 19-7　图表标题设置效果

（2）设置图例。

步骤 7：选择图表，单击“图表工具”→“设计”→“图表布局”组→“添加图表元素”→“图例”下的“右侧”，如图 19-8 所示。

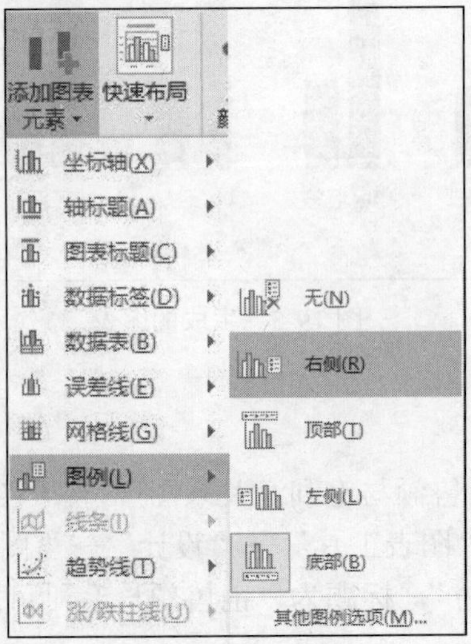

图 19-8　设置图例

设置完成的图例效果，如图 19-9 所示。

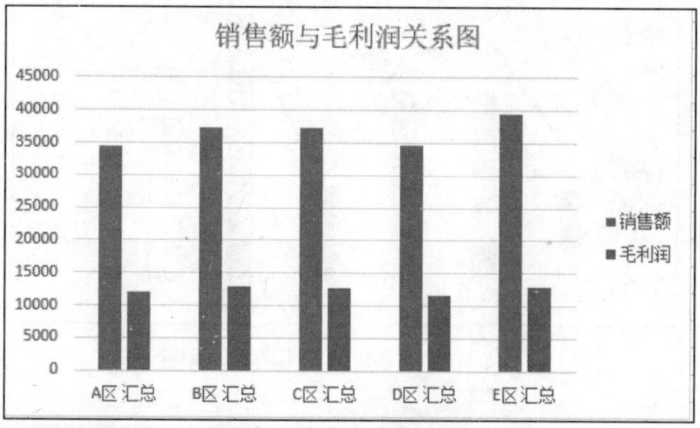

图 19-9　图例效果

（3）设置数据系列“毛利润”为“次坐标轴”，更改系列“毛利润”的图表类型为“带数据标记的折线图”。

步骤 8：选中图表，单击“图表工具”→“设计”→“类型”组→“更改图表类型”→“所有图表”选项卡→“组合”→“为您的数据系列选中图表类型和轴”→“毛利润”下拉选单中选择“带数据标记的折线图”，勾选“次坐标轴”，如图 19-10 所示。

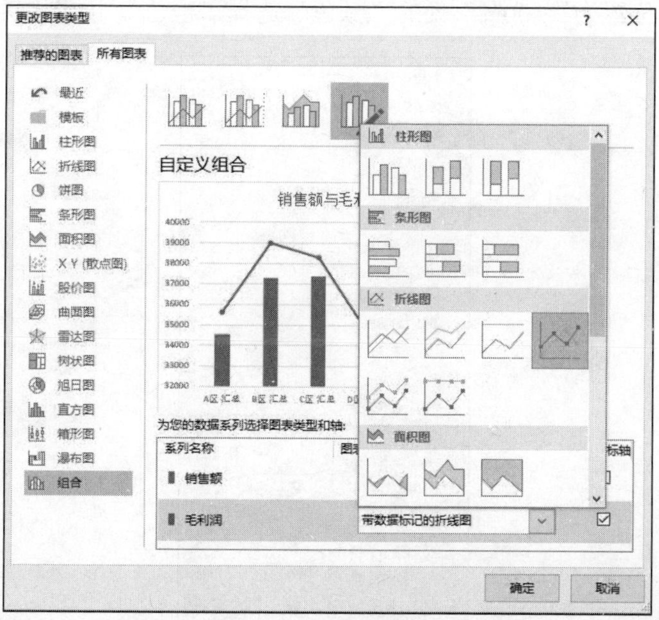

图 19-10　设置数据系列格式

单击“确定”按钮，设置完成的折线效果，如图 19-11 所示。

（4）设置图表区填充色为：“渐变填充”，渐变光圈位置 0%和 100%的颜色均为“橙色”；绘图区格式为“渐变填充”，渐变光圈位置 0%和 100%的颜色均为“绿色”。

步骤 9：选择“图表工具”→“格式”→“当前所选内容”组→“图表区”，再单击“设置所选内容格式”，如图 19-12 所示。

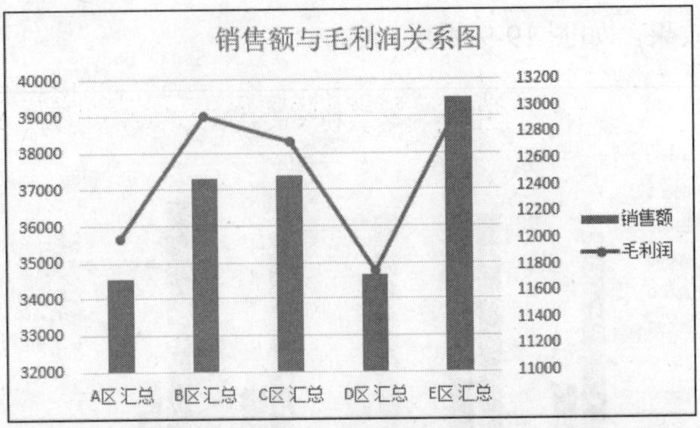

图 19-11　带数据标记的折线图

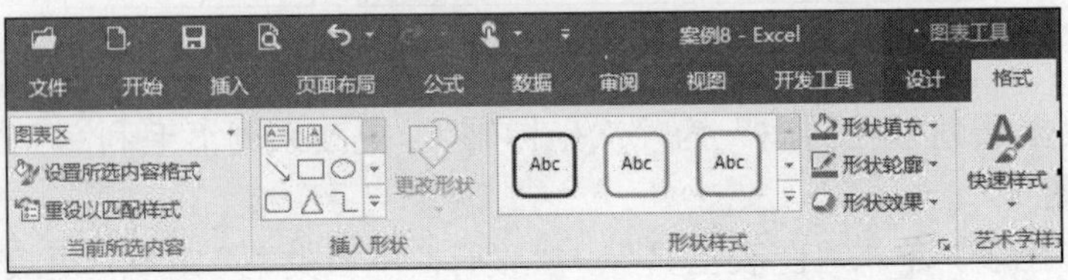

图 19-12　当前所选内容

步骤 10：在“设置图表区格式”区，选中“渐变填充”单选按钮，位置为“0%”的“颜色”选择“橙色”，位置为“100%”处的“颜色”选择“橙色”，如图 19-13 所示。

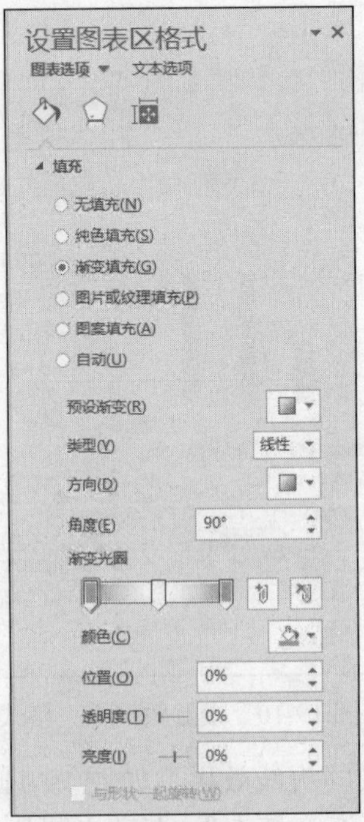

图 19-13　设置图表区填充色

步骤 11：单击“关闭”按钮，绘图区格式设置和图表区格式设置相同，请同学们自行设置，如图 19-14 所示。

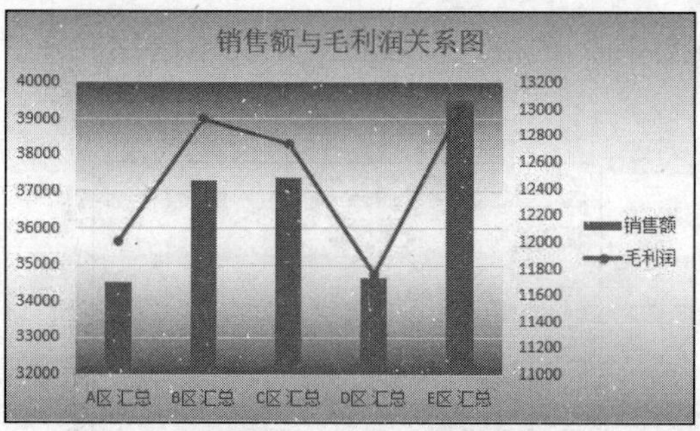

图 19-14　销售额与毛利润关系图修饰后效果

（5）显示数据标签，居中放置在数据点上。在横坐标轴下方显示主要横坐标标题“饮料店”，设置主要纵坐标轴标题为“销售额”，设置次要纵坐标轴标题为“毛利润”，纵坐标轴标题均为“竖排标题”。

步骤 12：选择“图表区”，单击“设计”→“添加图表元素”→“数据标签”→“居中”，如图 19-15 所示。

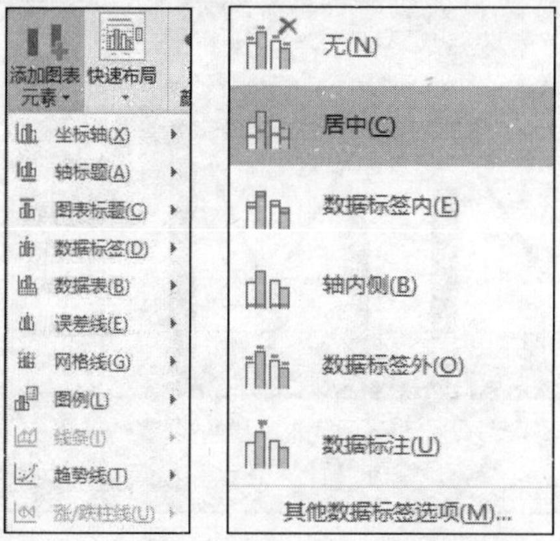

图 19-15　显示数据标签

步骤 13：单击“设计”→“添加图表元素”→“轴标题”→“主要横坐标轴”，如图 19-16 所示。

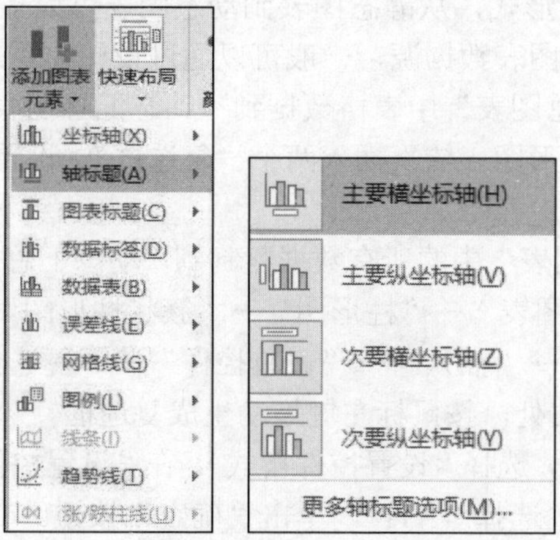

图 19-16　主要横坐标轴

步骤 14：在“设置坐标轴标题格式”设置→“文本选项”→“文本框”中设置“文字方向”，如图 19-17 所示。

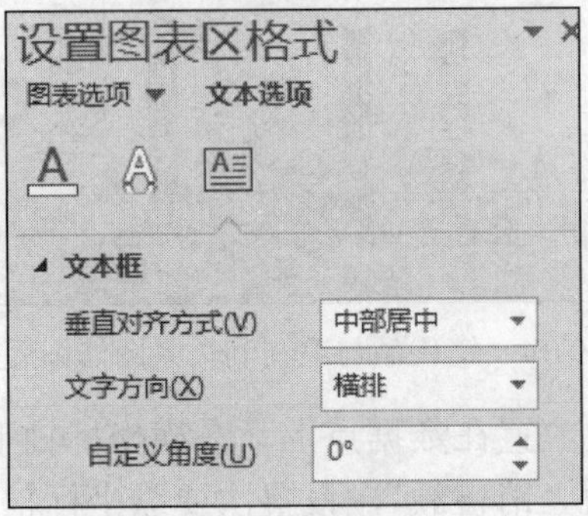

图 19-17　文本选项设置

其他坐标轴标题的设置按以上操作设置完成，如图 19-18 所示。

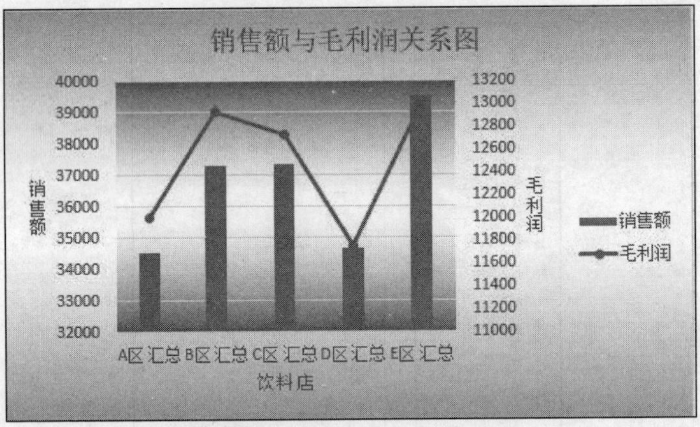

图 19-18　修饰后的效果

19.2.3　动态图表

动态图表是图表的高级形式，从静态图表到动态图表可以提高分析数据的效率和效果，其核心的思想是动态地改变图表数据源，一般可以通过设计控件来控制数据的来源。

（1）复制工作表“汇总图表”中表格数据到“动态汇总图表”工作表的单元格 A1 开始的区域。插入空白的簇状柱形图。依次插入两个“复选框”。设置控件格式中，单元格链接分别为 A11 和 A12。

步骤 15：选择“汇总图表”中的所有数据复制到“动态汇总图表”A1 单元格，选中空白单元格，单击“插入”→“图表”→“柱形图”→“簇状柱形图”插入一张空白的柱形图。单击“开发工具”→“控件”→“插入”→“表单控件”→“复选框”，如图 19-19 所示。

步骤 16：在工作表空白处，按鼠标左键拖动生成复选框。

步骤 17：右击复选框 1，选择“设置控件格式”，在“设置控件格式”对话框中，选择“控制”选项卡，“单元格链接”选择“A11”，单击“确定”按钮。右击复选框 2，选择“设置控件格式”，在“设置对象格式”对话框中，选择“控制”选项卡，“单元格链接”选择“A12”，使复选框和图表数据源建立关系，如图 19-20 所示。

图 19-19　插入表单控件

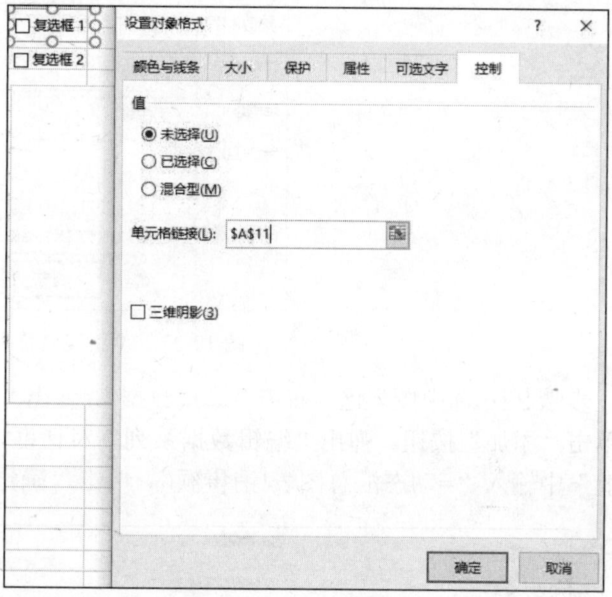

图 19-20　设置对象格式

（2）构建并定义计算公式。勾选“复选框 1”时，返回区域 I3:I7 的数据；勾选“复选框 2”时，返回区域 J3:J7 的数据。

步骤 18：设置“复选框 1”，选中空白单元格，输入公式“=if($A$11,$I$3:$I$7,$K$3:$K$7)”（所有单元格要绝对引用），如图 19-21 所示。

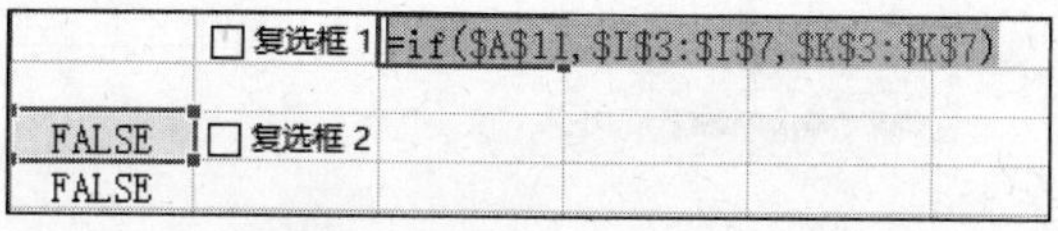

图 19-21　构建并定义计算公式

步骤 19：复制该公式定义该公式的名称，单击“公式”→“定义的名称”组→“定义名称”（或“名称管理器”），如图 19-22 所示。

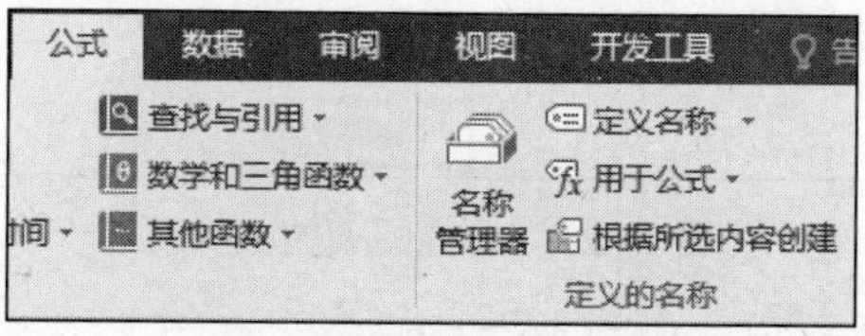

图 19-22　定义名称

步骤 20：在弹出的“新建名称”对话框中，“名称”输入“销售额”，引用位置复制公式“=if($A$11,$I$3:$I$7,$K$3:$K$7)”，单击“确定”按钮，如图 19-23 所示。

步骤 21：设置“复选框 2”和设置“复选框 1”相同，请同学自己设置。“复选框 2”公式=if($A$12,$J$3:$J$7,$K$3:$K$7)。

（3）设置图表的数据源。数据系列为定义的公式中返回的数据区域 I3:I7 或 J3:J7，设置分类轴显示各区汇总。

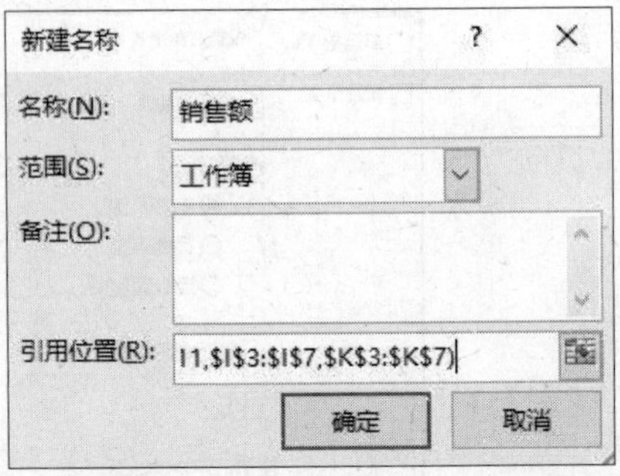

图 19-23 “新建名称”对话框

步骤 22：选中图表区，右击“选择数据”，弹出“选择数据”对话框，在“图例项（系列）”栏单击“添加”按钮，弹出“编辑数据系列”对话框，在“系列名称”中输入“销售额”，“系列值”中输入“=动态汇总图表!销售额”，单击“确定”按钮，如图 19-24 所示。

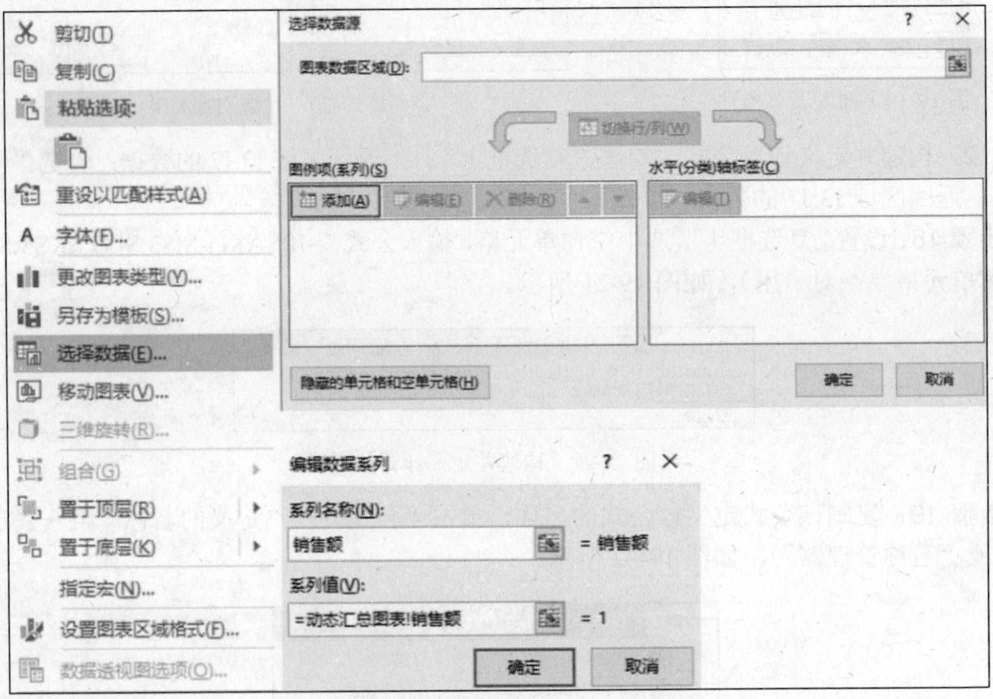

图 19-24 设置图表的数据源

步骤 23：再继续添加毛利润，如图 19-25 所示。

步骤 24：在“水平(分类)轴标签”单击“编辑”按钮，弹出“轴标签”对话框，“轴标签区域”选择“动态汇总图表”工作表 B3:B7，如图 19-26 所示。添加数据后的效果图，如图 19-27 所示。

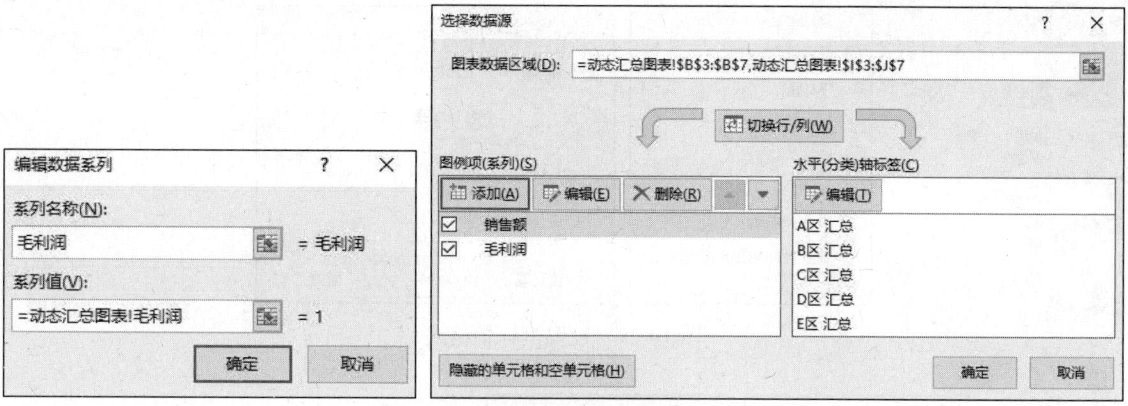

图 19-25　继续添加数据

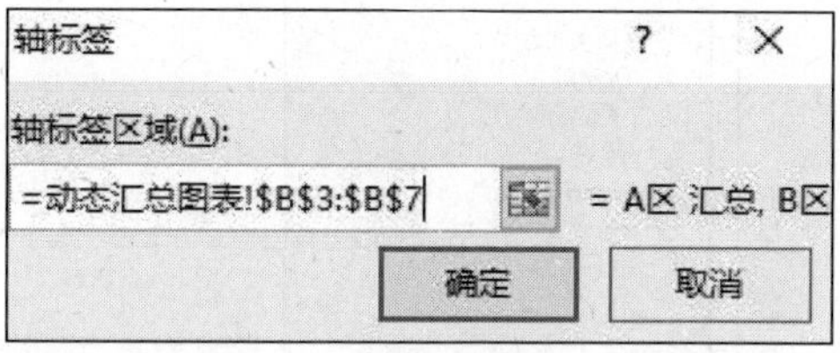

图 19-26　“轴标签”对话框

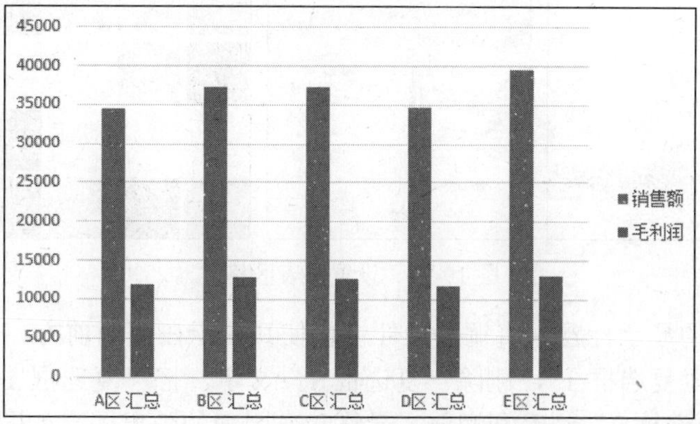

图 19-27　效果图

注意：当勾选复选框时，选择其中的数据，去掉勾选时选择空白区域。

（4）设置纵坐标轴最大值为 40000，最小值为 10000。

步骤 25：选中“坐标轴”，右击“设置坐标轴格式”，弹出“设置坐标轴格式”对话框中，在“最小值”中输入“10000”，“最大值”中输入“40000”，如图 19-28 所示。

（5）设置图表区填充色为纹理“蓝色面巾纸”，绘图区设置为“白色”。

步骤 26：选中“图表区”，右击，选择“设置图表区域格式”，在“设置图表区格式”区选中“图片或纹理填充”单选按钮，“纹理”选择“蓝色面巾纸”（第四行第二列），如图 19-29 所示。绘图区颜色请同学自行设置。

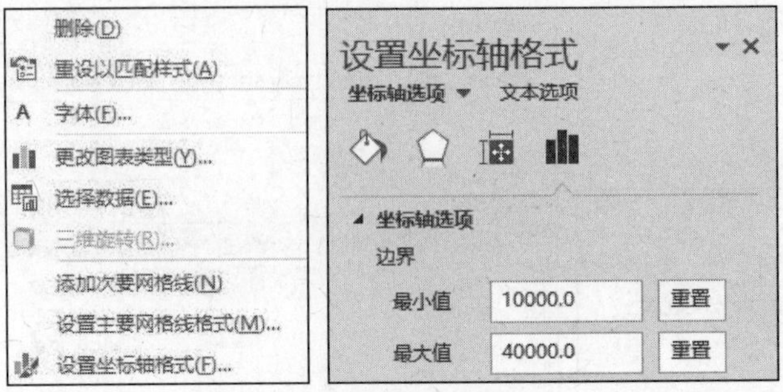

图 19-28　设置坐标轴格式

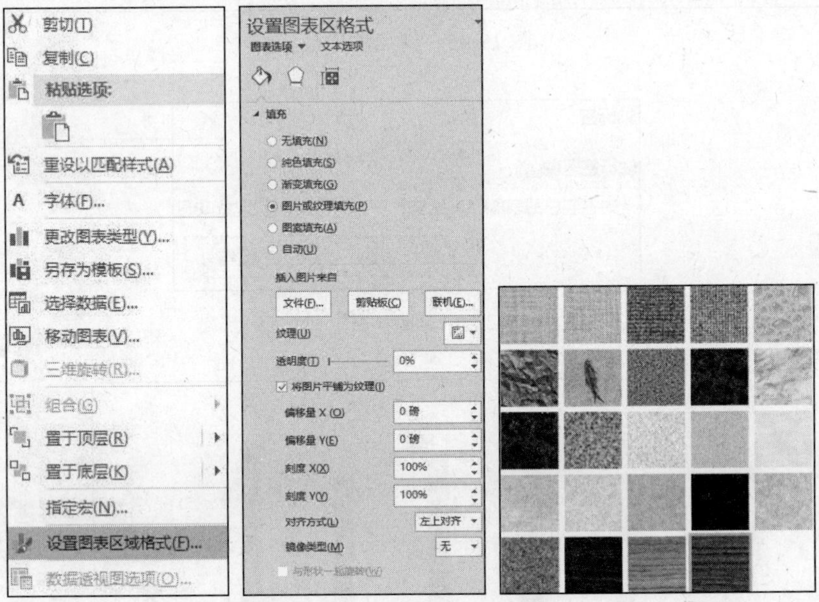

图 19-29　设置图表区格式

（6）删除控件的显示标题，将调整控件位置使其显示在图例前方。

步骤 27：选中“复选框 1”，删除“复选框 1”文字，把“复选框 1”移动到图例“销售额”前方。移动“复选框 2”到毛利润前。最终动态图表的效果图，如图 19-30 所示。

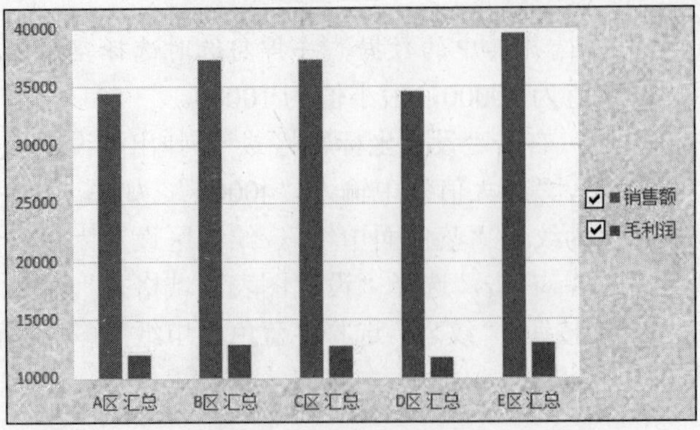

图 19-30　最终效果图

19.3 案 例 小 结

本案例主要学习了静态图表和动态图表的运用，在实际应用中，大家还应该注意，无论用哪种方法创建动态图表，都需要有数据、制作图表和添加窗体控件三个步骤，才能在传统平淡的图表上加载神奇的动态效果。

19.4 拓 展 训 练

按下列要求对文件“综合应用操作.xlsx”进行操作并保存，各部分最终的效果请参照文件“样表.xlsx”的相应部分。

1. 在工作表 Sheet1 中进行以下操作

（1）计算图书的专业、类别和定价（使用 VLOOKUP 函数，检索工作表 Sheet2 中数据）。

（2）计算图书销售额[销售额=销售量(本)×定价]。

2. 在指定的工作表中完成汇总统计

（1）在工作表“各专业图书定价统计”中，使用“分类汇总”计算出各个专业的“定价”的最大值。

（2）在工作表“各图书类别定价统计”中，使用“分类汇总”计算出各个类别的“定价”的最大值。

（3）在工作表“各时间出版量”中，使用“分类汇总”计算出各“出版年月”的图书数量。

（4）在工作表“图书统计”中，使用嵌套“分类汇总”计算出各专业和各类别的“定价”的最大值。

3. 制作图表

（1）复制工作表“图书销售汇总”中汇总数据（不含第 3 级明细数据，含第 2 级明细数据和汇总数据）到工作表“Sheet3”的单元格 A1 开始的区域，只粘贴数值，不粘贴格式。

（2）在工作表“Sheet3”中，插入簇状圆柱图。

（3）在工作表“Sheet3”中，插入一个“组合框(窗体控件)”，设置控件格式：数据源为当前工作表中的区域$C$2:$C$8；单元格链接为$A$10。

（4）在工作表“Sheet3”中，利用组合框构建计算公式：在组合框中选择“大学通识类 汇总”时，返回“大学通识类 汇总”对应数据 E2:F2；选择“电子信息与电气类 汇总”时，返回“电子信息与电气类 汇总”对应数据 E3:F3，以此类推。公式名为“专业总和”。

（5）设置图表数据源：数据系列为构建的计算公式“专业总和”的返回值；分类轴数据源为区域$E$1:$F$1。

（6）调整组合框位置，将组合框显示在图例上。

案例 20　数据透视表和数据透视图的应用

学习目标：

- 掌握创建数据透视表方法。
- 掌握更改数据透视表的汇总方式。
- 掌握更改数据源方法。
- 掌握创建数据透视表方法。

20.1 案例简介

以某公司的员工情况为例，请大家帮助该公司用数据透视表和数据透视图对各部门人员的学历、年龄、工资等情况进行统计和分析。

20.2 案例制作

本案例以某公司各部门人员的组成为例，学习创建数据透视图和数据透视表。打开“素材\数据透视表和图.xlsx”作为案例，完成如下操作。

20.2.1　创建数据透视表

要创建数据透视表，必须先创建其源数据。数据透视表是根据源数据列表生成的，源数据列表中每一列都成为汇总多行信息的数据透视表字段，列名称为数据透视表的字段名。对源数据的要求为：

（1）将数据整理为表格形式。

（2）数据表的第一行为列标题。

（3）表中没有任何空白行或空白列。

（4）列中的数据类型应相同。

行为“部门”，列为“年龄”，统计各部门各年龄的人数。

步骤 1：单击源数据表中的任意一个单元格，单击“插入”→“表格”组→“数据透视表”，打开“创建数据透视表”对话框，如图 20-1 所示。

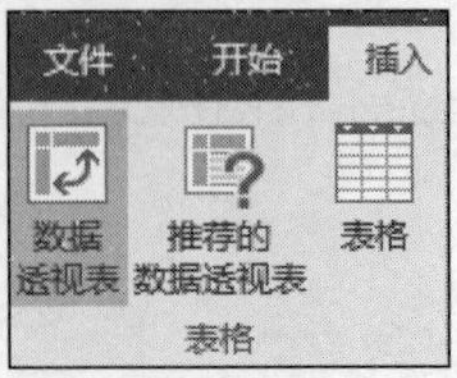

图 20-1　插入数据透视表

步骤 2：在“创建数据透视表”对话框中，“请选择单元格区域”单选按钮，选择数据源列表区域“A1:M36”，选中“新工作表”单选按钮，如图 20-2 所示。

步骤 3：单击“确定”按钮，在新的工作表中添加空的数据透视表，如图 20-3 所示。

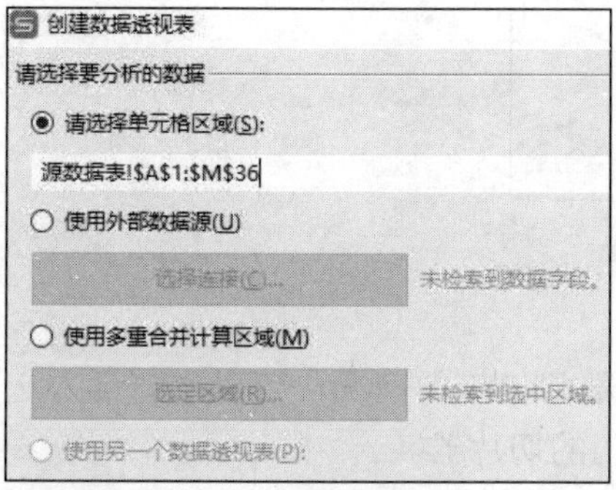

图 20-2　创建数据透视表

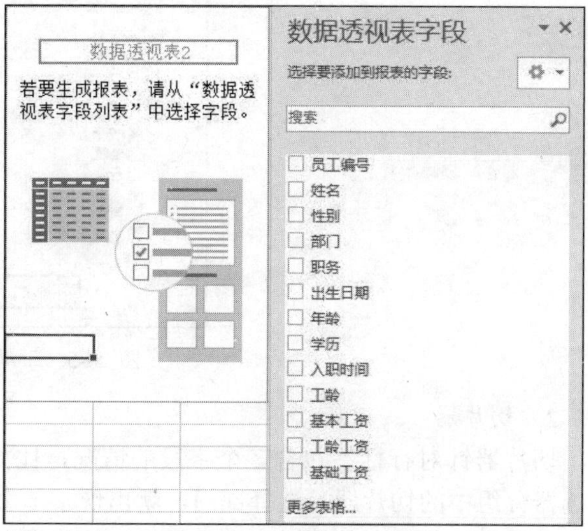

图 20-3　空的数据透视表

步骤 4：“选择要添加到报表的字段”中勾选“部门”复选框，添加到“行”标签区域，“年龄”拖拽到“列”，“姓名”拖拽到“值”，如图 20-4 所示。

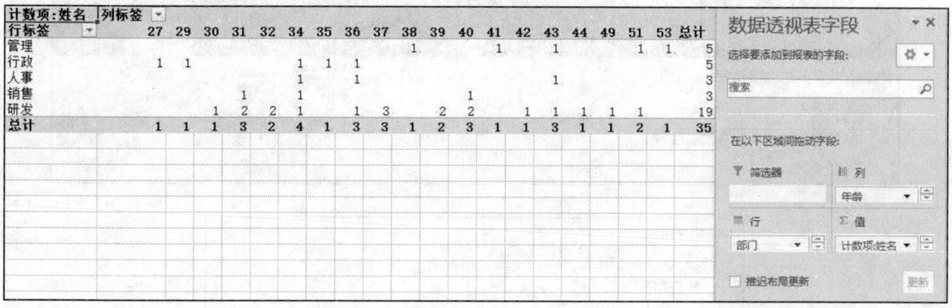

图 20-4　添加数据透视表字段

注意：如果向数据透视表中添加字段，在“数据透视表字段”空格中选中“字段名称”复选框，所选字段将添加至默认区域。非数字字段添加到“行”，日期和时间层次结构添加到“列”，数值字段添加到“值”。若要将字段从一个区域移到另一个区域，就将该字段拖到目标区域即可。

20.2.2　筛选数据透视表数据

1. 手动筛选

只筛选人事部门各年龄的人数。

步骤 5：单击“行标签”箭头，勾选“人事”复选框，单击“确定”按钮，如图 20-5 所示。

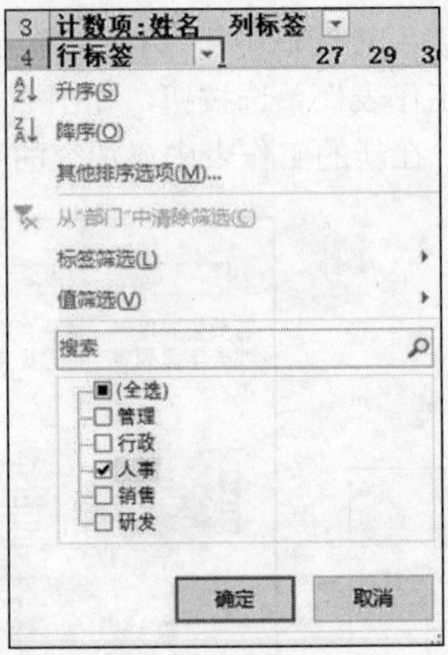

图 20-5 手动筛选

2. 切片器

切片器针对行标签包含多个字段的情况，比如各部门年龄的情况，可以选择插入选项卡筛选器分组中的切片器，选择部门，就出现了一个部门的切片器。

步骤 6：单击“数据透视表工具”→“分析”→“筛选”→“插入切片器”，在“插入切片器”对话框中勾选“部门”复选框，单击“确定”按钮，弹出“部门”切片器，如图 20-6 所示。

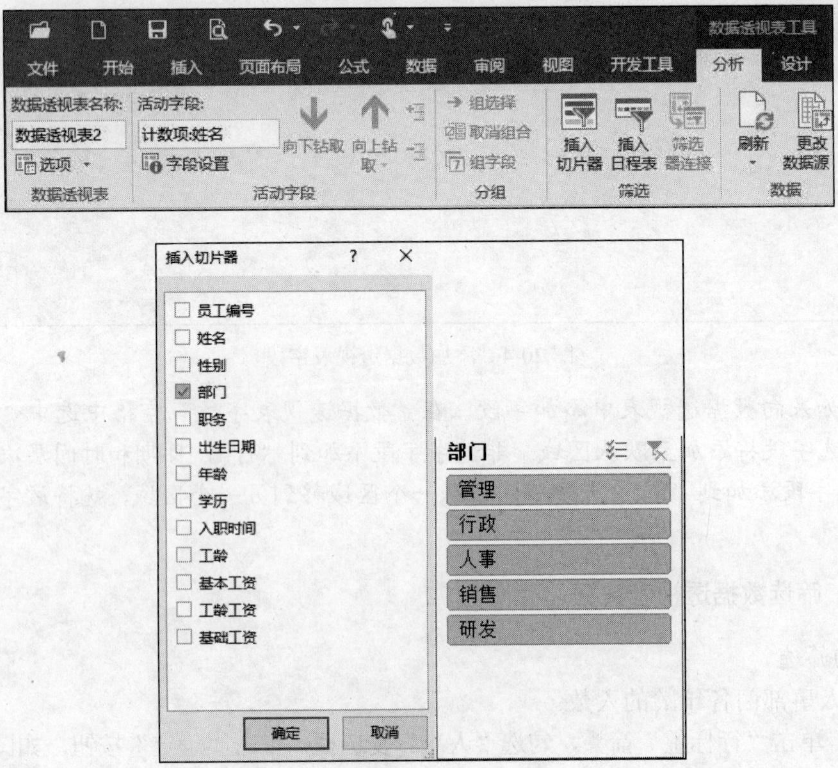

图 20-6 切片器

步骤 7：在“部门”切片中，单击“人事”，数据透视表就只显示人事部门的年龄情况，如图 20-7 所示。

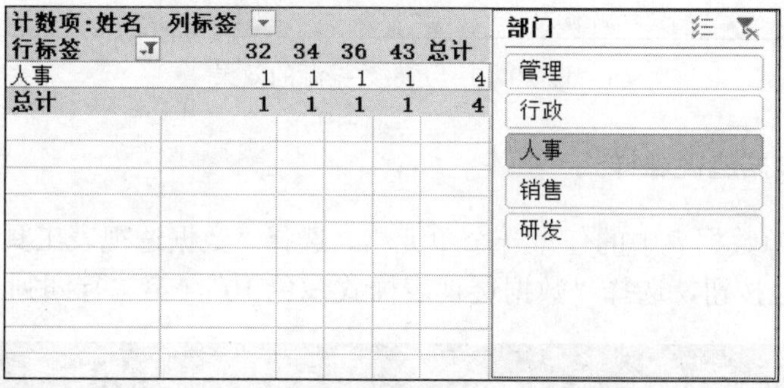

图 20-7　人事部门年龄情况

20.2.3　更改数据透视表数据源

原数据表中添加了两名新员工信息，要更改数据透视表数据源。

步骤 8：在“数据透视表工具”→“分析”→“数据”→“更改数据源”下拉选单中，选择“更改数据源”，如图 20-8 所示。

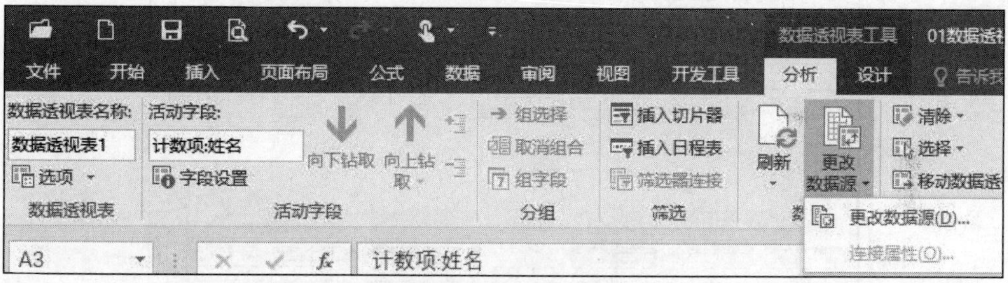

图 20-8　更改数据源

步骤 9：在“更改数据透视表数据源”对话框，选中“选择一个表或区域”单选按钮，重新选择数据区域，如图 20-9 所示。

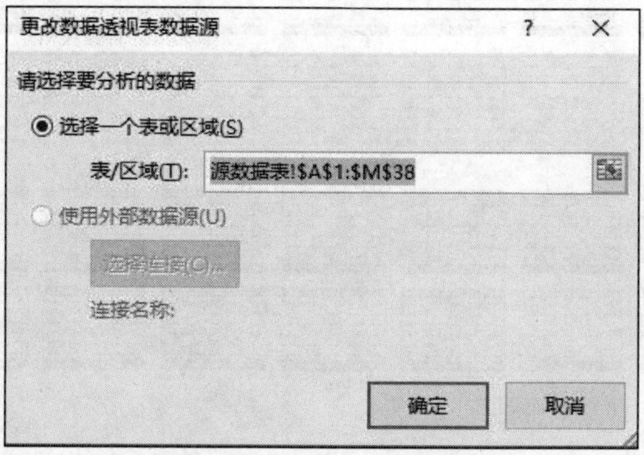

图 20-9　选择新数据源

步骤 10：单击“确定”按钮，更改了数据透视表的新数据，如图 20-10 所示。

行标签	27	29	30	31	32	34	35	36	37	38	39	40	41	42	43	44	49	51	53	总计
管理										1			1		1			1	1	5
行政	1	1				1	1	1												5
人事					1	1		1							1					4
销售				1		2						1								4
研发			1	2	2	1		1	3		2	2		1	1	1	1	1		19
总计	1	1	1	3	3	5	1	3	3	1	2	3	1	1	3	1	1	2	1	37

图 20-10 更改数据源的效果

20.2.4 设置数据透视表样式

步骤 11：单击源数据表中的任意一个单元格，选择“数据透视表工具”→“设计”→“数据透视表样式”其他按钮，选择“数据透视表样式浅色 10”（第二行四列），如图 20-11 所示。

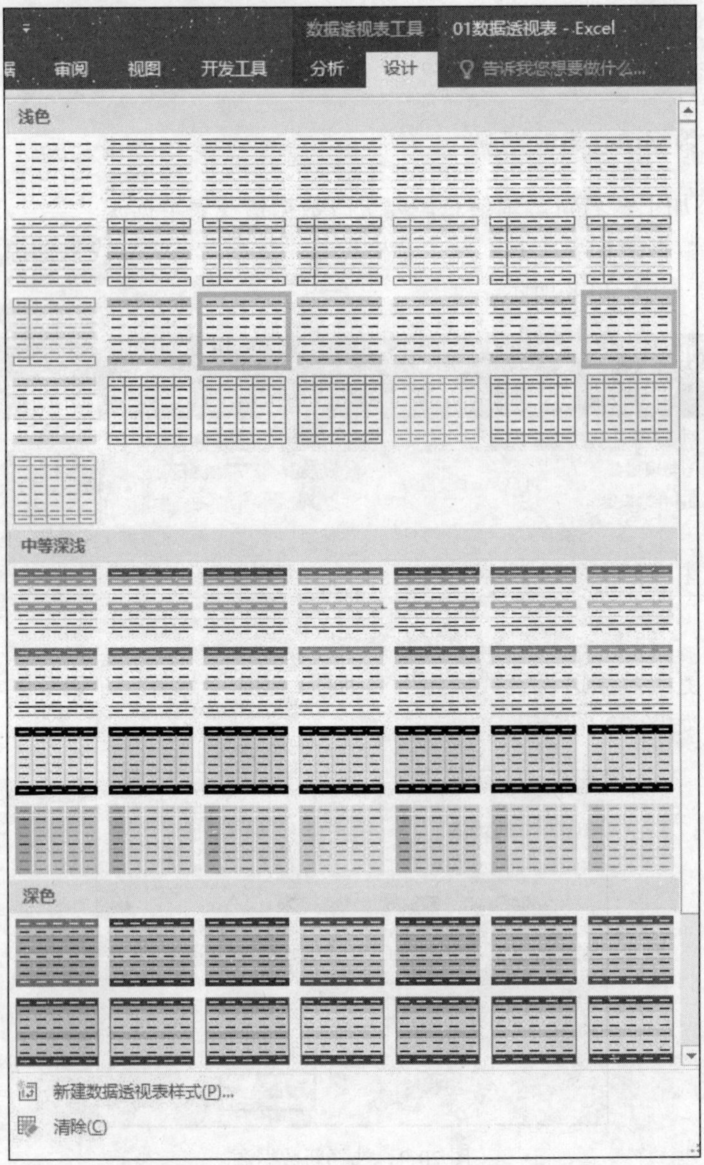

图 20-11 数据透视表样式

20.2.5　插入数据透视图

创建数据透视图，按部门查看平均基本工资、奖金、基础工资；

步骤 12：单击源数据表中的任意一个单元格，单击“插入”→“图表”组→“数据透视图”，如图 20-12 所示。

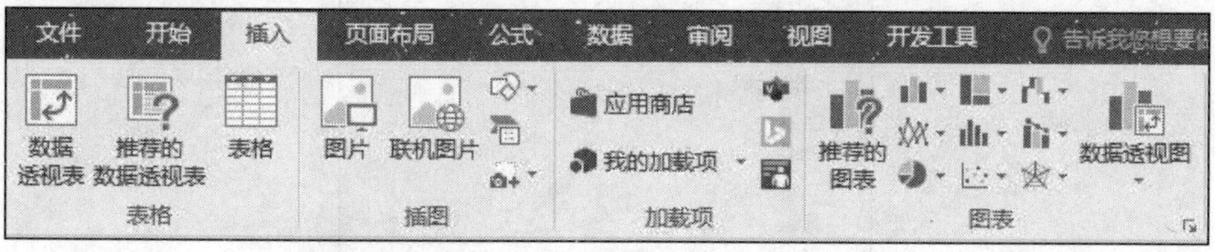

图 20-12　插入数据透视图

步骤 13：在“创建数据透视图”对话框中，选中“选择一个表或区域”单选按钮选择数据源，选中“新工作表”单选按钮，如图 20-13 所示。

步骤 14：在“数据透视图字段”中，勾选“部门”“基本工资”“奖金”“基础工资”复选框，如图 20-14 所示。

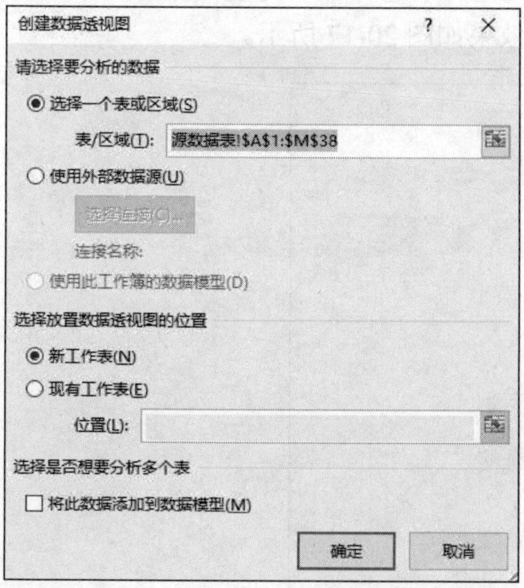

图 20-13　创建数据透视图

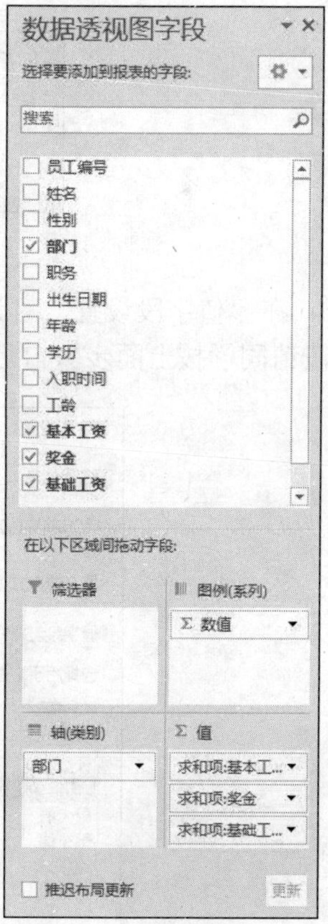

图 20-14　数据透视图字段

默认情况下，“值”字段区域下的数据显示为求和，这里要更改“值”字段计算类型为平均值。

步骤 15：单击“求和项:基本工资”字段右侧箭头，选择“值字段设置”，如图 20-15 所示。

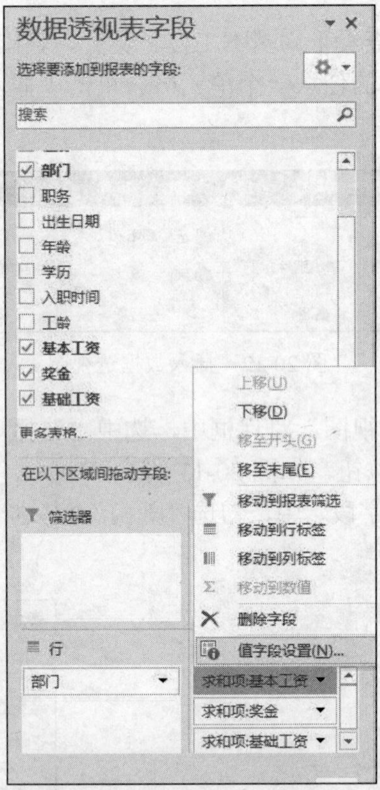

图 20-15　更改字段计算类型

步骤 16：在“值字段设置”对话框，“计算类型”中选择“平均值”，如图 20-16 所示。其他字段请同学按上面步骤自行设置，最终效果如图 20-17 所示。

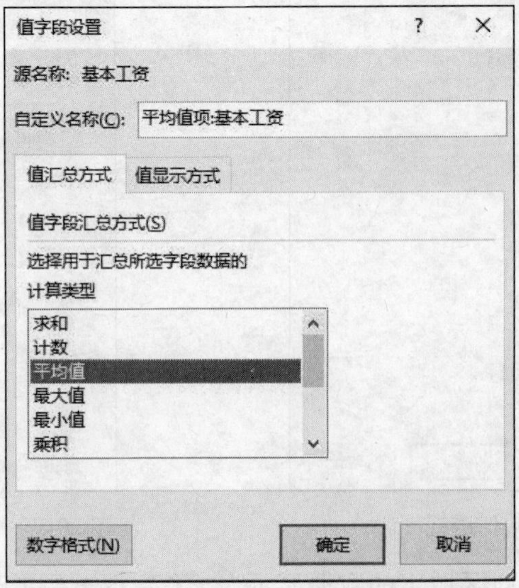

图 20-16　“值字段设置”对话框

行标签	平均值项:基本工资	平均值项:奖金	平均值项:基础工资
管理	17300	650	17950
行政	3840	320	4160
人事	4633.333333	400	5033.333333
销售	3900	266.6666667	4166.666667
研发	7084.210526	347.3684211	7431.578947
总计	**7597.142857**	**384.2857143**	**7981.428571**

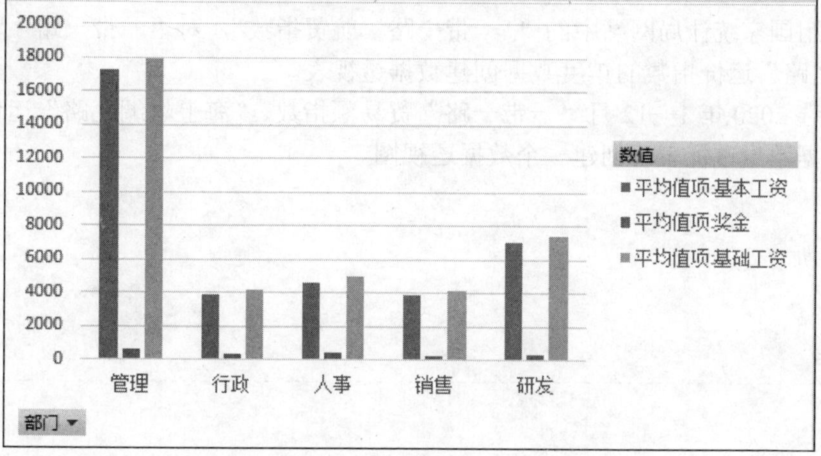

图 20-17　数据透视图效果

20.3　案例小结

本案例主要学习了数据透视表和数据透视图的创建和筛选，大家还应该注意以下内容。

（1）对源数据表的要求：

1）将数据整理为表格形式。

2）数据表的第一行为列标题。

3）表中没有任何空白行或空白列。

4）列中的数据类型应相同。

（2）向数据透视表中添加字段：默认情况下，非数值字段将会自动添加到“行”，数值字段会添加到“值”，格式为日期和时间的字段则会添加到“列”。若要将字段放置到特定区域中，可以直接将字段名从字段列表中拖动到布局部分的某个区域中；也可以在相应字段名称上右击，然后从快捷菜单中选择命令。

（3）如果想删除字段，只需取消勾选相应字段名复选框即可。

（4）数据透视图以图形形式呈现数据透视表中的汇总数据，其作用与普通图表相同，与普通图表的区别在于，当创建数据透视图时，数据透视图的图表区中将显示字段筛选器，以便对基本数据进行排序和筛选。

20.4 拓 展 训 练

按下列要求对文件“素材\综合应用操作.xlsx”进行操作并保存，各部分最终的效果请参照文件“样表.xlsx”的相应部分。

（1）利用国家统计局网站中的“‘一带一路’航贸指数”，对“一带一路”贸易额指数、“海上丝绸之路”运价指数的年度数据创建数据透视表。

（2）筛选 2020 年 1—12 月“一带一路”贸易额指数、“海上丝绸之路”运价指数。

（3）根据数据透视表再创建一个数据透视图。

学习笔记

案例 21 会议流程演示文稿制作

学习目标：

- 掌握幻灯片切换效果的设置。
- 掌握动画效果的设置。
- 掌握幻灯片播放技巧。

21.1 案 例 简 介

会议是公司必不可少的一种交流形式，公司会议的最终目的是要求全体人员共同努力来完成一项任务。通过所给的素材和要求制作一个关于会议流程的演示文稿。

21.2 案 例 制 作

打开“素材\会议流程”文件夹中的“会议流程.pptx”，根据文件夹下的素材，按照下列要求完善此文稿并保存。

21.2.1 动画效果的设置

（1）第一张幻灯片。红色矩形背景、“2021”的进入设置为“擦除”，效果选项为“自底部”；动画时间为“上一动画之后”，持续时间为 0.5 秒；白色圆角矩形的进入设置为“擦除”，效果选项为“自左侧”；动画时间为“上一动画之后”，持续时间为 0.5 秒；“人物”图片的进入设置为“螺旋飞入”；动画时间为“上一动画之后”，持续时间为 0.1 秒；“新超越 新征程”图片的进入设置为“翻转式由远及近”；动画时间为“上一动画之后”，持续时间为 0.1 秒；“中国人工智能研讨会”文本的进入设置为“擦鞭式”，效果选项为“作为一个对象”；动画时间为“上一动画之后”，持续时间为 0.5 秒。

（2）第二张幻灯片。红色矩形背景的进入设置为“擦除”，效果选项为“自底部”；动画时间为“上一动画之后”，持续时间为 0.5 秒；“人物”图片的进入设置为“螺旋飞入”；动画时间为“上一动画之后”，持续时间为 0.1 秒；白色矩形的进入设置为“擦除”，效果选项为“自顶部”；动画时间为“上一动画之后”，持续时间为 0.5 秒；“CONTENTS”文本的进入设置为“挥鞭式”，效果选项为“作为一个对象”；动画时间为“上一动画之后”，持续时间为 0.5 秒；三条直线的进入设置为“擦除”，效果选项为“自顶部”；动画时间为“上一动画之后”，持续时间为 0.5 秒；“01 会前准备、02 会议期间、03 会议后期”组合的进入设置为“基本缩放”，效果选项为“切入”动画时间为“上一动画之后”，持续时间为 0.5 秒。

（3）第三张幻灯片。红色矩形背景的进入设置为“擦除”，效果选项为“自底部”；动画时间为“上一动画之后”，持续时间为 0.5 秒；白色圆角矩形的进入设置为“擦除”，效果选项为“自左侧”；动画时间为“上一动画之后”，持续时间为0.5秒；“云”图片的进入设置为“翻转式由远及近”；动画时间为“上一动画之后”，持续时间为0.1秒；“01”图片的进入设置为“基本缩放”，效果选项为“切入”；动画时间为“上一动画之后”，持续时间为0.5秒；“会前准备”文本的进入设置为“基本缩放”，效果选项为“切入”；动画时间为“上一动画之后”，持续时间为0.5秒；“人物”图片的进入设置为“淡出”；动画时间为“上一动画之后”，持续时间为0.5秒；“人物”图片的动作设置为“直线”，效果选项为“右”；动画时间为“上一动画之后”，持续时间为0.2秒。

（4）第四张幻灯片。红色矩形框的进入设置为“轮子”，效果选项为“1轮辐图案（1）”；动画时间为“上一动画之后”，持续时间为0.2秒；“人物”图片的进入设置为“淡出”；动画时间为“上一动画之后”，持续时间为0.5秒；“1.确定会议主题，流程以及时间”文本的进入设置为“飞入”，效果选项为“自底部”；动画时间为“上一动画之后”，持续时间为0.5秒；“笔记本”图片，“组合”的进入设置为“劈裂”，效果选项为“左右向中间收缩”；动画时间为“上一动画之后”，持续时间为0.5秒。

（5）第五张幻灯片。红色矩形框的进入设置为“轮子”，效果选项为“1轮辐图案（1）”；动画时间为“上一动画之后”，持续时间为0.2秒；“人物”图片和“2.安排会议场所，发布会议通知”文本的进入设置为“飞入”，效果选项为“自底部”；动画时间为“上一动画之后”，持续时间为0.5秒；“01、02、03组合”的进入设置为“浮入”，效果选项为“上浮”；动画时间为“上一动画之后”，持续时间为0.1秒；文本的进入设置为“形状”，效果选项为“切入”；动画时间为“上一动画之后”，持续时间为0.2秒。

（6）第六张幻灯片。红色矩形背景的进入设置为“擦除”，效果选项为“自底部”；动画时间为“上一动画之后”，持续时间为0.5秒；白色圆角矩形的进入设置为“擦除”，效果选项为“自左侧”；动画时间为“上一动画之后”，持续时间为0.5秒；“人物”图片的进入设置为“螺旋飞入”；动画时间为“上一动画之后”，持续时间为0.1秒；“云”图片的进入设置为“翻转式由远及近”；动画时间为“上一动画之后”，持续时间为0.1秒；“02”图片的进入设置为“基本缩放”，效果选项为“切入”；动画时间为“上一动画之后”，持续时间为0.5秒；“会议期间”文本的进入设置为“基本缩放”，效果选项为“切入”；动画时间为“上一动画之后”，持续时间为0.5秒。

（7）第七张幻灯片。红色矩形框的进入设置为“轮子”，效果选项为“1轮辐图案（1）”；动画时间为“上一动画之后”，持续时间为0.2秒；“人物”图片的进入设置为“飞入”，效果选项为“自底部”；动画时间为“上一动画之后”，持续时间为0.5秒；两张图片的进入设置为“劈裂”，效果选项为“左右向中间收缩”；动画时间为“上一动画之后”，持续时间为0.5秒；“会议主持、礼仪接待、现场拍摄、会议记录”文本的进入设置为“翻转式由远及近”；动画时间为“上一动画之后”，持续时间为0.1秒。

（8）第八张幻灯片。红色矩形框的进入设置为“轮子”，效果选项为“1轮辐图案（1）”；动画时间为“上一动画之后”，持续时间为0.2秒；“人物”图片和文本组合的进入设置为“飞入”，效果选项为“自底部”；动画时间为“上一动画之后”，持续时间为0.5秒；四个组合的进入设置为“翻转式由远及近”；动画时间为“上一动画之后”，持续时间为0.1秒。

（9）第九张幻灯片。红色矩形背景的进入设置为“擦除”，效果选项为“自底部”；动画时间为“上一动画之后”，持续时间为0.5秒；白色圆角矩形的进入设置为“擦除”，效果选项为“自左侧”；动画时间为“上一动画之后”，持续时间为 0.5 秒；“人物”图片的进入设置为“螺旋飞入”；动画时间为“上一动画之后”，持续时间为 0.1 秒；“云”图片的进入设置为“翻转式由远及近”；动画时间为“上一动画之后”，持续时间为 0.1 秒；“03”图片的进入设置为“基本缩放”，效果选项为“切入”；动画时间为“上一动画之后”，持续时间为 0.5 秒；“会议后期”文本的进入设置为“基本缩放”，效果选项为“切入”；动画时间为“上一动画之后”，持续时间为 0.5 秒。

（10）第十张幻灯片。红色矩形框的进入设置为“轮子”，效果选项为“1 轮辐图案（1）”；动画时间为“上一动画之后”，持续时间为 0.2 秒；“人物”图片的进入设置为“飞入”，效果选项为“自底部”；动画时间为“上一动画之后”，持续时间为 0.5 秒；图片的进入设置为“劈裂”，效果选项为“左右向中间收缩”；动画时间为“上一动画之后”，持续时间为 0.5 秒；“会场整理人员、会议总结人员、影音编辑人员”文本的进入设置为“翻转式由远及近”；动画时间为“上一动画之后”，持续时间为 0.1 秒。

（11）第十一张幻灯片。红色矩形框的进入设置为“轮子”，效果选项为“1 轮辐图案（1）”；动画时间为“上一动画之后”，持续时间为 0.2 秒；“人物”图片和文本的进入设置为“飞入”，效果选项为“自底部”；动画时间为“上一动画之后”，持续时间为 0.5 秒；“01、02、03、04”组合图片的进入设置为“劈裂”，效果选项为“左右向中间收缩”；动画时间为“上一动画之后”，持续时间为 0.5 秒。

（12）第十二张幻灯片。红色矩形背景、“2021”的进入设置为“擦除”，效果选项为“自底部”；动画时间为“上一动画之后”，持续时间为 0.5 秒；白色圆角矩形的进入设置为“擦除”，效果选项为“自左侧”；动画时间为“上一动画之后”，持续时间为 0.5 秒；“人物”图片的进入设置为“螺旋飞入”；动画时间为“上一动画之后”，持续时间为 0.1 秒；“新超越 新征程”图片的进入设置为“基本缩放”，效果选项设置为“切入”；动画时间为“上一动画之后”，持续时间为 0.5 秒；“感谢聆听”文本的进入设置为“挥鞭式”，效果选项为“作为一个对象”；动画时间为“上一动画之后”，持续时间为 0.5 秒。

步骤 1：选择左边空格第一张幻灯片，为红色背景设置动画。单击“动画”→“动画”组“其他”按钮→“进入”→“擦除”，单击“确定”按钮，如图 21-1 所示。

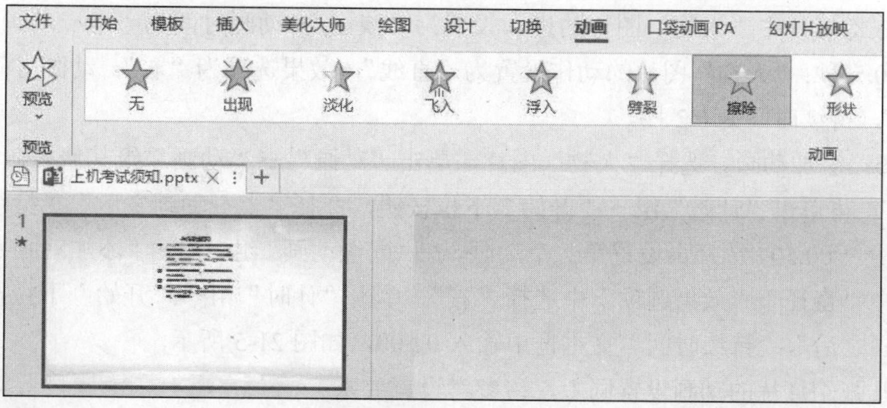

图 21-1　设置动画效果

步骤 2：单击“效果选项”下拉按钮，选择“自底部”，如图 21-2 所示。

步骤 3：动画计时。单击“动画”→“计时”→“开始”下拉按钮，选择“上一动画之后”，如图 21-3 所示。

步骤 4：显示窗格。在“高级动画”组中，单击“动画窗格”按钮，在“动画窗格”对话框单击“全部播放”显示动画效果，如图 21-4 所示。

图 21-2 效果选项设置

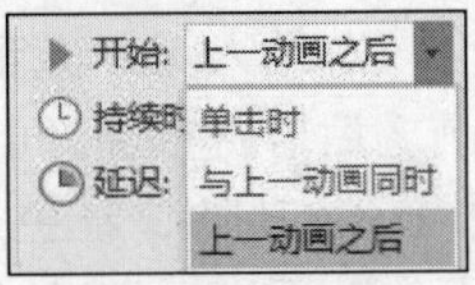

图 21-3 动画计时设置

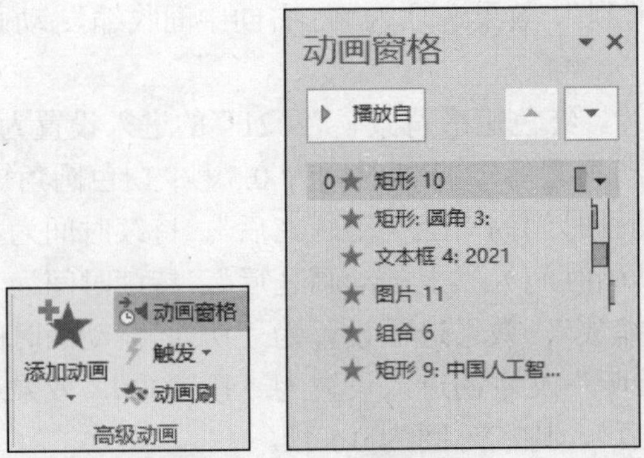

图 21-4 动画窗格

第一、二张幻灯片其他文本和图片设置同上，请参考设置要求。

第三张幻灯片中“人物”图片的进入设置为“淡出”；动画时间为“上一动画之后”，持续时间为 0.5 秒；“人物”图片的动作设置为“直线”，效果选项为“右”；动画时间为“上一动画之后”，持续时间为 0.2 秒。

步骤 5：添加动画。选择“人物”图片，单击“动画”→“动画”组其他按钮→“进入”→“淡出”。再单击“计时”组→“开始”下拉按钮，选择“上一动画之后”，“持续时间中”文本框中输入 00.50。选择再设置第二个动画，在“高级动画”组中单击“添加动画”，选择“动作路径”中“直径”，“效果选项”中选择“右”。单击“计时”组→“开始”下拉按钮，选择“上一动画之后”，“持续时间”文本框中输入 02.00，如图 21-5 所示。

其他几张幻灯片的动画设置同上，请参考设置要求。

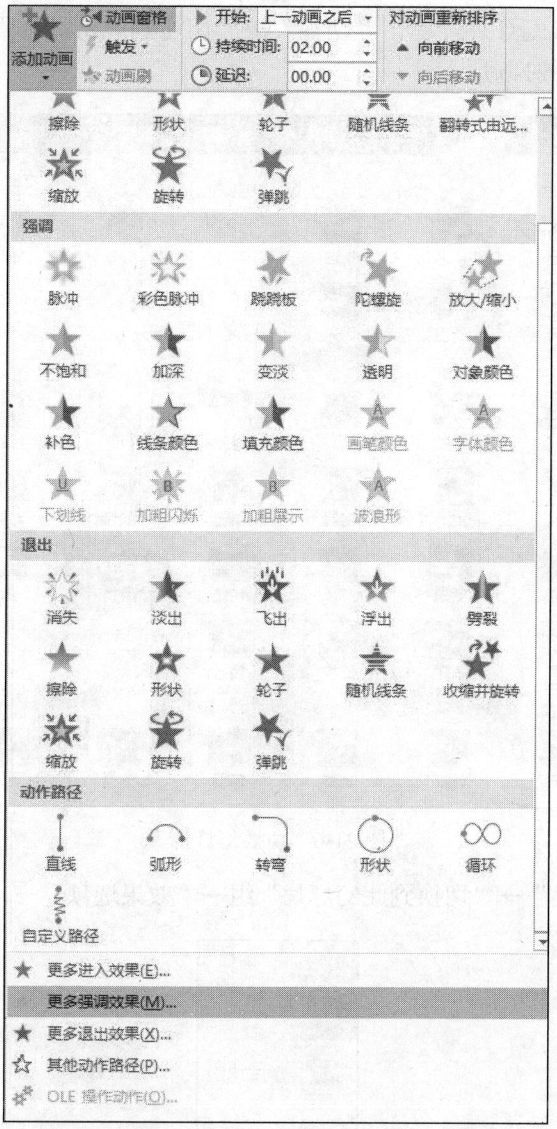

图 21-5　添加动画设置

21.2.2　切换效果的设置

（1）第二张、第五张、第八张幻灯片切换为“翻转”，效果选项为“向右”，持续时间为 1.25 秒，换片方式为“设置自动换片时间”。

（2）第三张幻灯片切换为“帘式”，持续时间为 6.00 秒，换片方式为“设置自动换片时间”。

（3）第四张、第六张、第九张、第十二幻灯片切换为“立方体”，效果选项为“自右侧”，持续时间为 1.20 秒，换片方式为“设置自动换片时间”。

（4）第十张、第十一张幻灯片切换为“切换”，效果选项为“向右”，持续时间为 1.25 秒，换片方式为“设置自动换片时间”。

步骤 6：选择第二张幻灯片，单击“切换”→“切换到此幻灯片”组“其他”按钮→“华丽型”→“翻转”，如图 21-6 所示。

图 21-6　切换幻灯片

步骤 7：单击“切换”→“切换到此幻灯片”组→“效果选项”→“向右”，如图 21-7 所示。

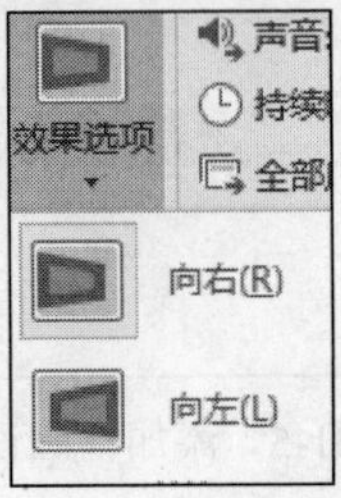

图 21-7　效果选项

步骤 8：“计时”组中“声音”选择“无声音”，这是因为已添加声音文件。“换片方式”勾选“设置自动切片时间”复选框，设置“1 秒”，如图 21-8 所示。

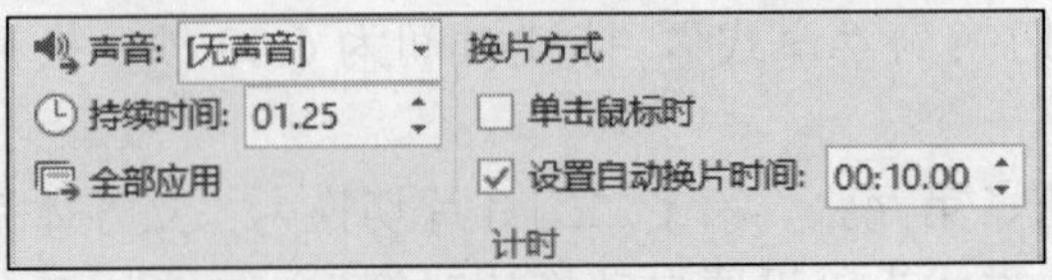

图 21-8　设置自动换片方式

第三至第十二张幻灯片的切换效果，请参照要求自己设置。

21.2.3 幻灯片放映设置

设置幻灯片的放映方式为演讲者放映。

步骤 9：单击“幻灯片放映”→“设置”组→“设置幻灯片放映”，在“设置放映方式”对话框中，选中“演讲者放映（全屏幕）”单选按钮，选中“全部”单选按钮，选中“如果存在排练时间，则使用它”单选按钮，单击“确定”按钮，如图 21-9 所示。

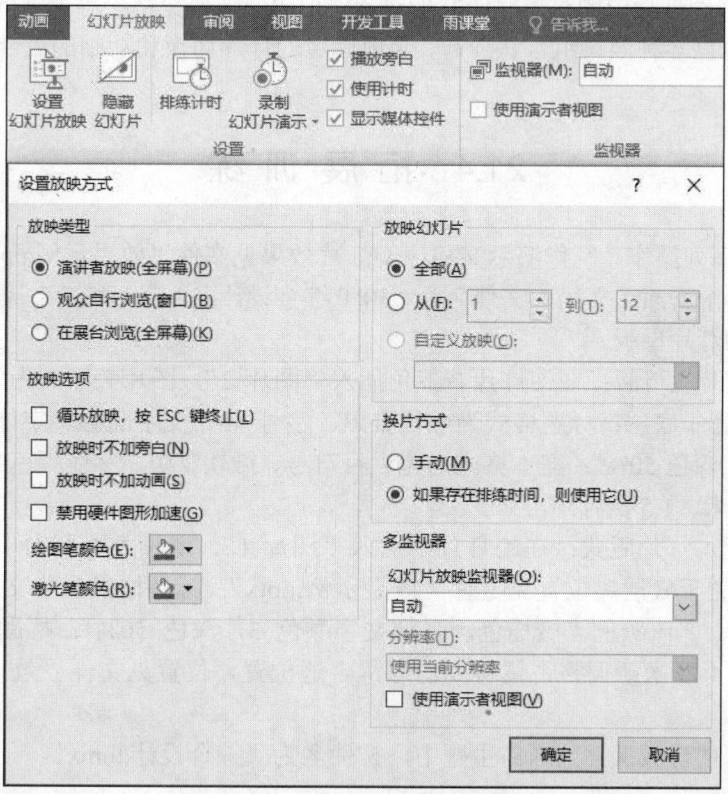

图 21-9　幻灯片放映设置

为了使幻灯片播放时间更加准确，更接近真实的演讲状态时的时间，可以使用排练计时功能，在预演的过程中记录下幻灯片中动画切换的时间。

步骤 10：单击“幻灯片放映”→“设置”组→“排练计时”，进入排练计时的放映状态，如图 21-10 所示。

图 21-10　排练计时

在幻灯片放映过程中将根据实际情况进行放映预演，排练计时功能将自动记录下各幻灯片的显示时间及动画的播放时间等信息。

21.3 案例小结

本案例主要学习了 PowerPoint 2016 中演示文稿的幻灯片、动画效果的设置、切换效果设置、幻灯片的放映等操作方法，合理使用动画可以增加演示文稿的交互性。其中动画是演示文稿的精华，可以为幻灯片中的对象赋予它们进入、退出、强调和路径等视觉效果，动画效果可以单独使用，也可以多种效果组合在一起，合理运用幻灯片切换和动画的组合可以让演示文稿变成一部影片。

21.4 拓展训练

按要求完成下列操作，制作演示文稿，幻灯片效果见文件“效果示例.pptx”。

（1）建立一个新演示文稿，文件名为“PPT 综合设计.pptx”。

（2）编辑幻灯片母版。

1）编辑幻灯片主母版：在幻灯片右下角插入“图片 2”，图片大小高为 9.75 厘米、宽为 11.7 厘米；图片置于底层；标题格式为微软雅黑、字号 40、文字阴影、字体颜色“橄榄色，强调文字颜色 3，深色 50%”；文本格式为无项目符号、微软雅黑、字体颜色“黑色，文字 1”、首行缩进 1.27 厘米、1.5 倍行距。

2）编辑标题幻灯片版式：在幻灯片中插入“图片 1”，图片大小高为 19.05 厘米、宽为 25.4 厘米；图片置于底层，位置见文件“效果示例.pptx”；标题格式为华文中宋、字号 60、加粗、文字阴影、字体颜色“橄榄色，强调文字颜色 3，深色 50%”；标题占位符大小为高 5.2 厘米、宽 14.4 厘米；调整占位符到幻灯片合适位置，位置见文件“效果示例.pptx”；删除副标题占位符。

3）将编辑好的母版保存到当前主题中，文件名为“综合设计.thmx”。

（3）制作幻灯片。

1）第一张幻灯片的版式为“标题幻灯片”，在其中输入文字“四川风光欣赏”。

2）第二张幻灯片的版式为“标题和内容”，在其中输入文字，文字可从文件“文字素材.txt”中复制，文字内容见“效果示例.pptx”；在幻灯片中插入图片“青城山 1”和“青城山 2”。

3）第三张幻灯片的版式为“标题和内容”，在其中输入文字，文字可从文件“文字素材.txt”中复制，文字内容见“效果示例.pptx”；在幻灯片中插入图片“峨眉山 1”和“峨眉山 2”。

4）第四张幻灯片的版式为“标题和内容”，在其中输入文字，文字可从文件“文字素材.txt”中复制，文字内容见“效果示例.pptx”；在幻灯片中插入图片“九寨沟 1”和“九寨沟 2”。

5）第五张幻灯片的版式为“空白幻灯片”，在其中插入图片及输入相应文字，图片见文件“第五张幻灯片图片素材.pptx”，文字内容见“效果示例.pptx”，位置不限，自己设置。

6）第六张幻灯片的版式为“标题幻灯片”，在其中输入文字“还有……”。

（4）设置图片格式。

1）第二张幻灯片：图片“青城山 1”图片大小“高 11.8 厘米、宽 15.42 厘米”，图片样式“棱台矩形”；图片“青城山 2”图片大小“高 12.2 厘米、宽 16.3 厘米”，图片样式“金属椭圆”。

2）第三张幻灯片：图片“峨眉山 1”图片大小“高 11.85 厘米、宽 21.17 厘米”，图片样式“矩形投影”；图片“峨眉山 2”图片大小“高 13.79 厘米、宽 17.64 厘米”，图片样式“旋转，白色”。

3）第四张幻灯片：图片“九寨沟 1”图片大小“高 12.88 厘米、宽 19.4 厘米”，图片样式“柔化边缘矩形”；图片“九寨沟 2”图片大小“高 12.44 厘米、宽 20.15 厘米”，图片样式“圆形对角，白色”。

（5）插入音频。在第一张幻灯片的左下角插入音频“夜的钢琴曲.mp3”，音频选项设置为跨幻灯片播放，放映时隐藏。

（6）设置动画。

1）设置第二张幻灯片：文本的进入动画为“形状”；效果选项为方向“放大”，形状“圆”，序列“按段落”；图片“青城山 1”的进入动画为“翻转式由远及近”；退出动画为“轮子”，效果选项为“1 轮辐图案（1）”；图片“青城山 2”的进入动画为“缩放”，效果选项为消失点“对象中心”；退出动画为“浮出”，效果选项为方向“下浮”。动画顺序见文件“效果示例.pptx”。

2）设置第三张幻灯片：文本的进入动画为“挥鞭式”；效果选项为序列“按段落”，动画文本为“按字母”；图片“峨眉山 1”的进入动画为“劈裂”，效果选项为：方向“中央向上下展开”；退出动画为“随机线条”，效果选项为方向“水平”；图片“峨眉山 2”的进入动画为“浮入”，效果选项为方向“上浮”；退出动画为“玩具风车”。动画顺序见文件“效果示例.pptx”。

3）设置第四张幻灯片：文本的进入动画为“飞入”，效果选项为方向“自底部”，动画文本为“按字/词”；图片“九寨沟 1” 和 图片“九寨沟 2”的进入动画均为“字幕式”。动画顺序见文件“效果示例.pptx”。

4）设置第五张幻灯片：“剑门关”图片及文字的进入动画均为“浮入”；效果选项为方向“上浮”，两个动画同时启动；“乐山大佛”图片及文字的进入动画均为“轮子”；效果选项为轮辐图案“8 轮辐图案（8）”，两个动画同时启动；“成都”图片及文字的进入动画均为“劈裂”；效果选项为方向“中央向上下展开”，两个动画同时启动；“都江堰”图片及文字的进入动画均为“弹跳”；两个动画同时启动；“康定”图片及文字的进入动画均为“翻转式由远及近”，两个动画同时启动。动画顺序见文件“效果示例.pptx”。

5）设置第六张幻灯片：文本的进入动画为“弹跳”。

（7）设置幻灯片的切换。幻灯片的切换方式为“随机线条”，应用于所有幻灯片。

学习笔记

案例 22　WPS Office 综合案例

22.1　综合案例简介

WPS Office 是一款开放、高效的网络协同办公软件。本案例主要通过硕士论文编辑、学生成绩表、销售统计表、美食展览会来介绍 WPS 文字、WPS 电子表格的应用、WPS 演示文稿的制作。

22.2　案例制作 1——硕士论文编辑排版

22.2.1　页面设置

步骤 1：打开 WPS Office，单击“文件”→“打开”，在计算机中选择“硕士论文.WPS”文档。

步骤 2：选择“页面布局”选项卡，单击“纸张大小”，设置为 A4，由于页面的打印方式分单面打印和双面打印两种，因此装订线的设置也各有不同。

单面打印：可以不设置装订线位置，而是在装订的边距上增加宽度即可。

本文档以双面打印来排版，使用双面打印的装订线设置方法。单击“页边距”→单击“自定义页边距”→“页边距”上为 2.7 厘米、下为 2 厘米、左为 2.5 厘米、右为 2.5 厘米、装订线位置为左、装订线宽为 1 厘米。“方向”选择“纵向”，单击“确定”按钮，如图 22-1 所示。

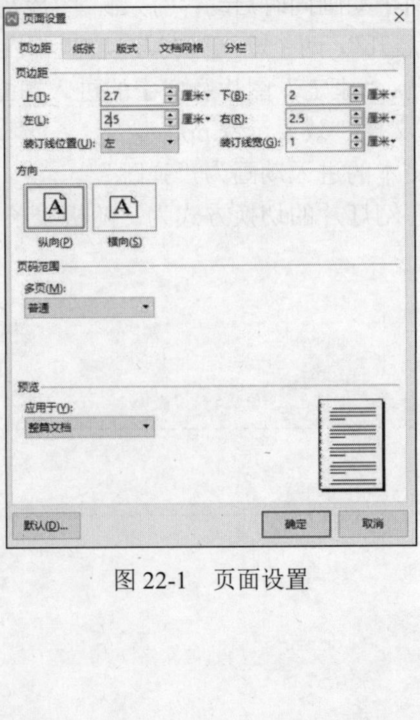

图 22-1　页面设置

22.2.2　标题样式的使用

标题样式是指用有意义的名称保存的字符格式和段落格式的集合，通过定义常用样式，可以使同级的文字呈现统一的风格，同时可以对文字快速套用样式，简化排版工作，WPS 文字处理中许多自动化功能（如目录）都需要使用样式功能。WPS 文字处理中已经定义了大量样式，一般在使用中只需要对预定义样式进行适当修改即可满足需求。对于常用的样式，还可以先定义到一个模板文件中，创建属于自己的风格，以后只需基于该模板新建文档，就不需要重新定义样式，如图 22-2 所示。

图 22-2　标题样式

本文档对标题和正文的格式要求见表 22-1，要求使用样式设置。

表 22-1　标题和正文格式要求

名称	字体	字号	对齐方式/缩进	间距
正文	宋体	小四	两端对齐	首行缩进 2 字符，单倍行距
一级标题	宋体加粗	小三	居中对齐	段前间距 1 行，段后间距 0 行，单倍行距
二级标题	宋体加粗	四号	左对齐	段前间距 1 行，段后间距 0 行，首行缩进 1 个字符，单倍行距
三级标题	宋体	小四	左对齐	段前间距 0 行，段后间距 0 行，首行缩进 2 个字符，单倍行距
“中英文摘要”“结论”“致谢”“参考文献”	宋体加粗	四号	居中对齐	段前和段后间距均为 1 行，单倍行距、大纲级别 1 级

步骤 3：在“开始”→“样式和格式”中，在“标题 1”样式名上右击，选择“修改样式”，如图 22-3 所示。

步骤 4：在打开的“修改样式”对话框中，可以修改样式名称，样式基准等，单击左下角的“格式”，可以定义该样式的字体段落等格式，可以根据具体要求进行适当修改，修改完单击“确定”按钮，如图 22-4 所示。

图 22-3 样式和格式

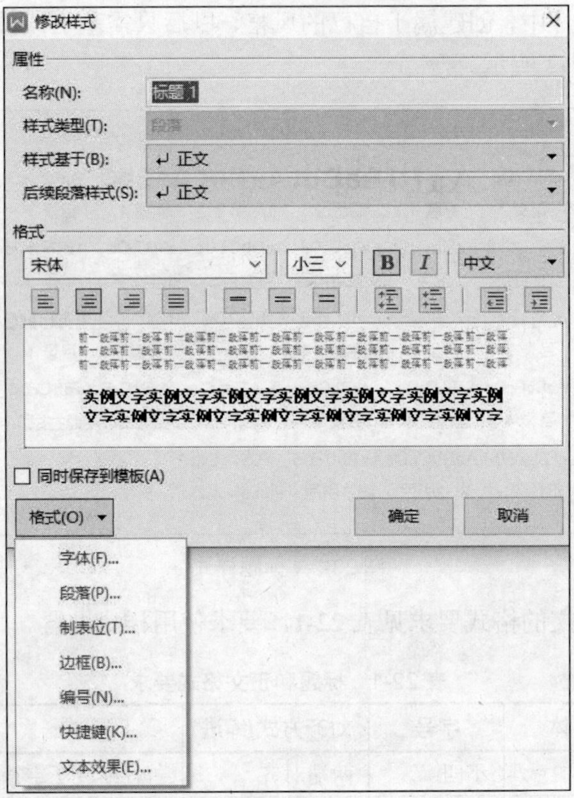

图 22-4 修改样式

步骤 5：根据以上操作，修改正文和其他标题。

步骤 6：设置“结论”“致谢”“参考文献”标题，在“开始”→“样式和格式”→“新样式”下拉列表中选择“新样式”，如图 22-5 所示。

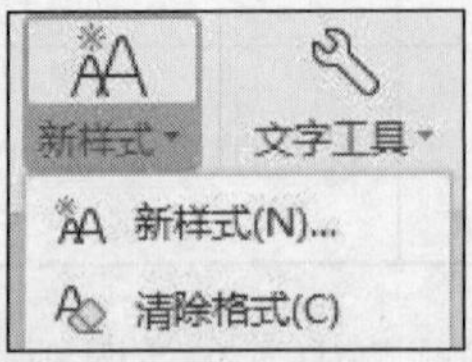

图 22-5 新样式

步骤 7：在“新建样式”对话框中，“名称”中输入“样式 6”，“格式”组中设置“宋体”“四号”“加粗”“居中”，“段落”组中设置“段前”和“段后”间距均为 1 行，单倍行距、大纲级别 1 级，如图 22-6 所示。

图 22-6 新样式设置

22.2.3 使用查找和替换设置其他标题行

步骤 8：在“开始”→“查找替换”下拉列表中选择“替换”。

步骤 9：在“查找和替换”对话框中选择“替换”选项卡，“高级搜索”下拉选单中勾选“使用通配符”复选框，如图 22-7 所示。

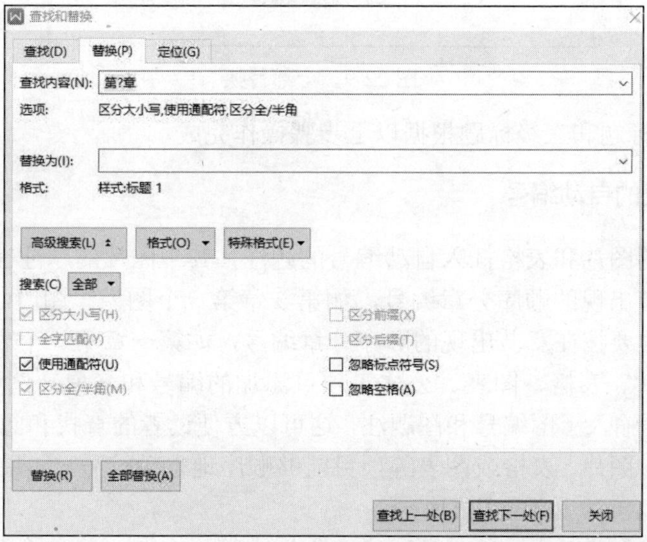

图 22-7 查找和替换

步骤 10：在“查找内容”文本框中输入“第?章”，“替换为”→“格式”下拉选单中选择“样式”，在“查找样式”对话框中选择“标题 1”，单击“确定”按钮，如图 22-8 所示。

步骤 11：单击“全部替换”按钮，单击“确定”按钮，如图 22-9 所示。一级标题的内容就全部设置完成。

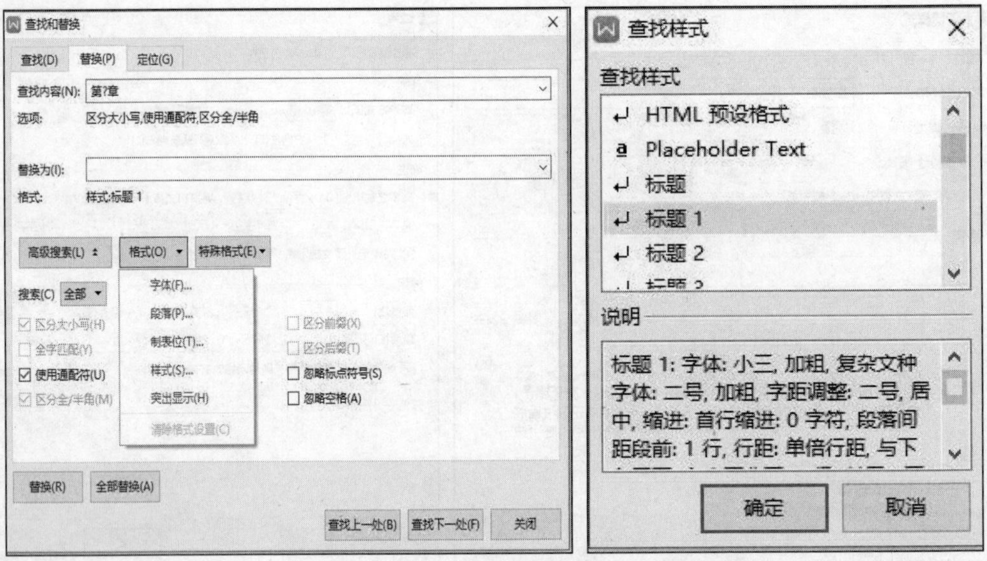

图 22-8 替换设置

图 22-9 全部替换

步骤 12：二级标题和三级标题根据以上步骤操作完成。

22.2.4 图、表的自动编号

为文档中所有的图片和表格插入自动编号的题注，其中图片的题注在图片下方居中位置，并且图片要按在章节出现的顺序分章编号，如第一章第一个图为“图 1-1”，表格的题注在表格上方居中位置，也要按在章节出现的顺序分章编号，如第一章第一个表为“表 1-1”。

题注就是给图片、表格、图表、公式等项目添加的编号和名称。例如，在本文档中的图片中，就在图片下面输入了图编号和图题注，这可以方便读者的查找和阅读。使用题注功能还可以保证在长文档中图片、表格或图表等项目能够顺序地自动编号。如果移动、插入或删除带题注的项目时，可以自动更新题注的编号。

步骤 13：选中“1.3 本文的主要研究工作”中第一个图，单击“引用”→“题注”，弹出“题注”对话框，如图 22-10 所示。本案例由标签加编号组合而成，由于默认的“标签”中并没有“图 1-”的标签，需新建标签。

步骤 14：单击“新建标签”按钮，在弹出的“新建标签”对话框中“标签”栏输入“图 1-”，如图 22-11 所示。

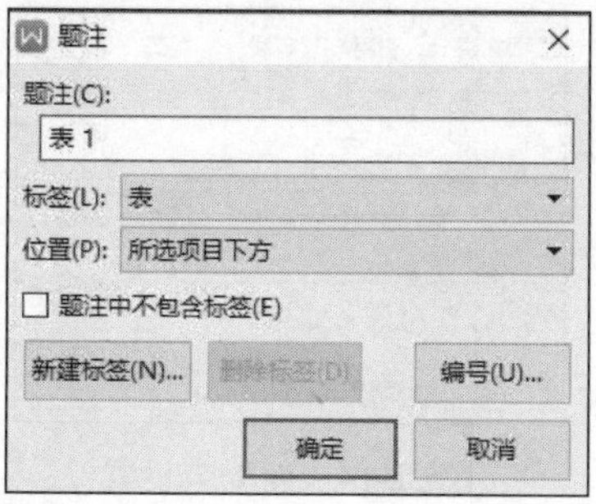

图 22-10　题注

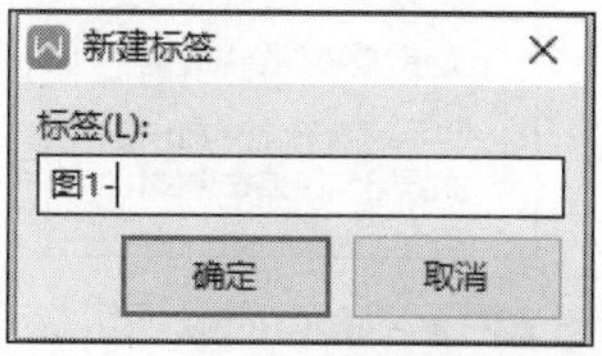

图 22-11　新建标签

步骤 15：单击“确定”按钮回到“题注”对话框，“题注”编辑栏已经显示“图 1-1”，可以在编辑栏内输入对图片的描述，“位置”选择“所选项目下方”（表格选择“所选项目上方”），再单击“确定”按钮，这幅图片的题注就插入在图的下方，如图 22-12 所示。

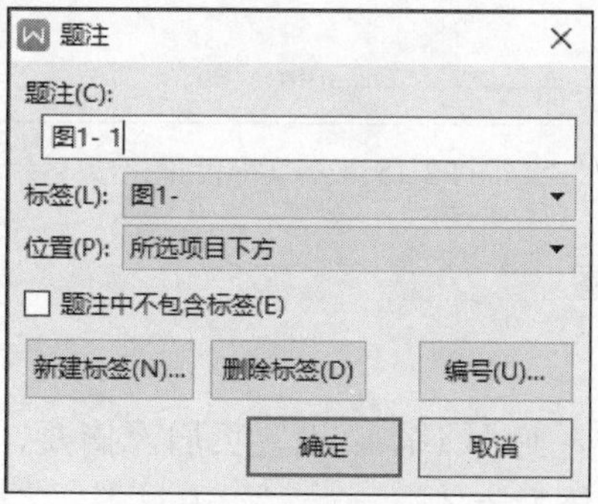

图 22-12　题注设置

步骤 16：当需要对第二个图添加题注时，只需要选中该图，单击“引用”→“题注”，编号会自动增加，单击“确定”按钮后图的题注会自动插入在图的下面，设置字体格式即可。

步骤 17：用上述的方法为文档所有的图片和表格添加题注。

22.2.5　分隔符的应用

节是一段连续的文档块，同节的页面拥有同样的边距、纸型或方向、打印机纸张来源、页面边框、垂直对齐方式、页眉页脚、分栏、页码编排、行号等。如果没有插入分节符，WPS 文档默认一个文档只有一节，所有页面都属于这个节。所以，分节为页眉页脚的基础，有关页眉页脚的要求一般都要先通过分节才能实现，如奇偶页不同等。

本文档分为 11 个部分，需要插入 10 个分节符，封面为第一节，摘要为第二节，目录为第三节，正文分为 5 部分，各占一节，结束语为第九节，致谢为第十节，参考文献为第十一节。

步骤 18：为了在插入分节符的时候能明确位置和看到提示文字，先设置标记高亮显示，单击“开始”→“显示/隐藏编辑标记”按钮，如图 22-13 所示。

步骤 19：将光标定位在“摘要”前，单击“章节”→“新增节”，在下拉列表中选择“下一页分节符”，如图 22-14 所示。

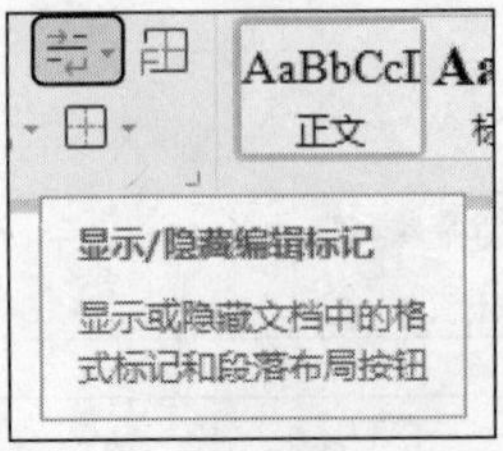

图 22-13 显示/隐藏编辑标记

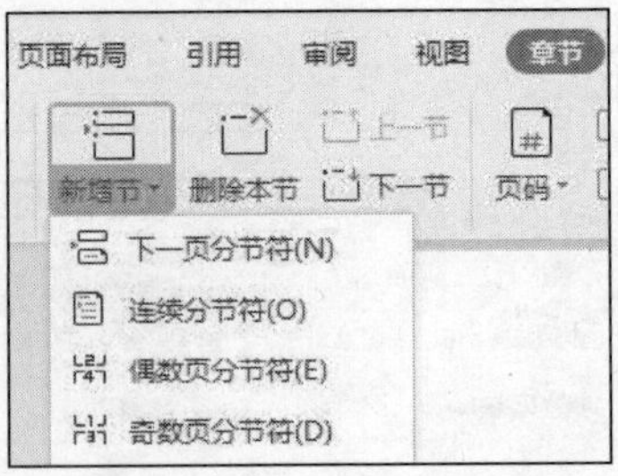

图 22-14 新增节设置

步骤 20：再切换到“第一章”前面，重复插入分节符操作，可以看到在 Abstract 结尾处出现“分节符（下一页）”的标记，如图 22-15 所示，表示分节符插入成功。重复操作为每个部分插入分节符。如果插入分隔符导致下一页多出一个无用的空行，删除该行即可。

图 22-15 分节符设置完成

22.2.6 页眉和页脚的设置

1. 页眉设置

按照文档的格式设置要求，封面不需要设置页眉，摘要、目录、文档正文部分按如下设置：“当前节标题 1 内容”，字体为宋体、五号、居中对齐。

步骤 21：选择插入页眉的页面，单击“插入”→“页眉和页脚”按钮，如图 22-16 所示。

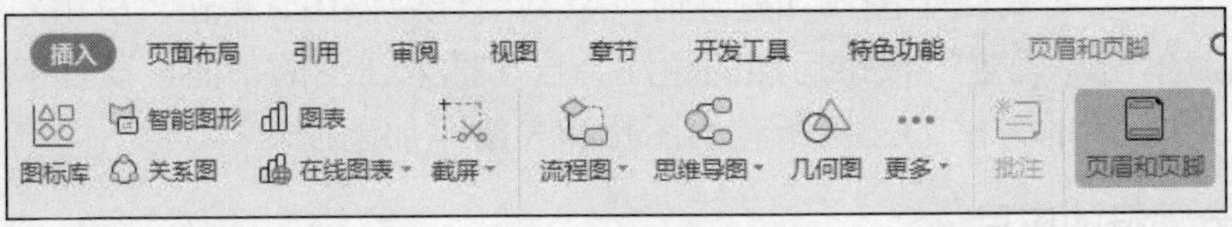

图 22-16 页眉设置

步骤 22：“封面”不需要设置页眉，在“摘要”页眉处“与上一节相同”取消，在“页眉和页脚”单击“同前节”按钮，取消“与上一节相同”，如图 22-17 所示。

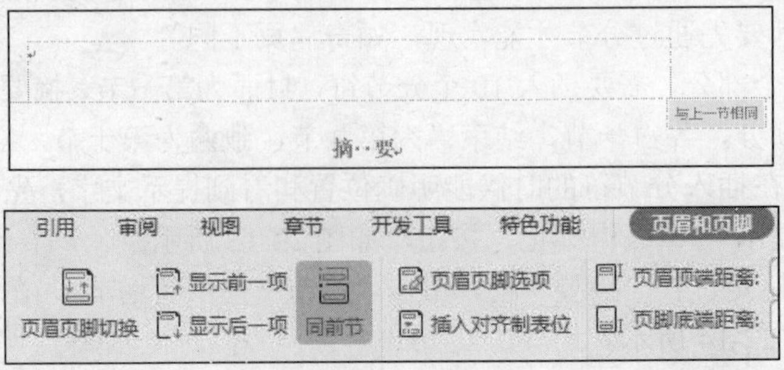

图 22-17 同前节设置

步骤 23：输入页眉内容，在“开始”选项卡设置格式。

步骤 24：给页眉加横线，单击“页眉横线”，在下拉列表中选择需要的横线，如图 22-18 所示，单击“关闭”按钮退出页眉设置。

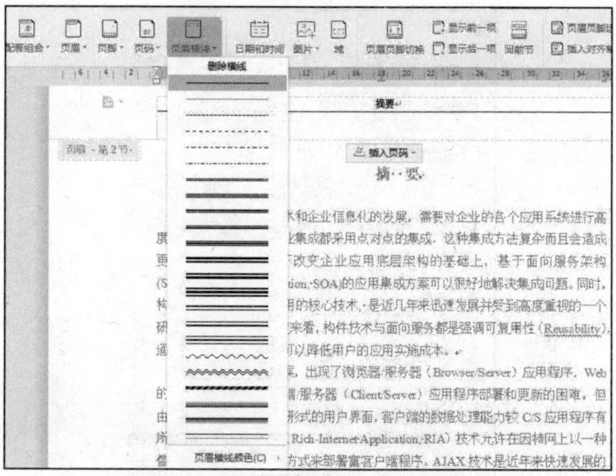

图 22-18　页眉加横线设置

步骤 25：重复操作，完成其他章节的页眉设置。

2. *页脚设置*

按文档页脚的格式要求，封面不能出现页码，摘要和目录的页脚居中设置页码，页码格式为连续的大写罗马数字，章节以后的部分，页脚居中设置页码，页码格式为连续的阿拉伯数字，字体为均 Times New Roman，字号为小五。

步骤 26：单击“插入”→“页眉和页脚”→“页脚”，在下拉列表中选择“编辑页脚”进入到“页脚”的编辑状态，如图 22-19 所示。将光标定位到“摘要”页的页脚，单击“同前节”按钮，取消“与上一节相同”。

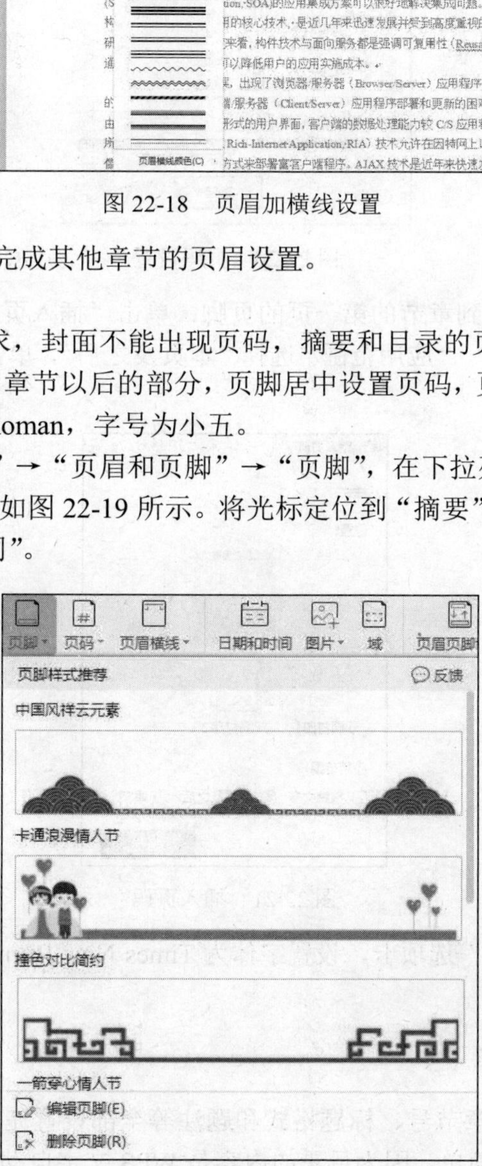

图 22-19　页脚

步骤 27：单击“页码”，在下拉列表中选择“页码”，在弹出的“页码”对话框的“样式”下拉列表中选择“罗马数字”，“位置”下拉列表中选择“底端居中”，选中“起始页码”单选按钮，输入“1”，如图 22-20 所示。

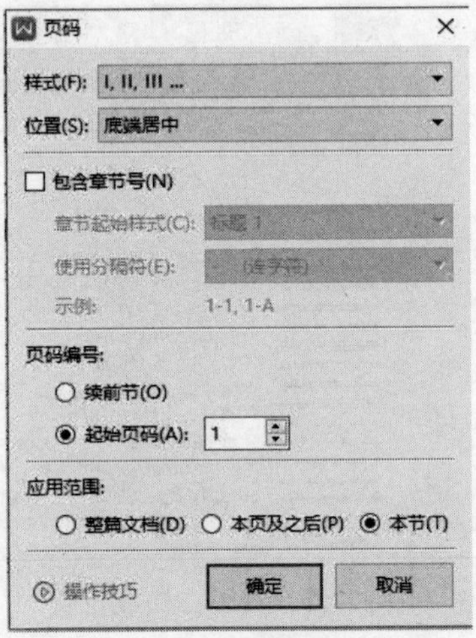

图 22-20 页码设置

步骤 28：将光标定位到章节的第一页的页脚，单击“插入页码”→“样式”选择阿拉伯数字，“位置”选择“居中”，“应用范围”选择“本页及之后”，单击“确定”按钮，如图 22-21 所示。

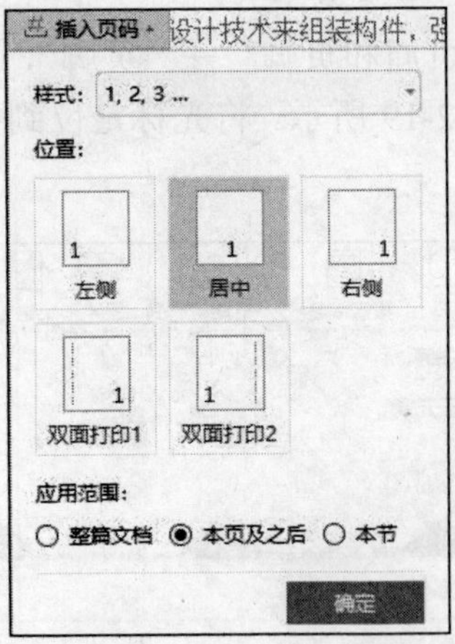

图 22-21 插入页码

步骤 29：单击“开始”选项卡，设置字体为 Times New Roman，字号为小五。单击“关闭”按钮退出页脚设置。

22.2.7 目录插入方法

当整篇文档的格式、章节号、标题格式和题注等全部设置完成后，就可以生成目录了。此时生成目录就会变得很简单，因为目录的内容是 WPS 文字自动从文档中抽取出那些带有级别标题的段落组成的。

1. 文档目录

步骤 30：把光标定位到需要插入目录的位置，本文档为“第一章　绪论”标题前，单击“引用”→“目录”，在下拉列表中有默认的“智能目录”“自动目录”“自定义目录”和“删除目录”，如图 22-22 所示。在这里选择“智能目录”中的第三个，如图 22-23 所示。

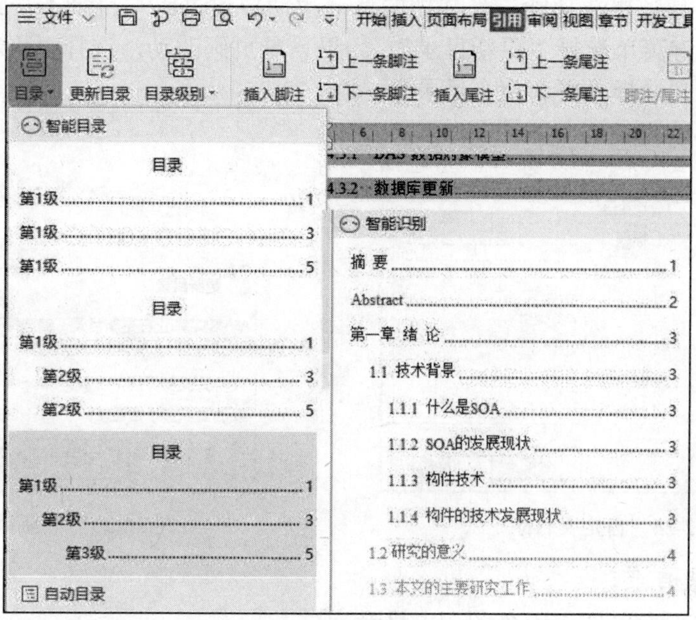

图 22-22　引用目录

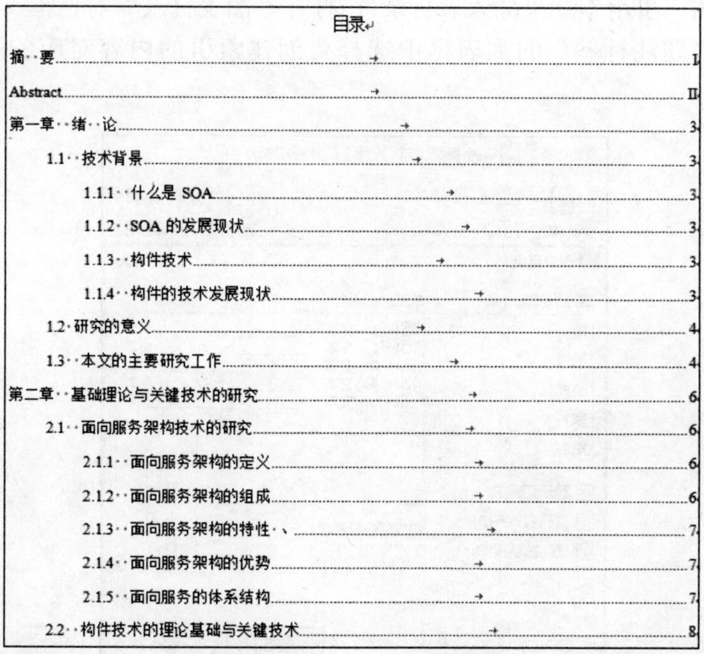

目录

摘要 I
Abstract II
第一章 绪论 3
1.1 技术背景 3
1.1.1 什么是 SOA 3
1.1.2 SOA 的发展现状 3
1.1.3 构件技术 3
1.1.4 构件的技术发展现状 3
1.2 研究的意义 4
1.3 本文的主要研究工作 4
第二章 基础理论与关键技术的研究 6
2.1 面向服务架构技术的研究 6
2.1.1 面向服务架构的定义 6
2.1.2 面向服务架构的组成 6
2.1.3 面向服务架构的特性、 7
2.1.4 面向服务架构的优势 7
2.1.5 面向服务的体系结构 7
2.2 构件技术的理论基础与关键技术 8

图 22-23　生成目录效果图

步骤 31：如果想突显个性化设置，选择“自定义目录”设置，在弹出的“目录”对话框的“打印预览”中可以看到目录的预览效果，“制表符前导符”“显示级别”“显示页码”“页码右对齐”和“使用超链接”可以设置目录的样式，如图 22-24 所示，设置好后单击“确定”按钮即可自动生成目录。

此外，目录还具备更新功能，当文档的章节改动导致页码与目录不一致的时候，可以在目录上右击，在右键菜单选择“更新目录”，如果只是页码改动，选择“更新页码”即可，如果章节内容有增减则选择“更新整个目录”，如图 22-25 所示。

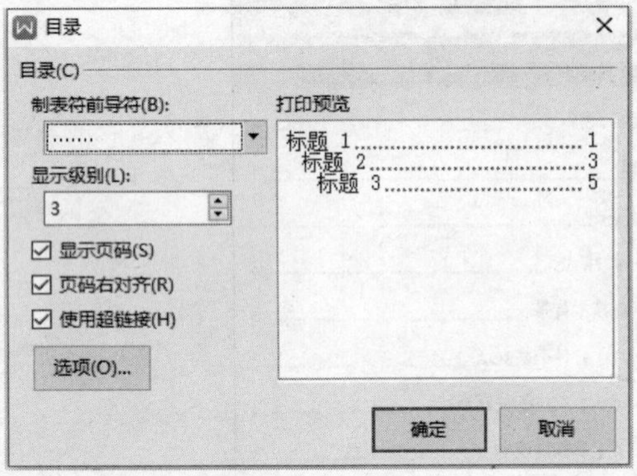

图 22-24 自定义目录

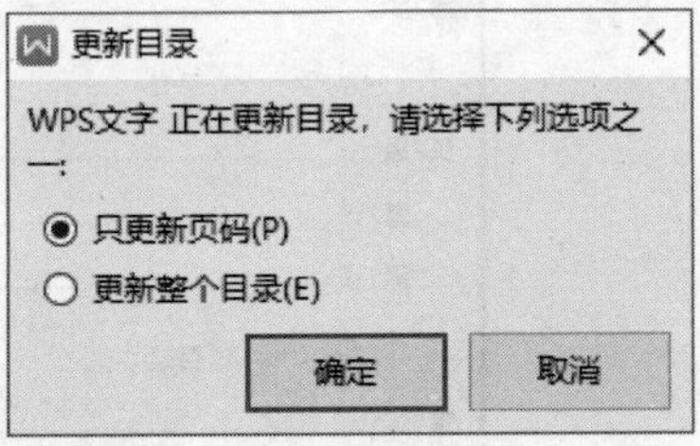

图 22-25 更新目录

2. 创建图、表目录

在文档目录的下方再插入一个图、表目录。

步骤 32：将光标定位在需要创建图、表目录的位置。

步骤 33：单击“引用”→“插入表目录”，打开“图表目录”对话框。

步骤 34：在“题注标签”的列表框中选择要创建索引的内容对应的题注“图 1-”，如图 22-26 所示。

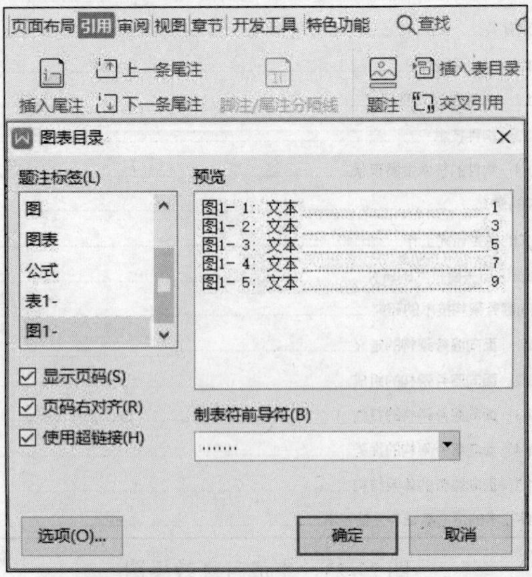

图 22-26 图表目录

步骤 35：单击“确定”按钮即可完成图表目录的创建，然后在目录的上方位置输入“图目录”“表目录”，设置字体为宋体，10 磅，同时也可以选中目录的文字设置文字和段落格式，让目录更美观，如图 22-27 所示。

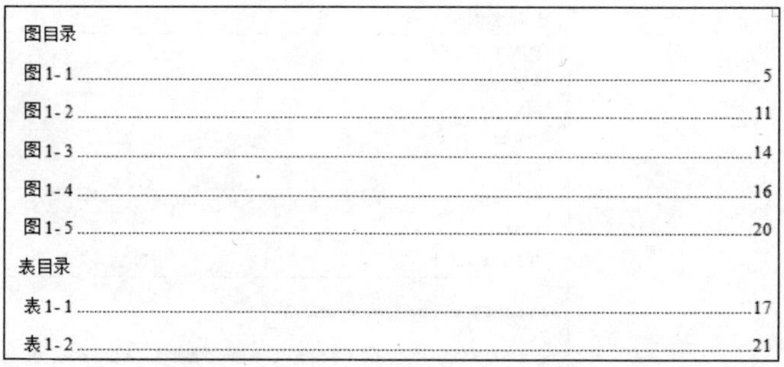
图目录

图1-1 5

图1-2 11

图1-3 14

图1-4 16

图1-5 20

表目录

表1-1 17

表1-2 21

图 22-27　图表目录效果图

步骤 36：重复一次插入图表目录操作，在“题注标签”的列表框中选择要创建索引的内容对应的题注“表 1-”，将其他的图表目录插入到文档。

22.3　案例制作 2——公式和函数的使用

22.3.1　SUM、AVERAGE、MAX、MIN、LARGE、SMALL 函数的使用

本案例以学生成绩表作为例，统计和分析学生的成绩数据。打开“学生成绩表.xlsx”完成如下操作步骤。

（1）计算每位学生的总分（使用 SUM 函数）。

步骤 1：选中 J2 单元格，单击“开始”→“求和”→“求和”，回车进行计算。双击“填充柄”进行下面填充，计算每位学生的总分，如图 22-28 所示。

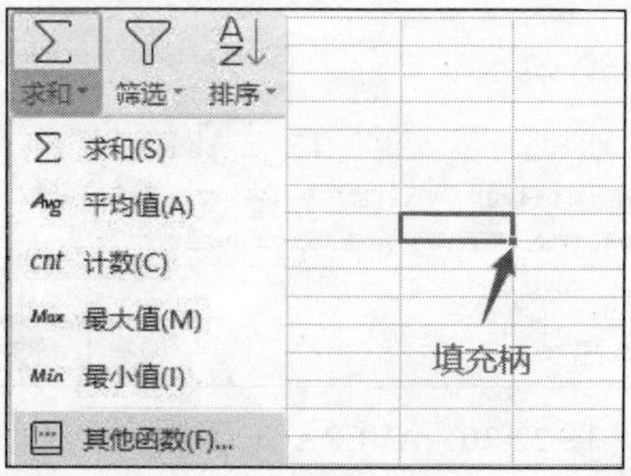

图 22-28　SUM 函数

（2）计算每门课程的平均分（使用 AVERAGE）。

步骤 2：选中 B49 单元格，单击编辑栏旁的“插入函数 *fx*”按钮，在选择函数列表框中选择“AVERAGE”，单击“确定”按钮，如图 22-29 所示。

步骤 3：单击数值 1 折叠按钮，选择计算机基础学科的数据 D2:D45，单击“确定”按钮，拖动“填充柄”填充其他科平均成绩即可，如图 22-30 所示。

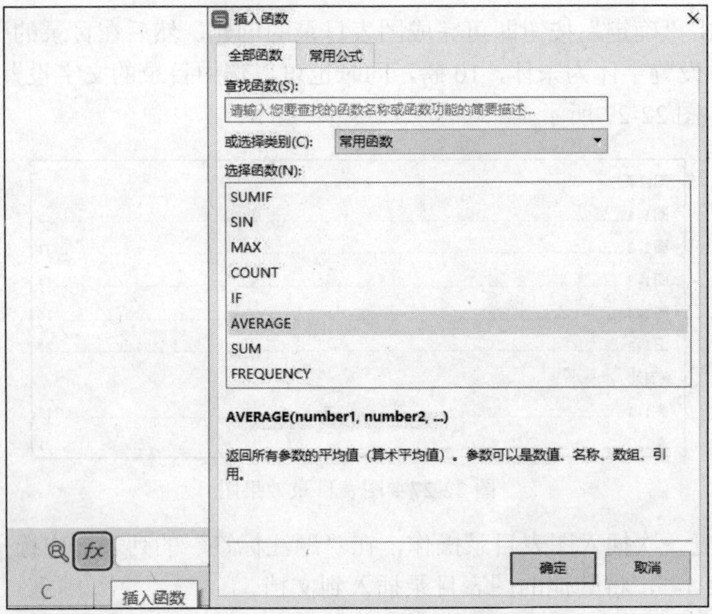

图 22-29　插入 AVERAGE 函数

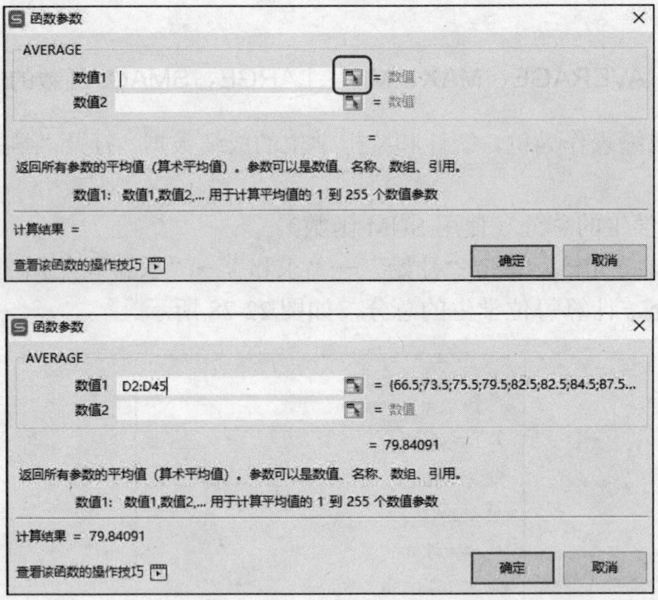

图 22-30　AVERAGE 函数的设置

（3）计算每门课程第一名成绩（使用 MAX 函数）和倒数第一名成绩（使用 MIN 函数）。

步骤 4：选中 B50 单元格，单击“开始”→“求和”→“最大值”，选择数据区域 D2:D45，回车，如图 22-31 所示。

步骤 5：选中 B51 单元格，单击“开始”→“求和”→“最小值”，选择数据区域 D2:D45，回车，如图 22-32 所示。

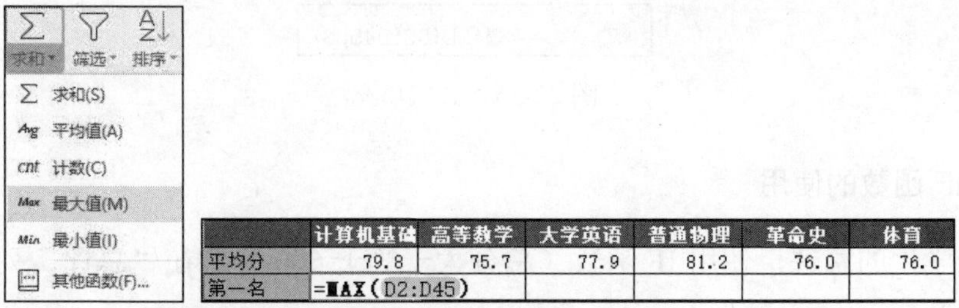

	计算机基础	高等数学	大学英语	普通物理	革命史	体育
平均分	79.8	75.7	77.9	81.2	76.0	76.0
第一名	=MAX(D2:D45)					

图 22-31　MAX 函数的设置

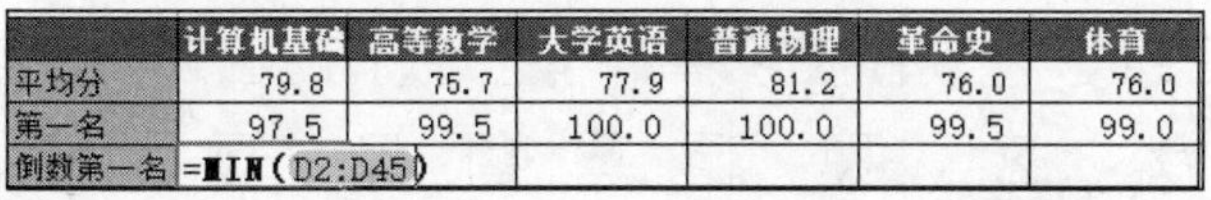

	计算机基础	高等数学	大学英语	普通物理	革命史	体育
平均分	79.8	75.7	77.9	81.2	76.0	76.0
第一名	97.5	99.5	100.0	100.0	99.5	99.0
倒数第一名	=MIN(D2:D45)					

图 22-32　MIN 函数的设置

（4）计算每门课程的第二名和第三名成绩（使用 LARGE 函数）。

步骤 6：选中 B52 单元格，在编辑区输入“=LARGE(D2:D45,2)”（第 1 个参数表示选择的数据区域，第 2 个参数表示排第几名，“2”表示排名第二，两个参数用逗号间隔），回车，如图 22-33 所示。

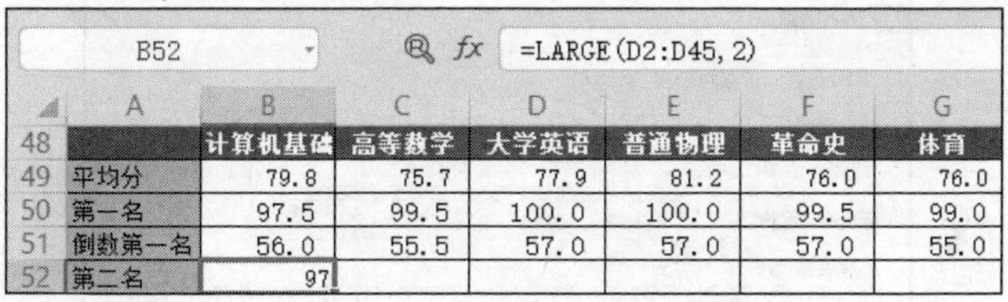

	A	B	C	D	E	F	G
48		计算机基础	高等数学	大学英语	普通物理	革命史	体育
49	平均分	79.8	75.7	77.9	81.2	76.0	76.0
50	第一名	97.5	99.5	100.0	100.0	99.5	99.0
51	倒数第一名	56.0	55.5	57.0	57.0	57.0	55.0
52	第二名	97					

图 22-33　LARGE 函数的设置

步骤 7：第三名可以用公式的填充方法修改，如图 22-34 所示。

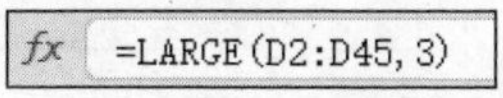

图 22-34　公式填充

（5）计算每门课程倒数第二名和倒数第三名成绩（使用 SMALL 函数）。

步骤 8：选中 B54 单元格，在编辑区输入“=SMALL (D2:D45, 2)”（第 1 个参数表示选择的数据区域，第 2 个参数表示倒数第几名，“2”表示排名倒数第二，两个参数用逗号间隔），回车，如图 22-35 所示。

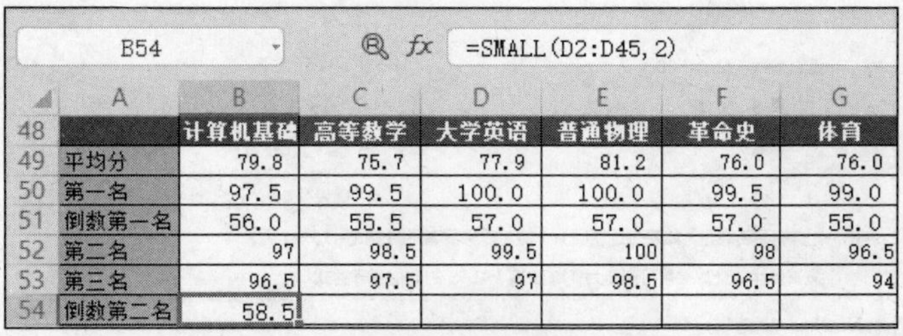

	A	B	C	D	E	F	G
48		计算机基础	高等数学	大学英语	普通物理	革命史	体育
49	平均分	79.8	75.7	77.9	81.2	76.0	76.0
50	第一名	97.5	99.5	100.0	100.0	99.5	99.0
51	倒数第一名	56.0	55.5	57.0	57.0	57.0	55.0
52	第二名	97	98.5	99.5	100	98	96.5
53	第三名	96.5	97.5	97	98.5	96.5	94
54	倒数第二名	58.5					

图 22-35　SMALL 函数的设置

步骤 9：倒数第三名可以用公式的填充方法修改，如图 22-36 所示。

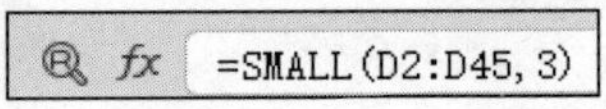

图 22-36 公式填充

22.3.2 IF 函数的使用

计算每位学生的总评，使用 IF 函数（总分大于等于 500 分的在“总评”列显示“优秀”，否则显示空格）。

步骤 10：选中 K2 单元格，单击“公式”→“插入函数”按钮，如图 22-37 所示。

图 22-37 插入函数

在弹出的“插入函数”对话框中选择“IF”函数，如图 22-38 所示。在“函数在数”对话框的“测试条件”中输入：“J2>=500”，“真值”中输入“优秀”，“假值”中输入：“␣”，单击“确定”按钮，如图 22-39 所示。

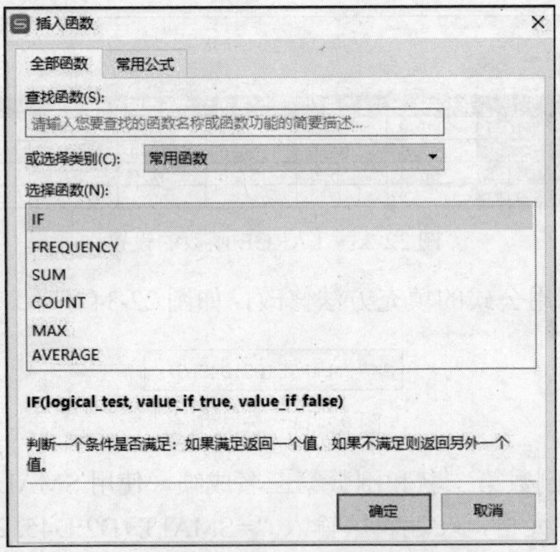

图 22-38 选择 IF 函数

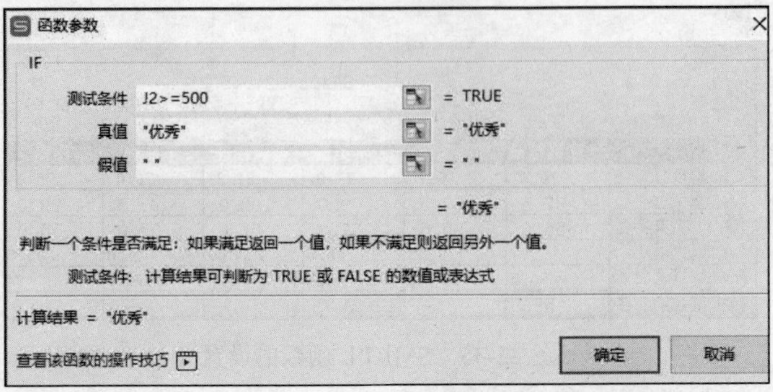

图 22-39 IF 函数的设置

22.3.3　RANK 函数的使用

计算每位学生的名次使用 RANK 函数。

步骤 11：首先计算第一个学生的名次，选中 L2 单元格，单击“公式”→“插入函数”，在“查找函数”文本框中输入 rank，选择“RANK”函数，单击“确定”按钮，如图 22-40 所示。

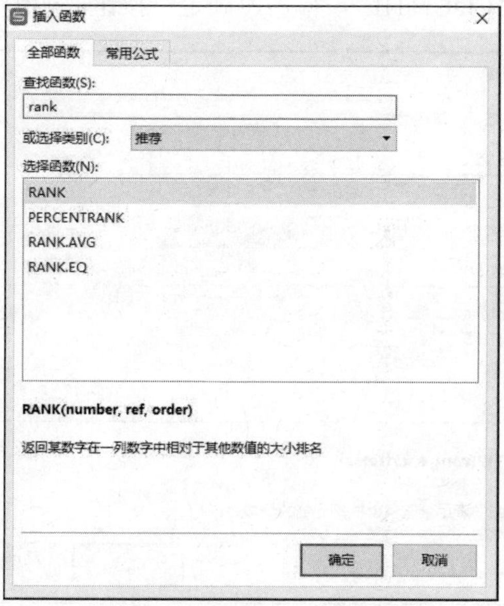

图 22-40　插入 RANK 函数

步骤 12：单击“数值”的折叠按钮，选择第一个学生的总分所在的单元格 J2，关闭折叠窗口。单击“引用”的折叠按钮，选择所有学生的总分 J2:J45，关闭折叠窗口。在这里为了实现其他学生的排名，在 L 列上进行填充，行号会发生改变，所以函数中的行号也随之改变，为了使得总分始终在所有学生总分中进行排名，在数据排名的区域中使用绝对引用，按功能键 F4 进行切换，单击“函数参数”对话框中的“确定”按钮，如图 22-41 所示。

图 22-41　RANK 函数的设置

22.3.4　COUNTA、COUNTIF 函数的使用

COUNTA：函数计算区域中不为空的单元格的个数。

COUNTIF：对区域中满足单个指定条件的单元格进行计数。

计算每门课程优秀率（90 分及 90 分以上成绩所占的比例）和及格率（60 分及 60 分以上成绩所占的比例），自定义公式计算可使用 COUNTIF 和 COUNTA 两个函数。

计算优秀率是分数>=90 的人数除以总人数，首先求分数>=90 的人数。

步骤 13：选中 B56 单元格，“插入函数”→“或选择类别”文本框下拉列表中选择“统计”，“选择函数”中选择“COUNTIF”，单击“确定”按钮，如图 22-42 所示。

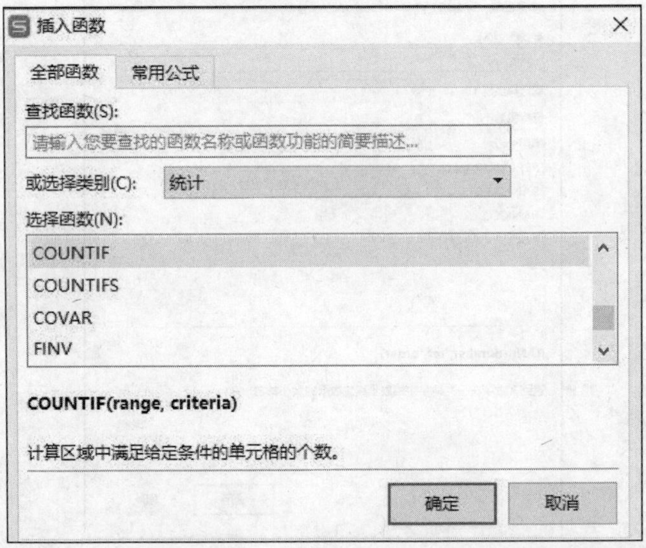

图 22-42 插入 COUNTIF 函数

步骤 14：“区域”选择 D2:D45，“条件”文本框中输入“>=90”，单击“确定”按钮，如图 22-43 所示。

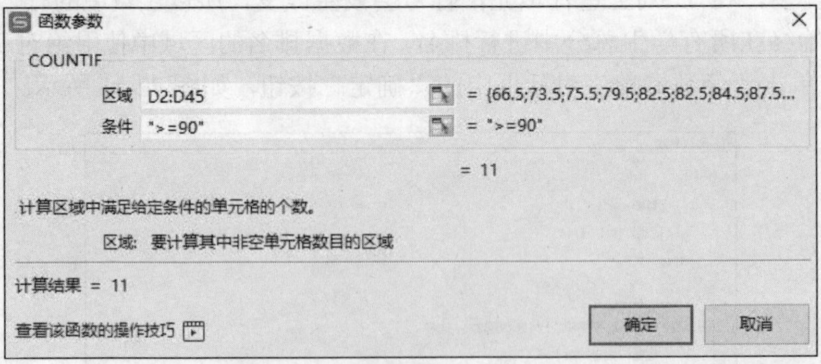

图 22-43 COUNTIF 函数的设置

步骤 15：再求优秀率，将鼠标移动到“编辑栏”修改公式，输入除号“/”，输入“COUNTA”函数，选择数据区域 D2：D45，回车，如图 22-44 所示。及格率和优秀率求法相同。

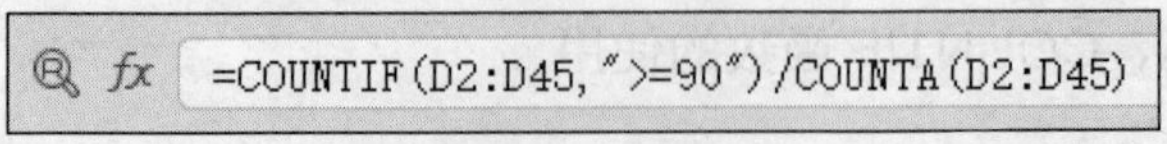

图 22-44 求优秀率

22.3.5　FREQUENCY 函数的使用

计算每门课程各分数段人数可以使用函数 FREQUENCY。数据分为 5 段，需要 4 个分段点（59.9,69.9,79.9,89.9），可以将分段点写在空白区域也可在函数中输入各分段点。

步骤 16：首先选中要计算的区域 C61:C65，“插入函数”→“或选择类别”文本框下拉列表中选择“统计”，“选择函数”中选择“FREQUENCY”，单击“确定”按钮，如图 22-45 所示。

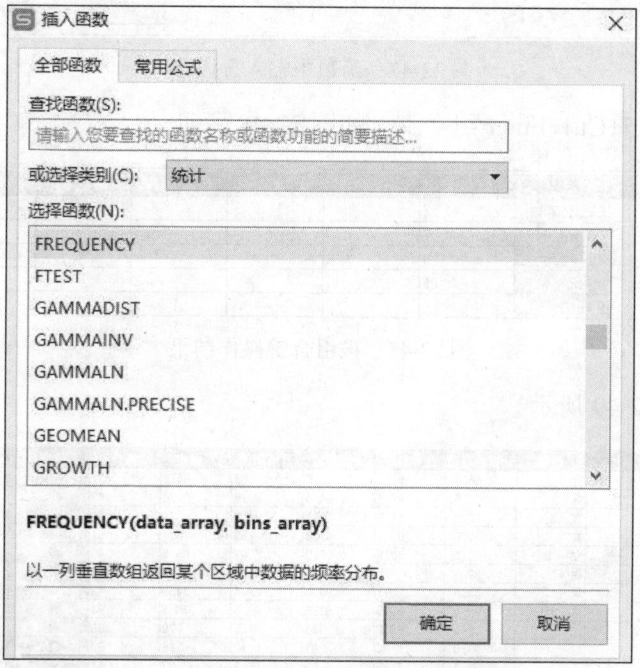

图 22-45　插入 FREQUENCY 函数

步骤 17-1：“一组数值”选择 D2:D45，“一组间隔值”选择 A67:A70，如图 22-46 所示。

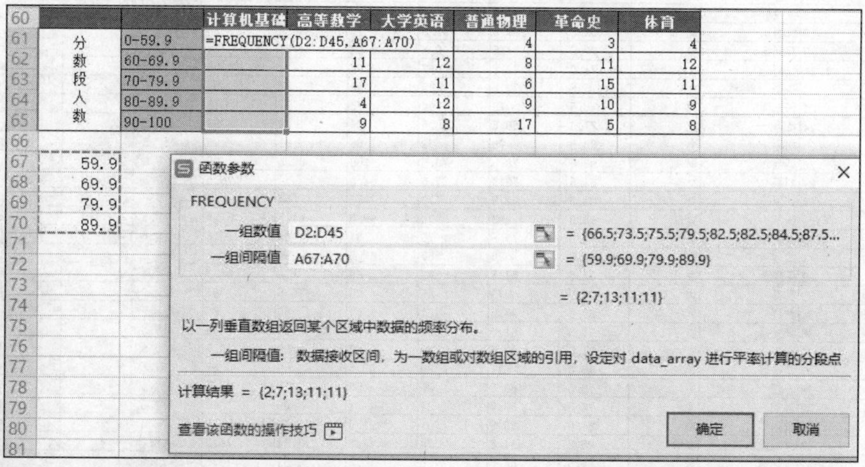

图 22-46　分段点写在空白区域的设置

步骤 17-2：或手动输入各分段点，如图 22-47 所示。

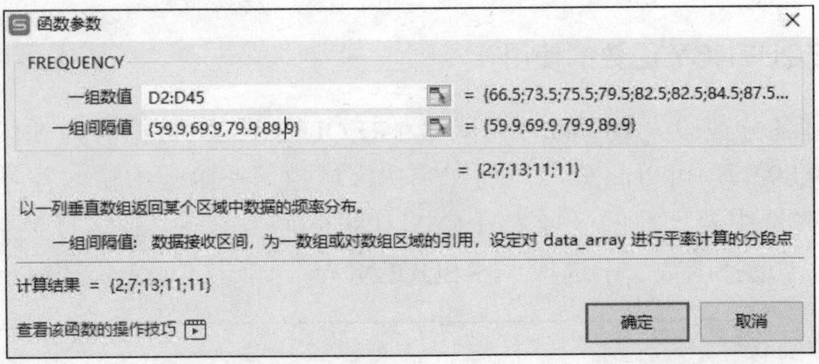

图 22-47　函数中输入分段点

步骤 18：按 Shift+Ctrl+Enter 组合键，如图 22-48 所示。

		计算机基础	高等数学	大学英语	普通物理	革命史	体育
分数段人数	0-59.9	2					
	60-69.9	7					
	70-79.9	13					
	80-89.9	11					
	90-100	11					

图 22-48　按组合键操作结果

最终效果如图 22-49 所示。

编号	姓名	性别	计算机基础	高等数学	大学英语	普通物理	革命史	体育	总分	总评	名次
1	高志毅	男	66.5	92.5	95.5	98	86.5	71	510.0	优秀	3
2	戴威	男	73.5	91.5	64.5	93.5	84	87	494.0		10
3	张倩倩	女	75.5	62.5	87	94.5	78	91	488.5		14
4	伊然	女	79.5	98.5	68	100	96	66	508.0	优秀	5
5	鲁帆	女	82.5	63.5	90.5	97	65.5	99	498.0		9
6	黄凯东	男	82.5	78	81	96.5	96.5	57	491.5		11
7	侯跃飞	男	84.5	71	99.5	89.5	84.5	58	487.0		15
8	魏晓	男	87.5	63.5	67.5	98.5	78.5	94	489.5		13
9	李巧	男	88.0	82.5	83	75.5	72	90	491.0		12
10	殷豫群	男	92.0	64	97	93	75	93	514.0	优秀	2
11	刘会民	男	93.0	71.5	92	96.5	87	61	501.0	优秀	7
12	刘玉晓	女	93.5	85.5	77	81	95	78	510.0	优秀	3
13	王海强	男	96.0	72.5	100	86	62	87.5	504.0	优秀	6
14	周良乐	男	96.5	86.5	90.5	94	99.5	70	537.0	优秀	1
15	肖童童	女	97.5	76	72	92.5	84.5	78	500.5	优秀	8
16	潘跃	女	56.0	77.5	85	83	74.5	79	455.0		27
17	杜蓉	女	58.5	90	88.5	97	72	65	471.0		21
18	张悦群	女	63.0	99.5	78.5	63.5	79.5	65.5	449.5		29
19	章中承	男	69.0	89.5	92.5	73	58.5	96.5	479.0		16
20	薛利恒	男	72.5	74.5	60.5	87	77	78	449.5		29
21	张月	女	74.0	72.5	67	94	78	90	475.5		19
22	萧潇	女	75.5	72.5	75	92	86	55	456.0		26
23	张志强	男	76.5	70	64	75	87	78	450.5		28
24	章燕	女	77.0	60.5	66.5	84	98	93	479.0		16
25	刘刚	男	80.5	96	72	66	61	85	460.5		25
26	苏武	男	83.5	78.5	70.5	100	68.5	69	470.0		22
27	刘惠	女	84.5	78.5	87.5	64.5	72	76.5	463.5		24
28	刘思云	女	92.5	93.5	77	73	57	84	477.0		18
29	张严	男	95.0	95	70	89.5	61.5	61.5	472.5		20
30	周晓彤	女	97.0	75.5	73	81	66	76	468.5		23
31	沈君毅	男	62.5	76	57	67.5	88	84.5	435.5		36
32	王晓燕	女	62.5	57.5	85	59	79	61.5	404.5		44
33	吴开	男	63.5	73	65	95	75.5	61	433.0		37
34	黎辉	男	68.0	97.5	61	57	60	85	428.5		41
35	李爱晶	女	71.5	61.5	82	57.5	57	85	414.5		43
36	肖琪	女	71.5	59.5	88	63	88	60.5	430.5		39
37	司徒春	男	75.0	71	86	60.5	60	85	437.5		34
38	叶辉	男	75.5	60.5	85	57	76	83.5	437.5		34
39	钟幻	男	76.0	63.5	84	81	65	62	431.5		38
40	章戎	男	81.0	55.5	61	91.5	81	59	429.0		40
41	涂咏虔	女	85.5	64.5	74	78.5	64	76.5	443.0		32
42	詹仕勇	男	86.5	65.5	67.5	70.5	62	73.5	425.5		42
43	刘泽安	男	94.0	68.5	78	60.5	76	67	444.0		31
44	尹志刚	女	96.5	74.5	63	66	71	69	440.0		33

图 22-49（一）　最终效果

	计算机基础	高等数学	大学英语	普通物理	革命史	体育
平均分	79.8	75.7	77.9	81.2	76.0	76.0
第一名	97.5	99.5	100.0	100.0	99.5	99.0
倒数第一名	56.0	55.5	57.0	57.0	57.0	55.0
第二名	97	98.5	99.5	100	98	96.5
第三名	96.5	97.5	97	98.5	96.5	94
倒数第二名	58.5	57.5	60.5	57	57	57
倒数第三名	62.5	59.5	61	57.5	58.5	58
优秀率	25.0%	20.5%	18.2%	38.6%	11.4%	18.2%
及格率	95.5%	93.2%	97.7%	90.9%	93.2%	90.9%

		计算机基础	高等数学	大学英语	普通物理	革命史	体育
分数段人数	0-59.9	2	3	1	4	3	4
	60-69.9	7	11	12	8	11	12
	70-79.9	13	17	11	6	15	11
	80-89.9	11	4	12	9	10	9
	90-100	11	9	8	17	5	8

图 22-49（二）　最终效果

22.4　案例制作 3——排序、筛选和分类汇总的使用

本案例以学生成绩表数据分析为例，学习合并计算、排序、筛选、分类汇总。打开“学生成绩表.xlsx”完成如下操作。

22.4.1　排序的应用

（1）“体育”列按从低到高排序。

步骤 1：将光标定位在“体育”列上，单击“开始”→“排序”，在下拉列表中选择“升序”，如图 22-50 所示。

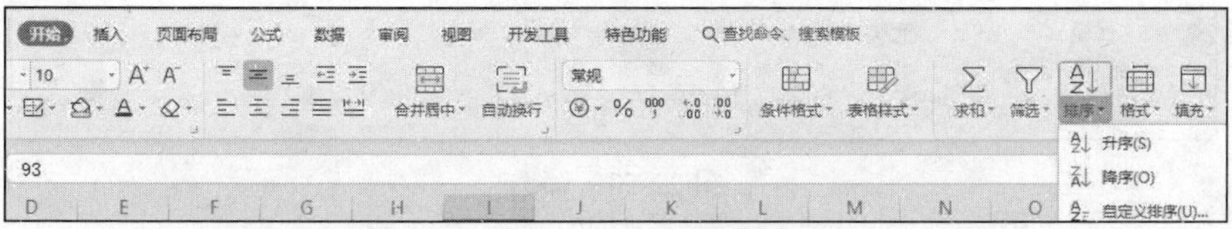

图 22-50　排序

（2）“姓名”列按笔画从少到多排序。

步骤 2：将光标定位在表格数据区域中，单击“开始”→“排序”，在下拉列表中选择“自定义排序”，在“主要关键字”中选择“姓名”，在“排序选项”对话框中选中“笔画排序”单选按钮，单击“确定”按钮，“次序”中选择“升序”，然后单击“确定”按钮进行排序，如图 22-51 所示。

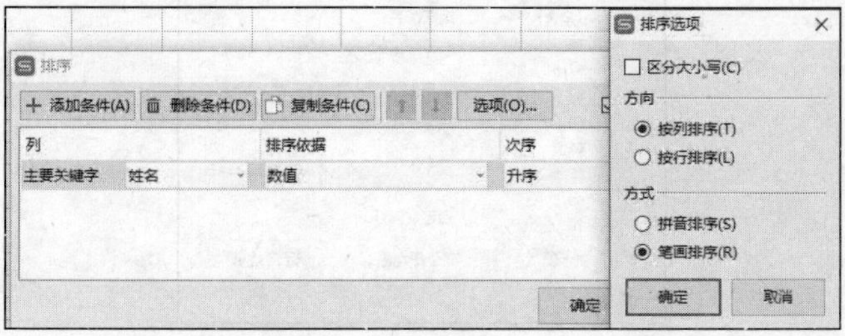

图 22-51　笔划排序

（3）“总分”列按从高到低排序，当相同时，按“高等数学”列按从高到低排序。

步骤 3：将光标定位在表格数据区域中，单击“数据”→“排序”，在“主要关键字”中选择“总分”，“次序”选择“降序”，再单击“添加条件”→“次要关键字”中选择“高等数学”，“次序”中选择“降序”，单击“确定”按钮进行排序，如图 22-52 所示。

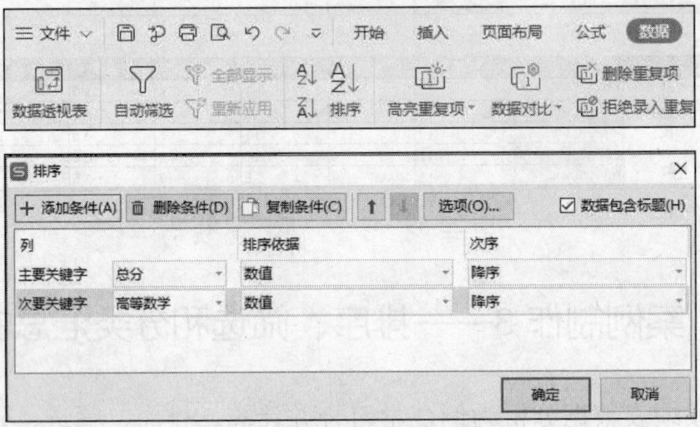

图 22-52　添加条件

22.4.2　筛选的应用

（1）“高等数学”成绩在 60～80 分之间（包含 60 分和 80 分）的数据筛选出来。可以使用自动筛选。

步骤 4：将光标定位在表格数据区域中，单击“开始”→“筛选”，如图 22-53 所示。

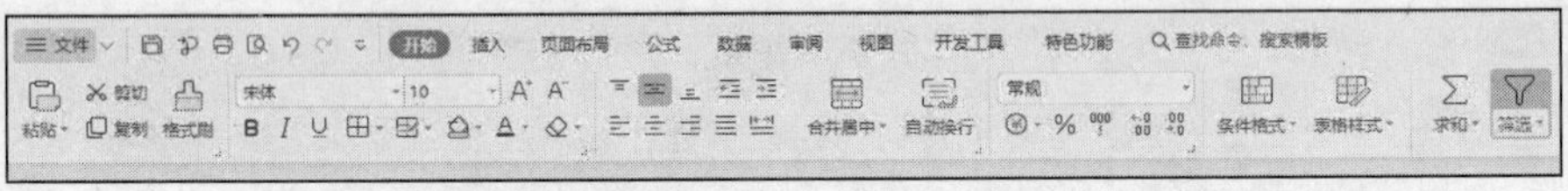

图 22-53　筛选

步骤 5：在标题栏旁会出现按钮，单击按钮，选择“数字筛选”→“介于”，在“自定义自动筛选方式”对话框中，“大于或等于”输入“60”，“小于或等于”输入“80”，单击“确定”按钮，如图 22-54 和图 22-55 所示。

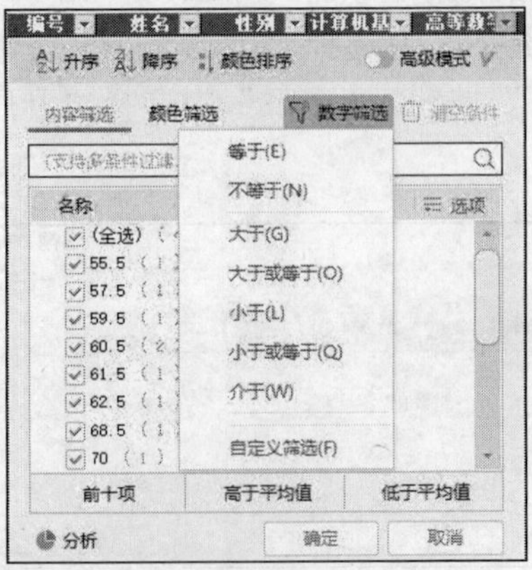

图 22-54　数字筛选

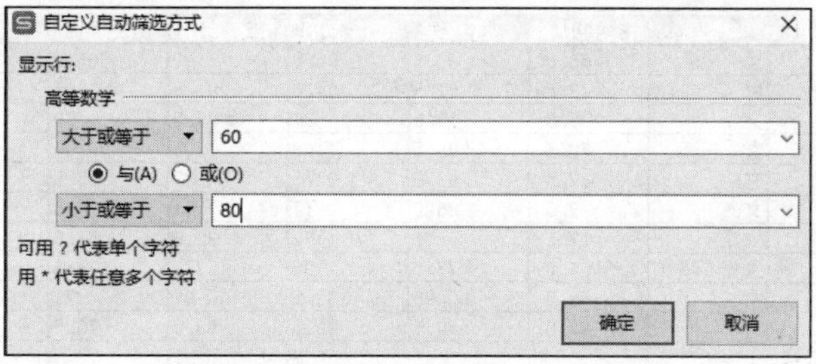

图 22-55　自动筛选

（2）清除筛选。

步骤 6：自动筛选完成后，若需要“清除筛选”，则再单击“筛选”按钮，原有的筛选就清除了。

（3）“计算机基础”成绩在 60～80 分之间（包含 60 分和 80 分）或者是“女”学生的数据筛选出来。结果显示在区域的左上角单元格为 A50 的区域中，需要用高级筛选。

步骤 7：筛选条件要单独放置，“计算机基础”“性别”复制到 L10:N10，在 N11 单元格输入“女”，L12 输入“>=60”，M12 输入“<=80”，如图 22-56 所示。

步骤 8：将光标定位在表格数据区域中，单击“开始”→“筛选”→“高级筛选”，如图 22-57 所示。

计算机基础	计算机基础	性别
		女
>=60	<=80	

图 22-56　筛选条件

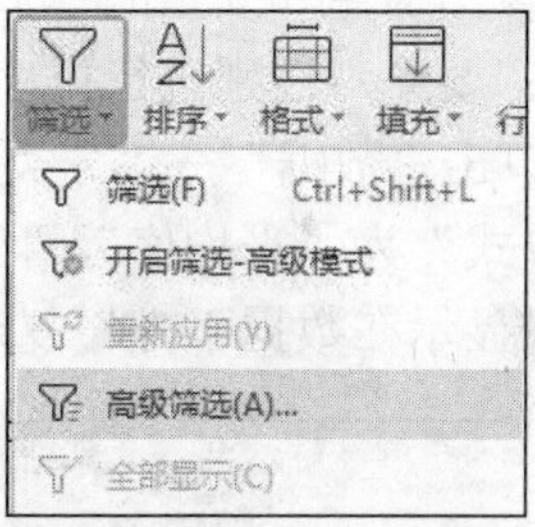

图 22-57　选择高级筛选

步骤 9：在“高级筛选”对话框中，选中“将筛选结果复制到其他位置”单选按钮，“列表区域”选择筛选案例“$A$1:$J$45”，“条件区域”选择筛选案例“$L$11:$N$13”，“复制到”筛选案例选择“$A$50”，单击“确定”按钮，如图 22-58 和图 22-59 所示。

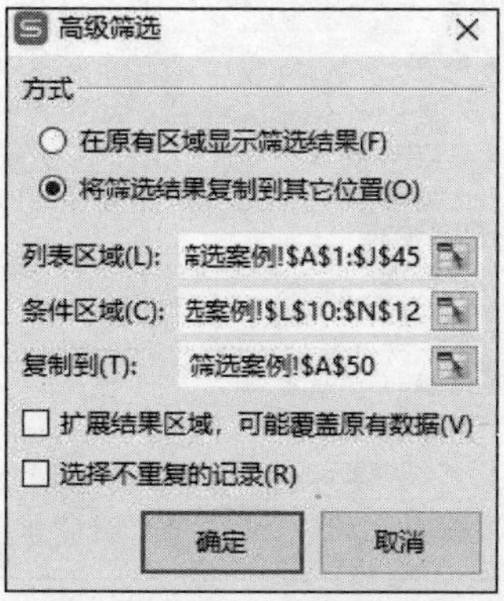

图 22-58　高级筛选的设置

编号	姓名	性别	计算机基础	高等数学	大学英语	普通物理	革命史	体育	总分
1	高志毅	男	66.5	92.5	95.5	98	86.5	71	510.0
2	戴威	男	73.5	91.5	64.5	93.5	84	87	494.0
3	张倩倩	女	75.5	62.5	87	94.5	78	91	488.5
4	伊然	女	79.5	98.5	68	100	96	66	508.0
5	鲁帆	女	82.5	63.5	90.5	97	65.5	99	498.0
12	刘玉晓	女	93.5	85.5	77	81	95	78	510.0
15	肖童童	女	97.5	76	72	92.5	84.5	78	500.5
16	潘跃	女	56.0	77.5	85	83	74.5	79	455.0
17	杜蓉	女	58.5	90	88.5	97	72	65	471.0
18	张悦群	女	63.0	99.5	78.5	63.5	79.5	65.5	449.5
31	沈君毅	男	62.5	76	57	67.5	88	84.5	435.5
32	王晓燕	女	62.5	57.5	85	59	79	61.5	404.5
33	吴开	男	63.5	73	65	95	75.5	61	433.0
34	黎辉	男	68.0	97.5	61	57	60	85	428.5
35	李爱晶	女	71.5	61.5	82	57.5	57	85	414.5
36	肖琪	女	71.5	59.5	88	63	88	60.5	430.5
37	司徒春	男	75.0	71	86	60.5	60	85	437.5
38	叶辉	男	75.5	60.5	85	57	76	83.5	437.5
39	钟幻	男	76.0	63.5	84	81	65	62	431.5
41	涂咏虞	女	85.5	64.5	74	78.5	64	76.5	443.0
44	尹志刚	女	96.5	74.5	63	66	71	69	440.0

图 22-59　筛选结果

22.4.3　分类汇总的应用

注意：分类汇总前必须为分类的字段进行排序。

（1）计算出男生和女生的“大学英语”平均成绩。

步骤 10：要先对性别进行排序，将光标定位在“性别”列上，单击“开始”→“排序”→“升序”。单击“数据”→“分类汇总”，在“分类汇总”对话框中设置“分类字段”为“性别”，“汇总方式”为“平均值”，“选定汇总项”为“大学英语”，勾选“替换当前分类汇总”和“汇总结果显示在数据下方”复选框，如图 22-60 和图 22-61 所示。

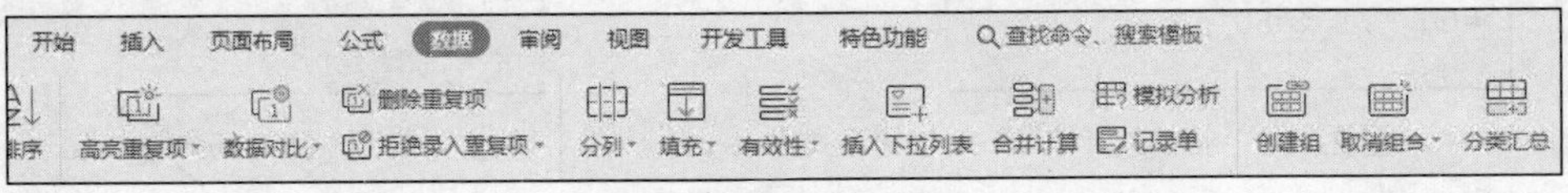

图 22-60　分类汇总

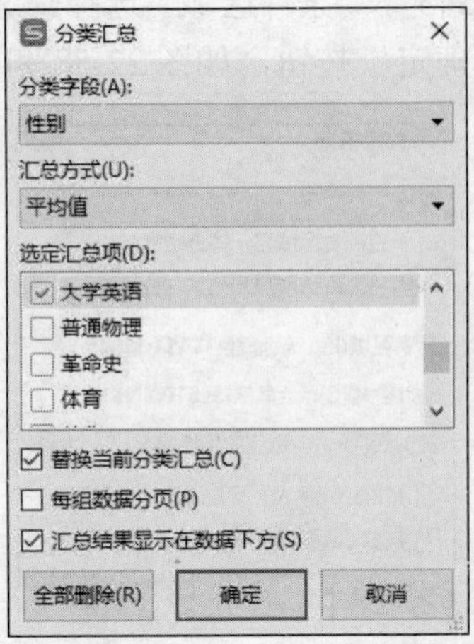

图 22-61　分类汇总设置

步骤 11：单击“确定”按钮，得到分类汇总表后表格的行发生了变化，如图 22-62 所示。

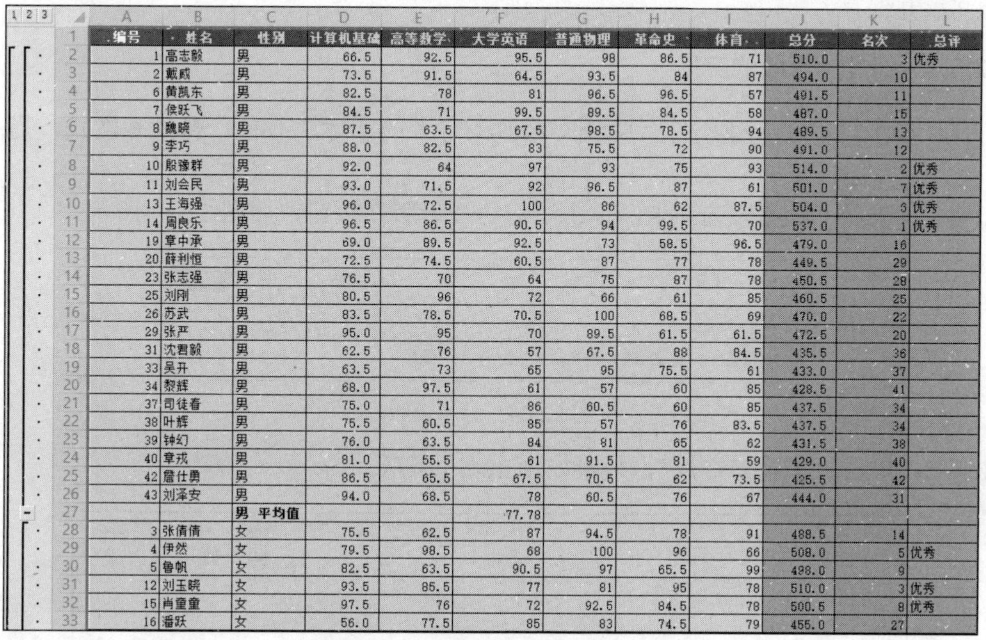

	编号	姓名	性别	计算机基础	高等数学	大学英语	普通物理	革命史	体育	总分	名次	总评
2	1	高志毅	男	66.5	92.5	95.5	98	86.5	71	510.0	3	优秀
3	2	戴威	男	73.5	91.5	64.5	93.5	84	87	494.0	10	
4	6	黄凯东	男	82.5	78	81	96.5	96.5	57	491.5	11	
5	7	侯跃飞	男	84.5	71	99.5	89.5	84.5	58	487.0	15	
6	8	魏晓	男	87.5	63.5	67.5	98.5	78.5	94	489.5	13	
7	9	李巧	男	88.0	82.5	83	75.5	72	90	491.0	12	
8	10	殷豫群	男	92.0	64	97	93	75	93	514.0	2	优秀
9	11	刘会民	男	93.0	71.5	92	96.5	87	61	501.0	7	优秀
10	13	王海强	男	96.0	72.5	100	86	62	87.5	504.0	3	优秀
11	14	周良乐	男	96.5	86.5	90.5	94	99.5	70	537.0	1	优秀
12	19	章中承	男	69.0	89.5	92.5	73	58.5	96.5	479.0	16	
13	20	薛利恒	男	72.5	74.5	60.5	87	77	78	449.5	29	
14	23	张志强	男	76.5	70	64	75	87	78	450.5	28	
15	25	刘刚	男	80.5	96	72	66	61	85	460.5	25	
16	26	苏武	男	83.5	78.5	70.5	100	68.5	69	470.0	22	
17	29	张严	男	95.0	95	70	89.5	61.5	61.5	472.5	20	
18	31	沈君毅	男	62.5	76	57	67.5	88	84.5	435.5	36	
19	33	吴开	男	63.5	73	65	95	75.5	61	433.0	37	
20	34	黎辉	男	68.0	97.5	61	57	60	85	428.5	41	
21	37	司徒春	男	75.0	71	86	60.5	60	85	437.5	34	
22	38	叶辉	男	75.5	60.5	85	57	76	83.5	437.5	34	
23	39	钟幻	男	76.0	63.5	84	81	65	62	431.5	38	
24	40	章戎	男	81.0	55.5	61	91.5	81	59	429.0	40	
25	42	詹仕勇	男	86.5	65.5	67.5	70.5	62	73.5	425.5	42	
26	43	刘泽安	男	94.0	68.5	78	60.5	76	67	444.0	31	
27			男 平均值			77.78						
28	3	张倩倩	女	75.5	62.5	87	94.5	78	91	488.5	14	
29	4	伊然	女	79.5	98.5	68	100	96	66	508.0	5	优秀
30	5	鲁帆	女	82.5	63.5	90.5	97	65.5	99	498.0	9	
31	12	刘玉晓	女	93.5	85.5	77	81	95	78	510.0	3	优秀
32	15	肖童童	女	97.5	76	72	92.5	84.5	78	500.5	8	优秀
33	16	潘跃	女	56.0	77.5	85	83	74.5	79	455.0	27	

图 22-62　汇总效果

分类汇总后，数据表左上角出现 3 个层次的数据，其中第 3 层次显示数据表的明细数据与汇总数据，第 2 层次显示为性别汇总数据，第 1 层次是全部性别的汇总数据。

（2）删除分类汇总。

步骤 12：单击“数据”→“分类汇总”，在“分类汇总”对话框中单击“全部删除”按钮，如图 22-63 所示。

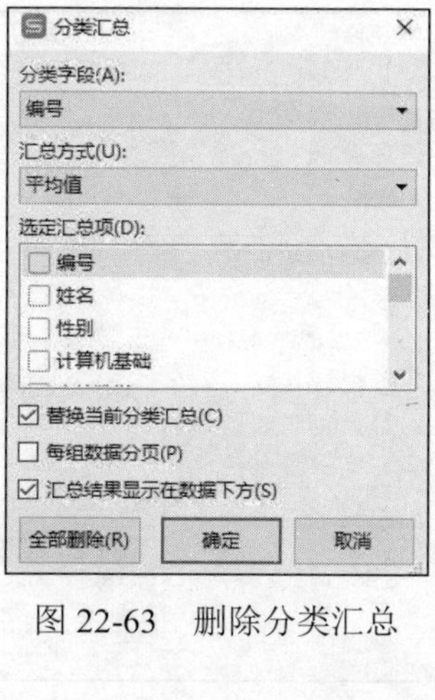

图 22-63　删除分类汇总

22.5　案例制作 4——美食展览会演示文稿制作

某美食展览会向全国饮食爱好者集中展示东北三省特色餐饮，通过所给的素材和要求制作一个关于《东北美食》的演示文稿。打开素材文件夹下的“东北美食.pptx”，按照下列要求完善此文稿并保存。

22.5.1 幻灯片母版的应用

幻灯片母版可以在新建幻灯片时统一修改幻灯片的字体、颜色、背景等格式，提高办公效率。

步骤 1：选择“视图”选项卡，单击“幻灯片母版”按钮，如图 22-64 所示。

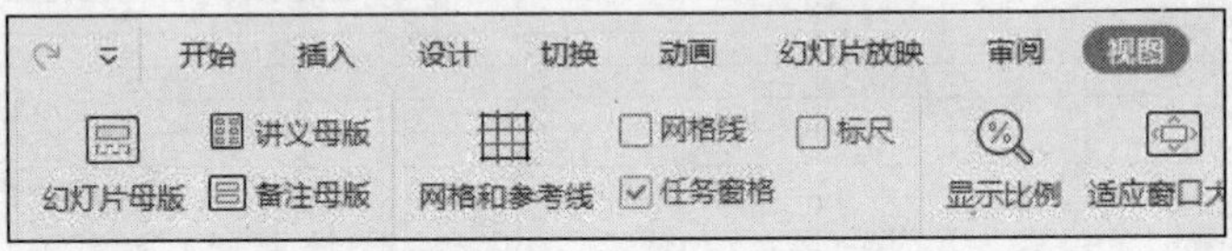

图 22-64 编辑母版

步骤 2：单击“主题幻灯片”，效果如图 22-65 所示。

图 22-65 主题幻灯片

步骤 3：单击“背景”按钮，在右侧“对象属性”对话框中，选中“图片或纹理填充”单选按钮，选择“图片填充”→“请选择图片”下拉列表→“本地文件”，在弹出的对话框中选择“背景 1”，如图 22-66 所示。

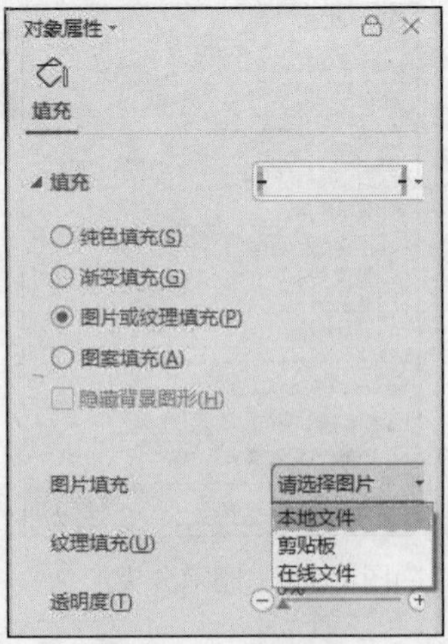

图 22-66 对象属性

步骤 4：选择“标题”幻灯片，设置“主标题”的字体为“方正舒体”，字号 54，字体颜色为“红色”，如图 22-67 所示。

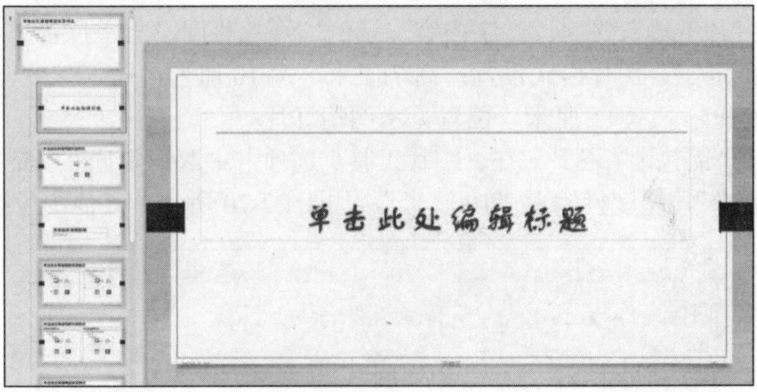

图 22-67　标题幻灯片设置

步骤 5：选择“标题和内容”幻灯片，标题格式为方正舒体，字号 44，字体颜色为“红色”，居中。文本格式为方正舒体，字号 28，首行缩进 2 个字符，取消项目符号，如图 22-68 所示。

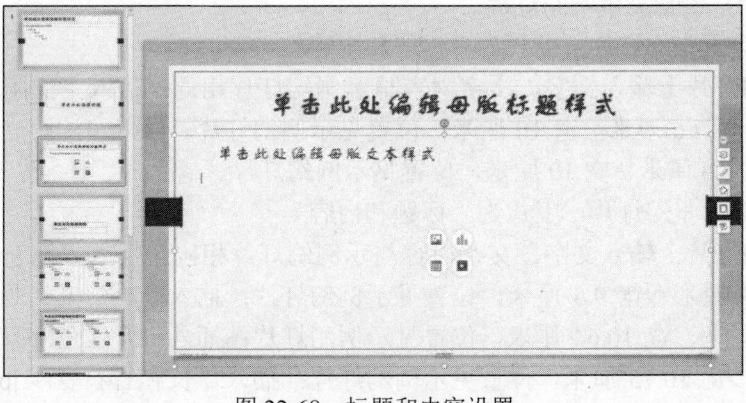

图 22-68　标题和内容设置

步骤 6：单击“幻灯片母版”选项卡，单击“关闭”按钮，退出幻灯母版设置，如图 22-69 所示。

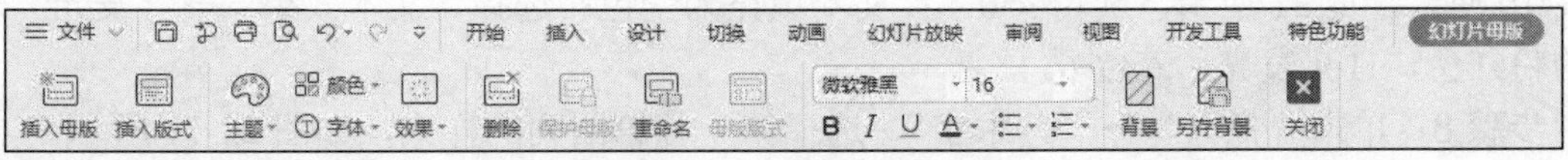

图 22-69　退出幻灯片母版

22.5.2　制作幻灯片内容

对幻灯片内容进行编辑，包括在幻灯片中添加文本、编辑文本、设置图片大小等操作。

（1）制作第一张幻灯片，版式要求为“标题幻灯片”。标题内容为“东北美食”，删除副标题。

（2）制作第二张幻灯片，版式为“标题和内容”。在第二张幻灯片上输入文字，文字内容及位置与示例幻灯片相同。

（3）制作第三张幻灯片，版式为“标题和内容”。

在第三张幻灯片上输入文字，文字内容与示例幻灯片相同，文字位置见示例幻灯片。

插入“锅包肉.jpg”，图片格式设置：高 7 厘米、宽 10 厘米；插入“小鸡炖蘑菇.jpg”，图片格式设置高 6.6 厘米、宽 11 厘米，位置见示例幻灯片。

步骤 7：选中“锅包肉”图片，在“图片工具”选项卡中取消勾选“锁定纵横比”复选框，高度栏输入“7 厘米”，宽度栏输入“10 厘米”，如图 22-70 所示。其他图片设置相同。

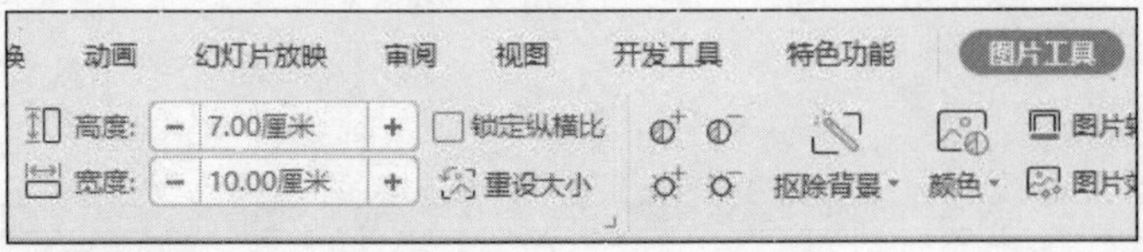

图 22-70　图片大小设置

（4）制作第四张幻灯片，版式为“标题和内容”。

在第四张幻灯片上输入文字，文字内容与示例幻灯片相同。插入“长春白肉血肠.jpg”，图片格式设置为高 10.7 厘米、宽 15.9 厘米；插入“长春冷面.jpg”，图片格式设置为高 10.7 厘米、宽 15.9 厘米，位置见示例幻灯片。

（5）制作第五张幻灯片，版式为“标题和内容”。

在第五张幻灯片上输入文字，文字内容与示例幻灯片相同。插入“沈阳满汉全席.jpg”，图片格式设置为高 7.6 厘米、宽 10 厘米，位置见示例幻灯片。插入“沈阳老边饺子.jpg”，图片格式设置为高 7.6 厘米、宽 10 厘米，位置见示例幻灯片。

（6）制作第六张幻灯片，版式为“标题和内容”。

在第六张幻灯片上输入文字，文字内容与示例幻灯片相同。插入“地三鲜.jpg”，图片格式设置为高 6.43 厘米、宽 9.5 厘米，位置见示例幻灯片；插入“哈尔滨红肠.jpg”，图片格式设置为高 6.22 厘米、宽 10.64 厘米，位置见示例幻灯片；插入“开江鱼.jpg”，图片格式设置为高 7.23 厘米、宽 10.75 厘米，位置见示例幻灯片；插入“长春雪衣豆沙.jpg”，图片格式设置为高 6.6 厘米、宽 11.86 厘米，位置见示例幻灯片。

（7）制作第七张幻灯片，版式为“空白”。

插入艺术字，文字内容与示例幻灯片相同，格式为方正舒体（正文），字号 115；文本框为高 10 厘米，宽 21 厘米，旋转 350°；文本填充为紫色；选择“文本效果”→“发光”→热情的粉红色，11pt 发光，着色 6。

步骤 8：单击“插入”→“艺术字”，选择第一行第四列的样式，如图 22-71 所示。

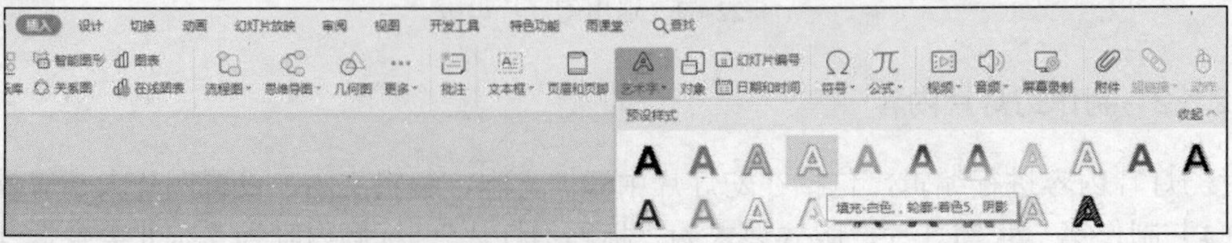

图 22-71　插入艺术字

步骤 9：输入文字“快来品尝吧！”。选中文字，在“文本工具”中设置字体格式为方正舒体，字号为 115，文本填充为紫色，选择“文本效果”→“发光”→热情的粉红，11pt 发光，着色 6，如图 22-72 至图 22-74 所示。

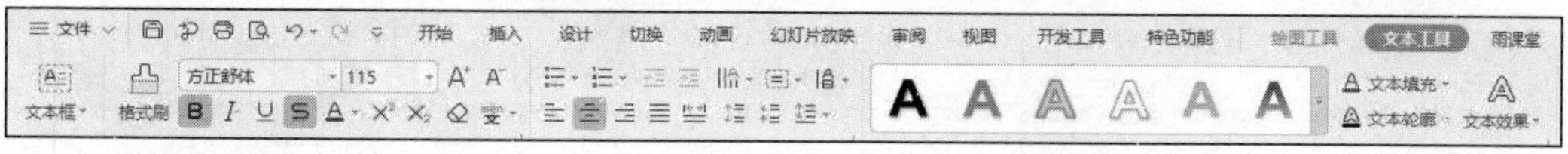

图 22-72　文本工具

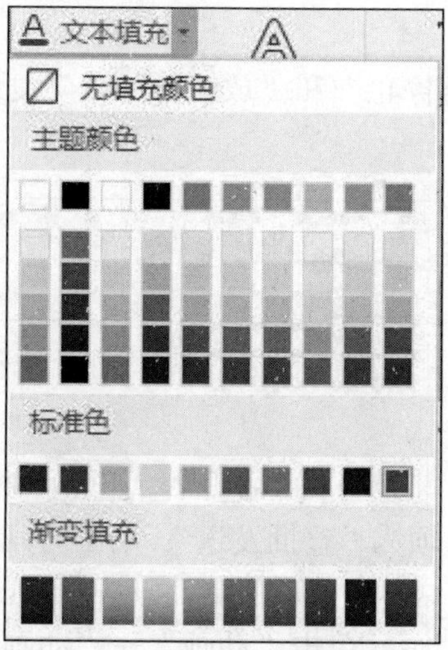

图 22-73　文本填充

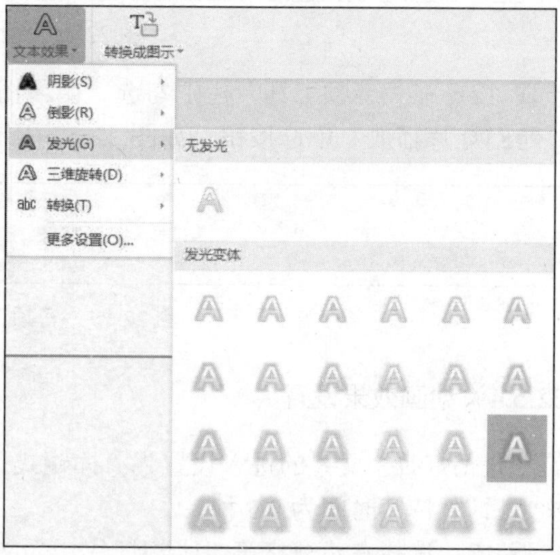

图 22-74　文本效果

步骤 10：选中艺术字，在右侧“对象属性”→“大小与属性”→“大小”中设置高度为 11 厘米，宽度为 14 厘米，“旋转”设置为 350°，如图 22-75 所示。

图 22-75　大小与属性

22.5.3　插入音频设置

在第一张幻灯片插入“美味活泼.wma”，放映时隐藏；循环播放，直到停止。

步骤 11：选择左边窗格第一张幻灯片，单击“插入”→“音频”，在下拉列表中选择“嵌入音频”，如图 22-76 所示。选择音乐“美味活泼”，参考示例幻灯片调整音频图标到合适位置。

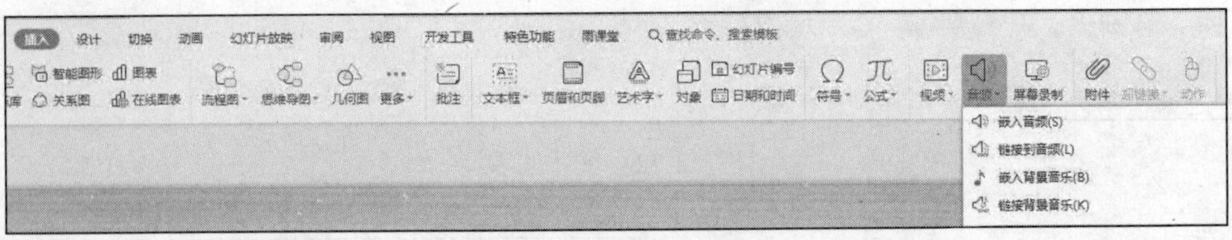

图 22-76　插入音频

步骤 12：在“音频工具”栏中勾选“循环播放，直至停止”和“放映时隐藏”复选框，选中“跨幻灯片播放”单选按钮，如图 22-77 所示。

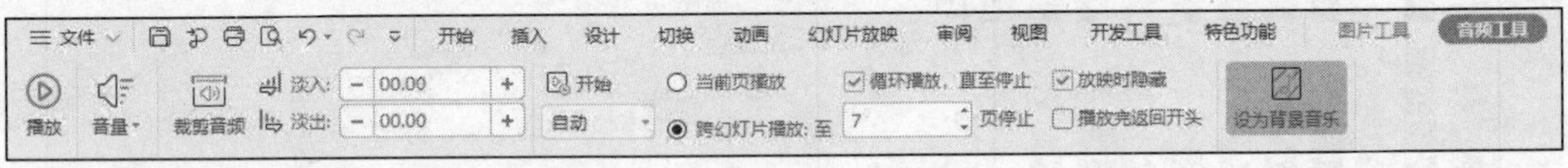

图 22-77　音频工具的设置

22.5.4　动画效果设置

第二张幻灯片，文本的进入设置为“挥鞭式”，效果选项为“整批发送”；动画时间为“上一动画之后”，持续时间为 0.5 秒。

步骤 13：选择左边窗格第二张幻灯片，为文本设置动画。单击“动画”→“动画样式”组“其他”按钮→“进入”下拉列表中→“华丽型”→“挥鞭式”，如图 22-78 所示。

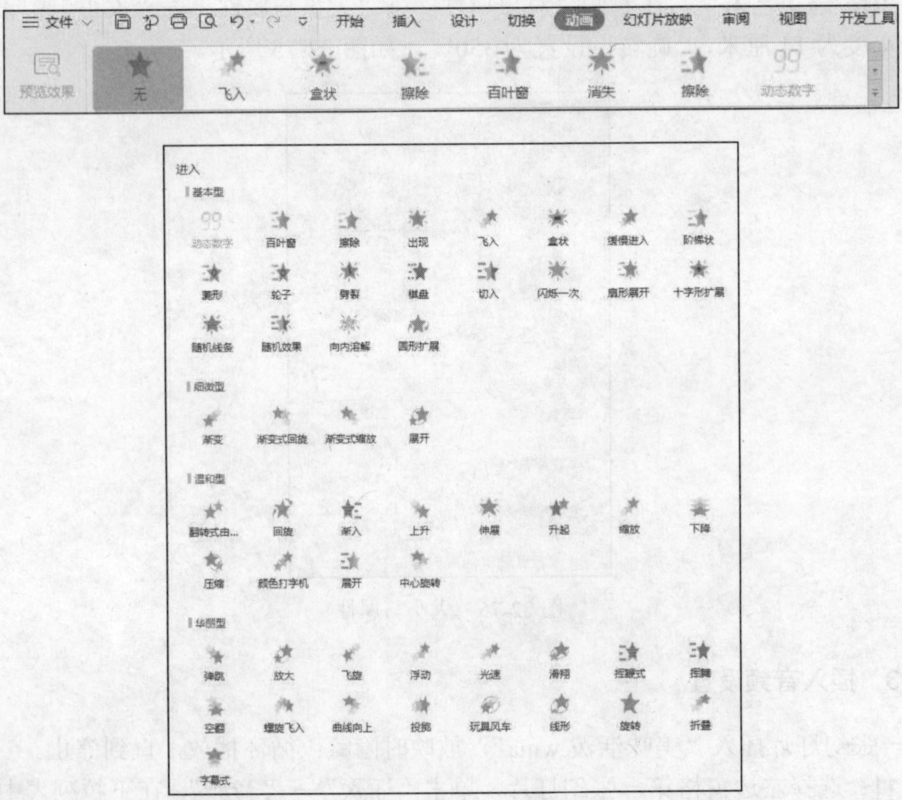

图 22-78　设置动画

步骤 14：在右侧自定义窗格第一个动画下拉列表中，选择“从上一项之后开始”，选择“效果选项”，“效果”选项卡→“动画文本”选择“整批发送”，如图 22-79 所示，单击“确定”按钮，第二张幻灯片设置完成。

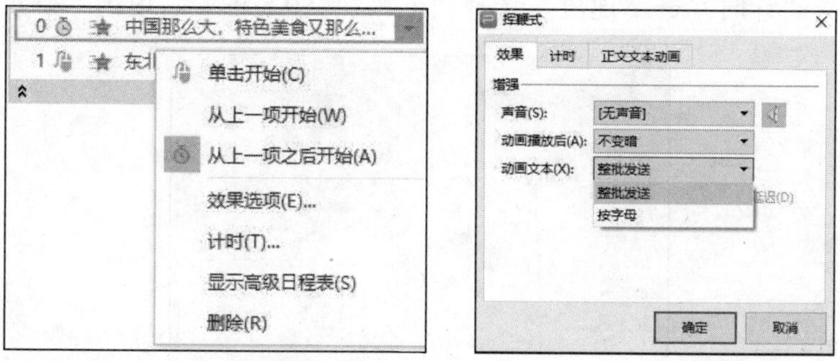

图 22-79　动画效果设置

第三张幻灯片，文本的进入设置为“挥舞”，效果选项为“按字母”；动画时间为“上一动画之后”，持续时间为 0.5 秒。

步骤 15：选择左边窗格第三张幻灯片，为文本设置动画。单击“动画”→“动画样式”组“其他”按钮→“进入”下拉列表中→“温和型”→“下降”。在右侧自定义窗格第一个动画下拉列表中，选择“从上一项之后开始”，选择“效果选项”，“效果”选项卡→“动画文本”选择“按字母”，单击“确定”按钮。

图片动画设置。“小鸡炖蘑菇.jpg”的进入设置为“弹跳”；动画时间为“上一动画之后”，持续时间为 2 秒。“小鸡炖蘑菇.jpg”的强调设置为“闪烁”；动画时间为“上一动画之后”，持续时间为 0.5 秒。“小鸡炖蘑菇.jpg”的退出设置为“擦除”，效果选项为“自底部”；动画时间为“上一动画之后”，持续时间为 0.5 秒。

步骤 16：选择“小鸡炖蘑菇.jpg”图片，单击“动画”→“动画样式”组“其他”按钮→“进入”下拉列表中→“华丽型”→“弹跳”。在右侧自定义窗格第二个动画下拉列表中，选择“从上一项之后开始”，“计时”→“速度”选择“中速（2 秒）”，如图 22-80 所示，单击“确定”按钮。

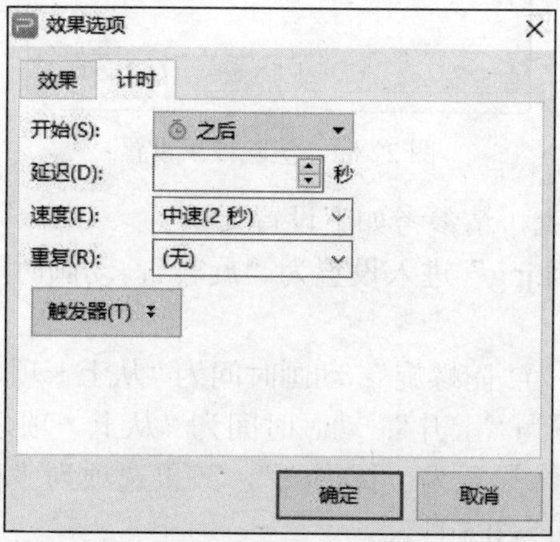

图 22-80　计时设置

再设置第二个动画。

步骤 17：在右侧“自定义动画”窗格，“添加效果”下拉列表中，如图 22-81 所示。“强调”下拉列表中，“华丽型”→“闪烁”，在右侧自定义窗格第三个动画下拉列表中，选择“从上一项之后开始”，“计时”→“速度”选择“非常快（0.5 秒）”，单击“确定”按钮。

图 22-81　添加动画

再设置第三个动画。

步骤 18：在右侧“自定义动画”窗格，“添加效果”→“退出”→“基本型”→“擦除”，在右侧自定义窗格第四个动画下拉列表中，选择“从上一项之后开始”，选择“效果选项”，“效果”选项卡→“设置”→“方向”下拉列表中选择“向底部”，“计时”→“速度”选择“非常快（0.5 秒）”，如图 22-82 所示，单击“确定”按钮。

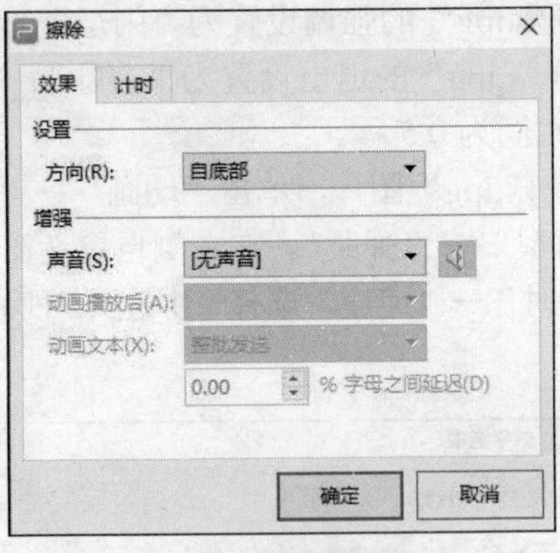

图 22-82　擦除效果设置

其他文本和动画设置同上，请参考如下设置要求。

第三张幻灯片，“锅包肉.jpg”进入设置为“旋转”；动画时间为“从上一项之后开始”，持续时间为 2 秒。

“锅包肉.jpg”强调设置为“陀螺旋”；动画时间为“从上一项之后开始”，持续时间为 2 秒。

“锅包肉.jpg”退出设置为“上升”；动画时间为“从上一项之后开始”，持续时间为 1 秒。

第四张幻灯片文本的进入设置为“挥鞭式”，效果选项为“整批发送”；动画时间为“从上一项之后开始”，持续时间为 0.5 秒。

“长春冷面.jpg”的进入设置为“劈裂”，效果选项为“左右向中央收缩”；动画时间为“从上一项之后开始”，持续时间为 0.5 秒。

“长春冷面.jpg”的强调设置为“跷跷板”，动画时间为“从上一项之后开始”，持续时间为 0.5 秒。

“长春冷面.jpg”的退出设置为“劈裂”，效果选项为“左右向中央收缩”；动画时间为“从上一项之后开始”，持续时间为 0.5 秒。

“长春白肉血肠.jpg”的进入设置为“飞入”，效果选项为“自左侧”；动画时间为“从上一项之后开始”，持续时间为 0.5 秒。

“长春白肉血肠.jpg”的强调设置为“闪烁”；动画时间为“从上一项之后开始”，持续时间为 1 秒。

“长春白肉血肠.jpg”的退出设置为“盒状”，效果选项为“外”；动画时间为“从上一项之后开始”，持续时间为 2 秒。

第五张幻灯片文本的进入设置为“挥舞”，效果选项为“按字母”；动画时间为“从上一项之后开始”，持续时间为 0.5 秒。

“沈阳满汉全席.jpg”的进入设置为“上升”；动画时间为“从上一项之后开始”，持续时间为 1 秒。

“沈阳老边饺子.jpg”的进入设置为“下降”；动画时间为“从上一项开始”，持续时间为 1 秒。

“沈阳满汉全席.jpg”的动作路径设置为“向右”；动画时间为“从上一项之后开始”，持续时间为 2 秒。

“沈阳老边饺子.jpg”的动作路径设置为“向左”；动画时间为“从上一项开始”，持续时间为 2 秒。

“沈阳满汉全席.jpg”的退出设置为“随机线条”；动画时间为“从上一项之后开始”，持续时间为 0.5 秒。

“沈阳老边饺子.jpg”的退出设置为“随机线条”；动画时间为“从上一项开始”，持续时间为 0.5 秒。

第六张幻灯片文本的进入设置为“挥鞭式”，效果选项为“按字母”；动画时间为“从上一项之后开始”，持续时间为 0.5 秒。

“地三鲜.jpg”的进入设置为“渐变式缩放”；动画时间为“从上一项之后开始”，持续时间为 0.5 秒。

“地三鲜.jpg”的退出设置为“渐变式缩放”；动画时间为“从上一项之后开始”，持续时间为 0.5 秒。

“哈尔滨红肠.jpg”的进入设置为“渐变式缩放”；动画时间为“从上一项之后开始”，持续时间为 0.5 秒。

“哈尔滨红肠.jpg”的退出设置为“渐变式缩放”；动画时间为“从上一项之后开始”，持续时间为 0.5 秒。

“长春雪衣豆沙.jpg”的进入设置为“渐变式缩放”；动画时间为“从上一项之后开始”，持续时间为 0.5 秒。

“长春雪衣豆沙.jpg”的退出设置为“渐变式缩放”；动画时间为“从上一项之后开始”，持续时间为 0.5 秒。

“开江鱼.jpg”的进入设置为“渐变式缩放”；动画时间为“从上一项之后开始”，持续时间为 0.5 秒。

“开江鱼.jpg”的退出设置为“渐变式缩放”；动画时间为“从上一项之后开始”，持续时间为 0.5 秒。

第七张幻灯片艺术字的进入设置为“翻转式由远及近”，效果选项为“整批发送”；动画时间为“从上一项之后开始”，持续时间为 1 秒。

艺术字的强调设置为“陀螺旋”，效果选项为“整批发送”；动画时间为“从上一项之后开始”，持续时间为 2 秒。

22.5.5 幻灯片切换效果设置

第一张幻灯片切换为“溶解”，持续时间为 1 秒，换片方式为“自动换片”。

步骤 19：选择第一张幻灯片，单击“切换”→“溶解”，“速度”文本框中输入“01.00”，勾选“自动换片”复选框，如图 22-83 所示。

图 22-83 溶解效果设置

第二至第七张幻灯片的切换效果，请参照要求自己设置。

（1）第二张幻灯片切换为“溶解”，持续时间为 1 秒，换片方式为“自动换片”。

（2）第三张幻灯片切换为“抽出”，效果选项为“从右”，持续时间为 4 秒，换片方式为“自动换片”。

（3）第四张幻灯片切换为“随机”，持续时间为 4.4 秒，换片方式为“自动换片”。

（4）第五张幻灯片切换为“淡出”，效果选项为“平滑”，持续时间为 1 秒，换片方式为“自动换片”。

（5）第六张幻灯片切换为“淡出”，效果选项为“平滑”，持续时间为 1 秒，换片方式为“自动换片”。

（6）第七张幻灯片切换为“淡出”，效果选项为“平滑”，持续时间为 1 秒，换片方式为“自动换片”。

学习笔记

参 考 文 献

[1] 王立松，潘梅园，朱敏．大学计算机实践教程[M]．北京：电子工业出版社，2014．
[2] 杨海波，侯萍，俞炫昊．大学计算机基础实践教程[M]．北京：科学出版社，2012．
[3] 周丽娟，纪澍琴．大学计算机基础[M]．北京：科学出版社，2012．
[4] 刘志敏．计算机应用基础教程[M]．北京：清华大学出版社，2015．
[5] 段永平，陈海英．计算机应用基础教程：Win 7+Office 2010[M]．北京：清华大学出版社，2017．
[6] 刘志强．计算机应用基础教程[M]．北京：机械工业出版社，2009．
[7] 战德臣，聂兰顺．大学计算机[M]．北京：电子工业出版社，2013．
[8] 欧丽辉，孙壮桥．计算机应用基础教程[M]．北京：中国金融出版社，2017．
[9] 李健苹．计算机应用基础教程[M]．北京：人民邮电出版社，2011．
[10] 吴兆明．计算机应用基础教程：Windows 7+Office 2010[M]．北京：人民邮电出版社，2018．
[11] 黄和，蔡洪涛．计算机应用基础教程[M]．北京：科学出版社，2017．
[12] 周晶．计算机应用基础实践教程[M]．北京：清华大学出版社，2013．
[13] 陈娟，卢东方．计算机应用基础实践教程：Windows 7+Office 2010[M]．4 版．北京：电子工业出版社，2017．
[14] 李晓艳，郭维威．计算机应用基础实践教程：Windows 7+Office 2010[M]．北京：人民邮电出版社，2016．